中深层稠油油藏常温注水方法及高效开发应用

谢建勇 梁成钢 李菊花 等著

石油工业出版社

内 容 提 要

本书主要介绍了稠油自乳化体系多相渗流特征、稠油自乳化驱油机理、稠油油藏常温注水油藏工程及开采工艺集成技术。以准噶尔盆地昌吉油田吉 7 井区中深层稠油油藏常温注水规模开发及高效应用为例，对深层稠油油藏自乳化液驱油理论进行深度拓展，打破了传统常温注水开发稠油油藏的下限，为后续深层稠油油藏的注水开发研究提供了完善的理论和实践依据。

本书适合从事稠油油藏开发的管理人员、科研和工程技术人员，以及相关高校的师生学习和参考。

图书在版编目（CIP）数据

中深层稠油油藏常温注水方法及高效开发应用 / 谢建勇等著. —北京：石油工业出版社，2021.6

ISBN 978-7-5183-4630-1

Ⅰ. 中… Ⅱ. ①谢… Ⅲ. ①深层开采－稠油开采－注水（油气田）Ⅳ. ① TE355.9

中国版本图书馆 CIP 数据核字（2021）第 092444 号

出版发行：石油工业出版社
（北京安定门外安华里 2 区 1 号　100011）
网　　址：www.petropub.com
编辑部：（010）64523736
图书营销中心：（010）64523633
经　　销：全国新华书店
印　　刷：北京中石油彩色印刷有限责任公司

2021 年 6 月第 1 版　2021 年 6 月第 1 次印刷
787×1092 毫米　开本：1/16　印张：15.25
字数：380 千字

定价：150.00 元
（如出现印装质量问题，我社图书营销中心负责调换）

本书作者名单

谢建勇	梁成钢	李菊花	褚艳杰	石　彦
魏庆婷	李文波	叶俊华	赵　坤	鲁霖懋
郭海平	周其勇	张　辉	王炜龙	吴承美
陈依伟	罗鸿成	孙海波	宋多培	王　伟
徐田录	许　锋	何永清	吐尔逊江·巴哈提	
谭　强	甄贵男	张金凤	岳红星	

前　言

　　稠油作为一种非常规油气资源在全球分布范围广泛。我国有着广泛的稠油分布，采用常规注水开发时，普通稠油油藏的采收率比常规油田至少低10%。目前国内外采用注水开发的稠油油藏原油黏度基本上小于300mPa·s，高于此原油黏度的油藏没有成功注水开发的先例，无现成经验可以借鉴。

　　准噶尔盆地昌吉油田吉7井区二叠系梧桐沟组稠油油藏是2011年探明的一个大型稠油油藏，埋藏深（1317.0~1775.0m），原油黏度范围大（50℃时地面原油黏度为100~13920mPa·s），属于深层大型稠油油藏。由于经济和技术上的限制，深层稠油不适宜热采开发，国内外尚无类似油藏开发的成功先例可借鉴。吉008试验区是吉7井区第一个注水试验区，注水时间较长，采出程度较高，资料录取丰富，能够反映稠油油藏实际注水开发规律。吉008试验区为我国研究和发展注水开发提高稠油油藏采收率技术提供了第一手的矿场资料。但是，从目前注水驱油机理研究和现场先导试验表明，尚存在诸多理论研究及实际应用中急需解决的问题。这些问题是稠油油藏注水高效开发的理论瓶颈，严重制约着该类型油藏注水方法的发展和应用。

　　经过前期吉008常温水驱先导试验区探索试验和研究，2014年3月进入注水开发实践阶段，至此建立适合中深层稠油油藏常规水驱开发模式，明确了中深层稠油油藏常规水驱黏度下限，突破了稠油开发传统热采模式，促成了吉7井区的规模开发与水驱高效动用。实施常温注水开发过程中发现该区稠油易自乳化，乳化液呈亚微米级稳定结构，突破了原油只有添加乳化剂才能乳化的常规认识，揭示了特定稠油遇水自乳化规律。乳化后黏度随乳化液含水的增加而增大，乳液体系具有一定的非均质调控作用，突破了注水开发传统原油黏度界限，创立了自乳化液驱油新理论。在如下三个方面实现了技术创新：（1）定量表征乳化非均质调控能力；（2）结合稠油乳化成果建立了稠油油藏常温水驱分注标准；（3）研发了适合吉7井区稠油油藏小水量注水配套工艺。

　　本书以昌吉油田吉7井区稠油为研究对象，从流体特征研究入手，充分考虑地层流体自乳化体系特征、流体间渗流特征，借鉴大量的调研资料及其室内实验研究成果，对吉7井区中深层稠油油藏注水开发的关键技术进行系统的阐述，充分展示中深层稠油油藏注水开采机理，为常温注水高效开发稠油油藏提供新的思路和坚实的理论支持。

吉 7 井区深层稠油依靠自乳化理论与常温水驱开发技术、工艺的重大创新，实现了中深层低流度稠油高效开发，桶油操作成本仅 11 美元，低于传统热采技术的 26 美元，建成了稠油绿色、高效、低成本开发的示范性油田，已被列为中国石油提高采收率"四个一"工程的"10 个老区百万吨上产示范工程"。吉 7 井区深层稠油常温注水开发技术处于国际领先水平，可为同类油藏高效开发提供借鉴。

本书凝聚了一批人的心血与汗水，谢建勇为总体负责人，梁成钢主要负责方案编制和跟踪研究，褚艳杰主要负责采油工艺技术攻关，石彦主要负责原油乳化机理研究，魏庆婷主要负责油田动态分析，李文波主要负责方案的实施，叶俊华主要负责智能采油系统，赵坤主要负责稠油小井距压裂，鲁霖懋主要负责无杆泵采油技术，郭海平主要负责开发方案的编制，周其勇主要负责现场施工质量把关，张辉主要负责修井质量把关，王炜龙主要负责动态监测工作，吴承美主要负责方案编制工作，陈依伟主要负责稠油常温注水乳化渗流规律研究，罗鸿成主要负责油田动态分析，孙海波主要负责方案现场实施，宋多培主要负责稠油集输与处理，王伟主要负责地面工程，徐田录主要负责油田动态分析，许锋主要负责产能跟踪分析，何永清主要负责产能跟踪分析，吐尔逊江·巴哈提主要负责资料录取工作，谭强主要负责产能评价工作，甄贵男主要负责方案编制工作，张金风主要负责方案编制工作，岳红星主要负责产能评价工作。

由于本书内容属于当前国际石油开采技术的新领域，难免有许多不足之处，恳请读者予以批评指正，在此表示由衷感谢！

目　录

第一章　概　述

稠油，国外称之为重质原油或重油（Heavy Oil）。与稀油及轻质原油相比，稠油的主要特点是原油中的胶质、沥青质含量高，轻质馏分少，而且随着胶质和沥青质含量的增高，稠油的密度和黏度也不断增大。在全世界范围内，估计有 $5.6×10^{12}$bbl 沥青和稠油资源分布在 70 多个不同的国家。大部分的沥青和稠油（约 70%）都集中在西半球的三个国家——委内瑞拉、加拿大和美国。其他具有重要沥青和稠油综合储量的地区包括中东（稠油）、亚洲（主要是中国）、非洲和俄罗斯，如图 1-1 所示。

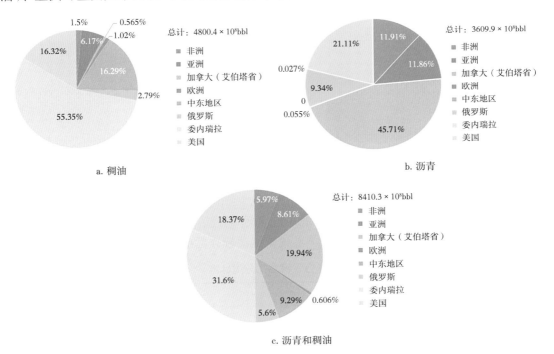

图 1-1　世界主要稠油和沥青估计剩余可采储量饼图

（据加拿大艾伯塔省能源局数据，2016）

我国陆上稠油油藏多数为中生代—新生代陆相沉积，少量为古生代海相沉积。油藏类型多，地质条件复杂，以多层互层状组合为主，约有 1/3 的储量为厚层块状油藏。储层以碎屑岩为主，具有高孔隙、高渗透、胶结疏松的特征。稠油与常规原油常有共生关系，受到二次运移中生物降解及氧化等因素影响，在一个油气聚集带中，从凹陷中部向边缘，逐渐变稠。重质油主要分布在盆地边缘斜坡带和凸起边缘、低凸起之上或凹陷中断裂背斜带的浅层。陆相重质油，由于受成熟度较低的影响，沥青含量较低，而胶质成分含量高，因而相对密度较低，但黏度较高，如图 1-2 所示。

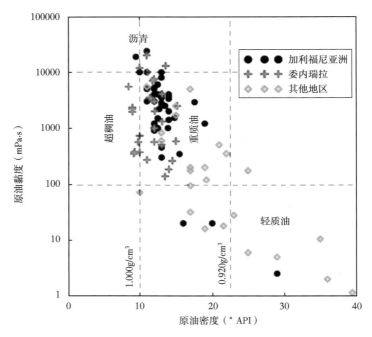

图 1-2　原油密度与原油黏度的交叉图

（据美国石油地质学家协会，2012）

稠油黏度高是稠油油藏开采困难的主要原因。为了能够对世界重质原油及沥青砂资源进行正确评价，利于国际间的技术交流。联合国训练研究署（UNITAR）于 1982 年 2 月在委内瑞拉召开的第二届国际重油及沥青砂学术会议上提出了统一的分类标准，将油藏温度下脱气原油黏度为 100~10000mPa·s、密度为 20~10°API（60°F）的原油称为重质原油，而将黏度＞10000mPa·s、密度＜10°API 的原油称为沥青。刘文章教授根据我国的稠油特点，结合 UNITAR 推荐分类标准，推荐了我国稠油分类标准，见表 1-1。

表 1-1　稠油的分类标准

类型	黏度（mPa·s）	相对密度
普通稠油	50~10000	＞0.92
特稠油	10000~50000	＞0.95
超稠油（天然沥青）	＞50000	＞0.98

第一节　稠油资源地质特征

油气藏中的流体相态是由其组成确定的，油藏烃类流体是含有多组分的混合体系，而每个组分彼此间具有不同的物理化学性质。按照逸度降低顺序，烃类流体的经典划分为干气、凝析气、挥发油、黑油、稠油、沥青。其中稠油和沥青在很大程度上是以前常规油藏自然降解的结果，由于未成熟油直接从源岩中排出，其储量相对较小。大多数稠油和沥青主要产于中生代—新生代的陆相地层。沥青和稠油沉积物可能与水、石油和"焦油"泉、"焦油"湖、石油渗漏和（或）泥火山有关，通常靠近断层和不整合面。很少有沥青和稠油聚集发生在火成岩区。

在储层温度低于约80℃的地区，石油的大部分变化是由于生物降解，其中厌氧和（或）好氧细菌去除较轻的碳氢化合物。生物降解产生高黏度残渣通常富含重金属，以及氧、硫、氮等元素。在其他情况下，稀土元素和其他相对稀有的元素在稠油和沥青中富集。这些包括钒、镍、钛、硒和碲。金属元素和氧、硫、氮等元素的自然富集，对这些非常规资源的生产、提炼和运输带来了特殊的技术和环境挑战。

一、北美地区稠油分布特征

2007年Meyer等在《稠油和天然沥青事件世界概览》中，根据对石油盆地及其一般地质和构造特征的描述，使用已知的Klemme盆地分类法对事件进行了分类。如图1-3所示，分析发现，大部分（按数量计算）稠油和沥青聚集在两种主要类型的地质盆地中：陆相多旋回盆地和大陆裂谷盆地。除了总体地质盆地类型之外，其他较小规模（小于盆地规模）的地质因素在沉积和储层规模上也对形成稠油和沥青起重要作用。较小规模的主要地质因素是那些允许大气、地表和（或）含水层与最初下面的轻质油气藏进行相互作用的因素。这些因素包括断层、裂缝、主要侵蚀面，如不整合面（包括基岩冰川峡谷）和碳酸盐岩中的岩溶特征。大多数稠油和沥青油藏是构造地层圈闭组合，虽然在前陆盆地的上倾边缘，但许多圈闭是地层圈闭。断层、压裂、沉降和侵蚀导致盖层失去完整性，使得地下石油储层能够进行垂直沟通。

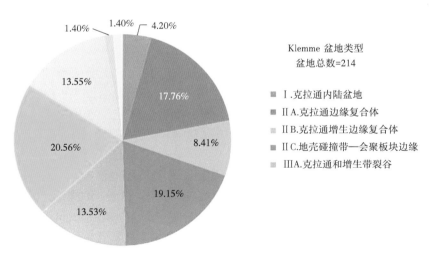

图1-3　世界主要稠油和沥青聚集区在不同类型石油盆地中所占百分比饼状图

（据Meyer等，2007）

石油和沥青的商业开采面临地质挑战。在艾伯塔省油砂和稠油区，大部分沥青和稠油赋存于冲积—河口和潮汐边缘海相沉积物中。这些油藏以泥岩与含油砂和淤泥的小规模互层而著称。泥岩既可以以岩层内的形式出现，也可以作为更连续的层，位于粗化向上的受海洋影响的准层序的底部。局部泥岩内碎屑夹层可能阻碍蒸汽向上流动，并可能作为局部挡板，直接影响蒸汽辅助重力泄油（SAGD）作业的沥青采收效率。位于上层、潮汐层和受海洋影响的副层序基部的更连续的泥岩层是将沥青储层局部分隔开的障碍，有可能在蒸汽过后储层中留下滞留的沥青。世界上最大的稠油和沥青聚集地位于艾伯塔省东北部前陆盆地的上倾边缘，那里白垩纪的油砂不整合地覆盖在较老的沉积层序上，而这些沉积层又不整合地覆盖在前寒武纪的结晶（火成岩）基底上。白垩纪冲积—河口和近岸碎屑堆积在早期泥盆纪碳酸盐岩和早期（前白垩纪）泥岩的侵蚀地貌上，为油砂地区提供物质的大型大陆规模河流排水系统的起源。艾伯塔省油砂，和平河、阿萨巴斯卡和冷湖油砂区沥青厚度以米为单位。在薄覆盖层（地表可采区）地区，用卡车和铲子回收沥青；在厚覆盖层（原地可回收）地区，回收沥青主要采用热力技术，包括SAGD（主要在阿萨巴斯卡）和循环蒸汽增产（CSS，主要在冷湖）。

二、我国稠油分布特征

我国已探明的稠油油藏主要分布在辽河、胜利、新疆克拉玛依、河南四大油区。油区内各含油气盆地的边缘斜坡地带，以及边缘潜伏隆起倾没带为稠油油藏集中分布地区。此外，盆地内部长期发育断裂带隆起上部的地堑也分布有稠油油藏。根据各油区稠油油藏的基本情况，我国稠油油藏主要具有下述特征。

1. 油藏类型较多

我国中生代—新生代含油气盆地中，稠油油藏按其成因可分为风化剥蚀、边缘氧化、次生运移、底水稠变4种类型。不同成因类型的稠油油藏，分布有一定的规律性。在一个大型油气聚集带（存在稠油油藏或沥青矿）中，平面分布序列是：由凹陷向边缘，由常规油藏渐变为稠油油藏或沥青矿；在纵向上分布序列：由深层至浅层，由常规油藏变为稠油油藏。由于受断层、构造和岩性等诸多因素的影响，形成了复杂的油、气、水分布特征，从而导致我国稠油油藏类型多样。

2. 油藏埋藏较深

与国外重油油藏相比，我国稠油油藏埋藏较深。我国已探明的稠油油藏埋藏深度大于900m的，其储量占探明总储量的60%以上，部分油藏埋藏深度在1300~1700m。辽河断陷盆地西部凹陷西部斜坡带，由北向南分布有高升、曙光、欢喜岭等稠油油田，埋藏深度一般在700~1200m，其中高升油田、冷家堡油田为块状底水稠油油藏，埋藏深度在1600~1700m。山东胜利油区稠油广泛分布在凹陷边部古隆起、古凸起和斜坡带。如东营凹陷西部的单家寺油田、尚店油田、林樊家油田，东营凹陷南部斜坡带的金家油田、乐安油田。此外，凹陷中部在古潜山之上的披覆构造也可以形成次生的稠油油藏，如分布于沾化凹陷的孤岛油田、孤东油田，这些油田埋藏深度一般为800~1600m。新疆准噶尔盆地西北缘，有红山嘴至夏子街绵延150km范围内的稠油油藏集中分布带，埋藏深度一般为200~600m。河南泌阳凹陷西斜坡、北斜坡稠油资源比较丰富，已发现有井楼油田、古城油田，埋藏深度一般为200~600m。迄今已发现的稠油油藏埋藏最深的为吐哈油区的吐玉克油田，深度在3000m以深。

3. 我国稠油储层以粗碎屑岩为主，砂岩体类型多，油层胶结疏松

我国稠油绝大多数分布在粗碎屑岩中，分属于不同时代的多种成因类型砂岩体。也有极少数稠油油藏分布在非碎屑岩层，如胜利乐安油田草古1潜山特超稠油油藏，储层为碳酸盐岩。储层埋藏深度一般由几百米到2000m左右，储层胶结疏松，成岩作用低，固结

性能差，因而，生产中油井易出砂。

4. 储层物性较好，具有高孔隙、高渗透的特点，但储层非均质性较严重

我国稠油油藏储层物性具有孔隙度高、渗透率高的特点。孔隙度一般为25%~30%，空气渗透率一般在0.3~0.2D之间，最高可达7.0D。我国稠油油藏泥质含量偏高，一般为6%~9%。储层非均质性较严重，纵向层间渗透率级差往往大于20~30倍，渗透率变异系数为0.5~0.7。

5. 含油饱和度较低

稠油储层孔隙度和渗透率与其含油饱和度有明显关系，砂岩的孔隙度和渗透率越大，含水饱和度越低，其含油饱和度越高。在相同储集条件下，储层中含稠油饱和度低于含普通油饱和度，稠油含油饱和度一般在60%~70%。我国稠油油藏含油饱和度在65%左右，较国外重油油藏含油饱和度低。

6. 油水系统较为复杂

我国大部分稠油油藏具有边底水。对于块状稠油油藏，油层厚度达30~70m，层内隔层、夹层不发育，具有较活跃的边底水，水体体积一般为含油体积的8~10倍；对于单层状稠油油藏，油层厚度较小，一般为10~20m，油层较集中，油水关系比较简单；对于多层状稠油油藏，含油井段长达150~300m，按沉积旋回可划分为数个油层组，发育20~30个小层，具有多套油水系统，油水关系较为复杂。

7. 原油含气量少，饱和压力低

稠油油藏在形成过程中，由于生物降解及其破坏作用，天然气及轻质组分的散失，使其原油中轻质馏分含量低，含气量低。200℃馏分一般小于10%，原油气油比一般小于10m³/t，有的则小于5m³/t，油藏饱和压力低，天然能量小。

三、我国稠油油藏开发分类

稠油油藏类型多样，并且多种油藏类型并存。稠油油藏的分类随开采技术的发展，开发方式的多样性与可转换性而改变是必然的。这里主要是按照原油性质进行分类，可划分为普通稠油、特稠油及超稠油。

（1）深层气顶，巨厚块状稠油油藏。

这类油藏以辽河高升油田莲花油层为代表，具有统一的油水界面和统一的油气界面，油层厚度大，且隔层和夹层不发育。油藏储层多为冲积扇—扇三角洲砂砾岩体，砂岩体厚度较大，成块状（厚度不大于30m），储层物性较好，属高孔隙度、高渗透率油层。油层孔隙度一般为20%~30%，渗透率一般为1~3D，泥质含量一般小于10%，油层内部一般没有稳定的泥岩夹层。油藏埋藏深为1540~1700m，原油性质良好，地层原油黏度为518mPa·s，原油气油比为24m³/t，属普通稠油。

（2）边底水块状稠油油藏。

这类油藏以辽河曙光油田曙175块大凌河油层、胜利单家寺油田单2块沙河街组油层为代表，油藏储层具有与气顶巨厚块状稠油油藏相似的特征。其差别在于底水厚度大，水体体积大，一般为油体体积的8~10倍以上。在开采过程中，边底水较活跃对注蒸汽开发有着重要的影响。

（3）多油组厚互层边水稠油油藏。

这类油藏的代表是辽河欢喜岭稠油油藏锦45块的于楼油组、兴隆台油组，油藏大多为多期河流—三角洲沉积复合体，砂泥岩间互，按沉积旋回可分为几个油层组。油藏含油井段长，一般可达150~250m，油层层数多，总厚度一般大于30m，单层厚度大于2m，油藏油层间物性和原油性质的不同是显著的非均质特点。油水关系复杂，各油组往往具有独立的油水系统，多套油水组合层边水分布。这类油藏储层物性好、孔隙度大、渗透率高。孔隙度一般大于25%，渗透率一般大于1.0D，油层多为泥质胶结，其含量一般大于5%。油层组间泥岩隔层较稳定，其厚度一般大于25%，渗透率一般大于1.0D，油层组内，油层之间，泥岩夹层不发育，稳定性差。油层组内油层厚度（有效厚度）与含油层段厚度之比（净总厚度比）往往大于0.6。

（4）多油组薄互层状稠油油藏。

这类油藏主要是辽河曙光油田一区杜家台油层，以杜66块和杜48块为代表。油藏油层层数多，单层厚度小，净总厚度比小，一般在0.3~0.6，油层物性差。这类油藏与厚互层状油藏具有相似的地质特点。

（5）深层中厚互层状稠油油藏。

这类油藏没有气顶或边底水层，油层厚度适中，油层物性较好，油层净总厚度比较大，深度在1000m左右，属普通稠油油藏，是我国稠油油藏中最适宜于注蒸汽开采的油藏。其典型代表是辽河欢喜岭油区的齐40块稠油油藏。

（6）浅层单砂体层状稠油油藏。

这类油藏以新疆克拉玛依油田九区及红山嘴油藏为典型代表，一般油层厚度为10~20m，油层单一，油层段集中，构造相对简单，隔层和夹层不发育。但油层内夹有泥岩条带和岩性夹层，油层集中段净总厚度比一般大于0.5，油层物性的好坏与沉积相带有关，非均质较严重，油藏天然能量小。油藏埋深较浅，仅120~420m。

这类油藏多为分流平原河流相沉积，河床相为一套以含砾砂岩，中粗砂岩为主的碎屑沉积，分布稳定，是储油的最有利相带。

（7）超深层稠油油藏。

这类油藏的典型代表是吐哈油区的吐玉克油田，油藏埋深度超过3000m。其原油为普通稠油，50℃时地面脱气原油黏度为5589~20700mPa·s，油藏温度下脱气原油黏度为500~961.1mPa·s。

除此之外，还有一些特殊类型的稠油油藏。

（1）边水薄层砂砾岩特稠油油藏。

这类油藏的典型代表是胜利乐安砂岩特稠油油田。油藏埋深900~1000m，单层有效厚度为10~15m。突出地质特点是储层岩性、物性特殊，疏松砂岩中砾石含量高，砾径大，甚至是卵石状，非均质性极严重，渗透率高（4~6D），孔隙度较低（15%）。砾岩导热系数大，劣于砂岩油藏；原油黏度高，油层温度下脱气原油黏度为10000~30000mPa·s，属特稠油。对注蒸汽开发具有一定的风险性。

（2）渐层薄层稠油油藏。

这类油藏以井楼油田零区为其代表。储层为一套含砾细砂岩和粉砂岩，胶结疏松，物性好。孔隙度为28%~32.9%，渗透率为0.88~3.16D，含油饱和度为60%~75%。储层砂体厚度小，但又细分小层，层间往往发育较稳定的泥岩隔层和夹层，油层厚度薄，一般小于10m，净总厚度比大于0.5。这类油藏埋藏浅（250~350m），油层温度低（30~32℃）。原油黏度高，有普通稠油及特超稠油，以特超稠油为主。按常规注蒸汽开采有经济风险，经过实践，已经有效地投入开发。

（3）渐层层状超稠油油藏。

新疆克拉玛依油区西北缘风城地区有丰富的天然沥青，即超稠油资源。油层埋藏浅，原油黏度非常高，在油层温度（20℃）下，原油黏度高达 $20 \times 10^4 \sim 500 \times 10^4 \text{mPa} \cdot \text{s}$，在油层中呈固态。油层分布广，储量大，已探明及控制储量在 $1 \times 10^8 \text{t}$ 以上，1983 年以来曾三次试验蒸汽吞吐方法开采，未获得成功。

（4）深层块状特超稠油油藏。

辽河油田特超稠油资源较丰富，特稠油油藏以冷家堡油田为典型代表。超稠油主要分布在西部凹陷西部斜坡的曙光油田曙一区，含油层系主要是新近系馆陶组，古近系沙河街组沙一段、沙二段兴隆台油层。其中曙一区兴隆台特超稠油油藏是主要区块，也是典型代表。

（5）边底水碳酸盐岩裂缝（溶洞）型潜山油藏。

这类油藏的地质特征表现为储层孔隙结构为裂缝和溶洞，裂缝发育方向和发育程度复杂多变，具有低孔隙度（＜10%）和高渗透率（几到几十达西）特征。尽管原油黏度达 $20000 \sim 50000 \text{mPa} \cdot \text{s}$，但由于裂缝具有大孔道高渗透率，油藏仍有一定的常规产能。由于低孔隙度和石灰岩导热性好，注蒸汽吞吐开采油藏热损失率大，是难动用稠油油藏热采开发中比较特殊的油藏类型。

（6）高凝稠油油藏。

这类油藏的典型代表是辽河油区张一块和大港枣园南孔一段油藏，主要特点是其原油既有稠油的基本性质，也具有含蜡量高、凝点高的特点。该类油田在开发时必须充分考虑其油品的特殊性。

第二节　稠油油藏开采方式简述

自 20 世纪 60 年代开采稠油油藏以来，稠油开采技术有了突飞猛进的发展，截至目前，已形成了以蒸汽吞吐、蒸汽驱、火驱、SAGD、水平压裂辅助蒸汽驱（FAST）、蒸汽与非凝析气辅助蒸汽重力驱（SAGP）等为主要开采方式的稠油热采技术，以及以碱驱、聚合物驱、混相驱等为主的稠油冷采技术。大部分技术已被广泛应用于稠油开发，并取得了较好的效果。

目前，世界上的稠油生产大国主要是美国、加拿大、委内瑞拉和中国。近几年来，国外围绕热力采油的稠油开发技术发展较快，稠油开采技术中水平井的应用也越来越广，其他开采技术如出砂冷采等也有一定的应用。但其采收率较低，后期仍然要依靠注蒸汽来采出大量剩余油。

在美国，稠油蒸汽驱热采技术属国际领先。由于采用了天然气热电联供及污水处理再利用技术，稠油蒸汽驱的成本大幅度降低。美国稠油开发区主要集中在加利福尼亚州，并于 20 世纪 70 至 80 年代初由蒸汽吞吐开采转入蒸汽驱开采。Kern River 油田及 San Ardo 油田最下面的 2 个油层组已结束蒸汽驱，其采收率高达 62.4%。近几年来，美国水平井热采技术也有很大发展。

在加拿大，稠油开发主要靠 SAGD 技术，而且以 SAGD 为基础的水平井注蒸汽热采技术在向多种方式发展。如水平井注挥发性轻烃溶剂萃取（VAPEX）、单水平井 SAGP 等即将投入现场试验。

委内瑞拉的主要稠油开发区位于西部的马拉开波湖，其油层浅（400~500m）。由于在该地区实施蒸汽驱开采的效益不够理想，因而技术发展重点放在了改善蒸汽吞吐开采效果的新技术上。

我国由于重油沥青资源分布广泛，稠油的开采具有很大的潜力。但我国稠油油藏类型复杂多样，常规开采技术很难采出，因此要采取一些特殊的工艺措施，如热力采油、化学方法采油、生物采油，以及其他一些有效方法等。

一、稠油冷采技术

1. 稠油化学降黏开采技术

1）加碱降黏开采技术

碱驱最早由美国人 Atkinson 提出，研究与应用是 20 世纪 80 年代初开始的。其机理是原油中含有一些酸性物质，如脂肪酸、环烷酸、焦质酸和沥青酸。这些酸性物质与注入的碱性物质反应，能生成具有表面活性功能的 O/W 型乳化剂。在此乳化剂作用下，稠油与水形成 O/W 型乳状液，这种乳状液能起调整驱替剖面、乳化捕集和夹带的作用，从而提高波及体积系数和扫油效率。

2）加表面活性剂降黏开采技术

表面活性剂对稠油的降黏主要是通过活性剂对地层稠油的破乳和乳化功能来实现的。由于稠油黏度高，在地层状态下，W/O 型乳状液的黏度非常高，一般条件下很难流动。注入的表面活性物质首先使 W/O 型乳状液破乳，生成游离水和"水套油心"、悬浮油，这种状态下的地层流体黏度大大降低。另外，表面活性物质还能使 W/O 型乳状液反转变成 O/W 型乳状液。由于水的黏度比稠油黏度低很多，形成 O/W 型乳状液后，整个流体的黏度最多可以降低 80%~90%。

3）加油溶性降黏剂开采技术

油溶性降黏剂分子中含极性基团侧链和高碳烷基主链。其主碳链使降黏剂分子能溶于油中，侧链的极性基团与胶质、沥青质中的极性基形成更强的氢键，渗透、分散进入胶质和沥青质片状分子之间，拆散平面重叠堆砌而成的聚集体，形成片状分子无规则堆砌，使结构变松散，并减少聚集体中包含的胶质、沥青质分子数目，降低原油的内聚力，起到降黏作用。降黏剂分子吸附在分散开的胶质和沥青质表面，阻止这些分散开的颗粒再次聚集，并且由于降黏剂分子分散在胶质和沥青质表面，提高了这个流体体系的流动性，进一步降低了体系的黏度。

2. 注 CO_2 开采技术

注 CO_2 气体提高采收率技术已有几十年的历史。从 1950 年起，许多国家在实验室和现场均对注 CO_2 提高采收率方法进行了大规模的研究。与其他用来开采稠油的试剂相比，CO_2 有其独有特性。注入地层的 CO_2 主要通过 7 个方面的作用来实现开采地层稠油：（1）降低油水界面张力，减少流动阻力；（2）降低原油黏度；（3）使原油体积膨胀；（4）压力下降造成溶解气驱；（5）改善原油与水的流度比；（6）酸化解堵作用，提高注入能力；（7）萃取和汽化原油中的轻质烃。

3. 微生物开采技术

微生物开采技术主要包括生物表面活性剂技术和微生物降解技术。在特定条件下，微生物在生长过程中代谢会产生生物表面活性剂，这些生物表面活性剂具有化学表面活性剂的共性，并且稳定性好，抗盐性较强，受温度影响小。生物表面活性剂是化学表面活性剂的理想代替产品，我国在 20 世纪 80 年代已筛选了多种生物表面活性剂，并应用于小规模成片油田。

微生物降解技术就是把添加氮、磷盐、铵盐等营养物质的充气水注入地层，使地层的微生物活化，就地生成 CO_2、有机酸和生物表面活性剂。这些生成的物质在地层条件下与原油作用，使地层原油降解，黏度降低，从而达到开采地层稠油的目的。

4. 磁降黏开采稠油技术

磁降黏的主要原理是磁场作用于烷烃分子中质子外围的电子，产生一个瞬时的诱导磁矩，延缓蜡晶的生成，起到防蜡降凝的作用；同时磁化作用破坏了原油各烃类分子间的作用力，使分子间的聚合力减弱，其中的胶质和沥青质以分散相而不是缔结相溶解在原油中，从而使原油的黏度降低，流动性增强。原油受磁场作用的时间很短，磁化作用消失一定时间后，原油的性质会恢复到磁化前的状态。磁降黏技术能降低稠油黏度 30%～70%。

二、稠油热力开采技术

1. 蒸汽吞吐

蒸汽吞吐是一种相对简单和成熟的开采稠油技术，国外很早就有应用，目前在美国、委内瑞拉、加拿大等还广泛应用于开采稠油油藏。蒸汽吞吐的机理主要是注蒸汽加热近井地带原油，使其黏度降低；当生产压力下降时，蒸汽吞吐主要是加热近井地带的油层，热能波及范围有限。随着吞吐轮次的增加，近井地带含水上升，消耗掉大部分蒸汽热量，热能有效利用程度变差；而且蒸汽吞吐后，油井间和油层纵向上存在很大一部分未动用油藏。蒸汽吞吐采收率在 15%～20%。

2. 蒸汽驱

蒸汽驱是目前应用较多的热采技术，它一定程度上克服了蒸汽吞吐加热半径有限的弱点，能够持续给地层提供热量，是蒸汽吞吐后提高采收率的有效方法。蒸汽驱要求油井的间距一般在 100～150m 之间，且不适用油藏埋深较深的油藏。蒸汽相可以是水蒸气、烃蒸气、水蒸气与 CO_2。这样不仅能加热油层从而降黏，加入的其他气体和流动前缘的稠油发生作用，会降低驱替前缘稠油的黏度，从而可以提高蒸汽驱效果。

3. 火烧油层

火烧油层是一种具有明显技术优势和潜力的热力采油方法，是提高稠油采收率的技术之一。火烧油层技术有三种方式：干式正向火烧、反向火烧和湿式火烧。现场试验资料证实，用火烧油层采油方法采收率可达 50%～80%。

火烧油层的主要机理是利用各种点火方式把预先注入气的油层点燃，并继续向油层中注入空气或氧气，形成移动的燃烧前缘。燃烧前缘附近的原油受热降黏、蒸馏，并在燃烧的过程中生成水蒸气、烃蒸气，在前缘附近形成一个较高的压力区域，蒸馏的轻质油、水蒸气和燃烧烟气向前缘加速扩散，降低前缘的稠油黏度；重质组分在高温下产生裂解作用，裂解产物焦炭可以继续燃烧，使油层燃烧不断蔓延扩大。在高温下地层束缚水、注入水蒸发，裂解生成的氢气与注入的氧气合成水蒸气，携带大量的热量传递给前方的油层，把原油驱向生产井。

4. 热水驱

由于蒸汽与地层原油密度差及流度比过大，在蒸汽吞吐或者蒸汽驱的过程中，很容易造成蒸汽重力超覆和蒸汽在高渗带指进的现象，造成波及系数低，蒸汽的热效应差，底部油层动用程度差或未动用，影响注蒸汽的开采效果。热水驱则可有效地减缓这些不利影响，但热水驱单位体积携带热量少，对黏度较高的稠油油藏效果有限。

5. 蒸汽辅助重力泄油技术

SAGD 技术最早是 1994 年由 Butler 等提出来的，并将其作为蒸汽驱的特殊形式。它一般是在接近油柱底部油水界面以上钻 1 口水平生产井，蒸汽通过该井上方与该井相平行的第 2 口水平井或一系列垂直井持续注入，从而在生产井上方形成蒸汽室。蒸汽在注入上升过程中通过多孔介质与冷油接触，并逐渐冷凝，凝析水和被加热的原油在重力驱替下泄向生产井并由生产井产出。SAGD 与水平井技术相结合被认为是近 10 年来所建立的最著名的油藏工程理论。

水平井 SAGD 的井对配置可分为 3 种方式：第 1 种为双水平井，即上部水平井注汽，下部水平井采油；第 2 种是水平井直井组合方式，上部直井注汽，下部水平井采油；第 3 种是单井 SAGD，即在同一水平井口下入注汽、采油 2 套管柱，通过注汽管柱向水平井最顶端注汽，使蒸汽腔沿水平井逆向发展。加拿大是较早进行 SAGD 试验项目的国家，单井 SAGD 应用很成功，目前正在进行多项 SAGD 研究。与成对水平井 SAGD 相比，单井 SAGD 适用于厚度为 10~15m 的油藏。

6. 水平压裂辅助蒸汽驱技术

FAST 技术是近几年发展起来的一种蒸汽驱方法。除了具备一般蒸汽驱的采油机理外，由于建立了注采井间水动力连通，在油层下部形成流动通道，蒸汽重力分异作用有助于蒸汽对原油的加热，从而形成较高的油汽比和采收率。如果作为注蒸汽的水平井位于油层下部，则将获得更好的效果。与蒸汽驱相比，它打破了蒸汽超覆为不利因素和蒸汽驱不能超过破裂压力的常规概念，克服了蒸汽驱选井界限，不存在反复激励的过程，可减少出砂，并将产出水注入地层。该技术施工时间短，投资回收快。它不像常规蒸汽驱那样全面铺开，而是以井组为单元，一个单元接一个单元地开采。这样可以减少投资，重复利用井口设备和注汽管线。该技术由 4 个阶段组成，即完井和生产井吞吐阶段、裂缝预热阶段、常规注汽阶段和扫油阶段。

美国和加拿大进行的 FAST 先导试验均已证明，这种方法可有效地开采密度为 1.052~1.093g/cm³ 的重质原油。

7. 蒸汽与非凝析气辅助蒸汽重力驱技术

SAGP 是在 SAGD 的基础上发展起来的一种热采方法。SAGD 蒸汽腔上部的高温是无法利用的，造成热量浪费。SAGP 的工艺原理则是将 SAGD 工艺改进，注入非凝析气（如天然气）。非凝析气与蒸汽一起从生产井上方的注入井注入。天然气在注入井上方的腔体内聚集，降低温度。该工艺可大量节省资金，并且油藏压力下降不大。试验结果表明，产出每立方米原油所需注入的热量只是常规 SAGD 的 62%，上覆层的热量损失也很小。

三、复合开采方式

单一技术对处于开采后期的稠油油藏效果非常有限，复合开采稠油油藏成为近年来开发稠油油藏的主要方式。目前应用较多的复合开采稠油技术主要有降黏剂＋蒸汽吞吐开采稠油技术、CO_2+ 蒸汽吞吐开采稠油技术、蒸汽 +CO_2+ 表面活性剂开采稠油技术、水平井 + 蒸汽吞吐开采稠油技术，水平井 +CO_2 吞吐开采稠油技术、水平井 +CO_2+ 蒸汽吞吐开采稠油技术等。这些技术较好地结合了单一技术的功能，为稠油油藏的后续开采提供了技术支持，提高了稠油油藏的采收率。

稠油开采的核心问题就是如何有效降低原油的黏度，提高驱替或者吞吐的扫油面积。微生物降黏剂有价格低、无毒等特点。如果能培养合适的菌种，大幅度降解稠油，就能提高现有的稠油开采技术水平，大幅度提高稠油的采收率。所以利用微生物开采稠油是一个比较有前景的方向。另外一个方向就是研究有效的井下稠油裂解催化剂，在催化剂的作用下，原油在地层裂解，黏度大幅度降低，这样不仅能提高稠油的开采效率，而且还能为后续的地面炼油提供很大的便利。

第三节　稠油油藏常温注水提高采收率进展

自从油气生产开始以来，常规油田的开发就一直是注水。在 20 世纪 40 年代和 50 年代，石油界的研究人员进行了成功的努力，以了解水驱油的潜在机理，改善其应用。他们的发现之一是，随着流度比的增加，突破时间呈指数下降。此外，当高流度比（＞ 500）时，即使进一步注水，突破后的采收率也不会增加很多。尽管人们普遍认为注水开发是一种传统的技术，但是作为一种开采稠油的潜在技术，它在世界范围内越来越受欢迎。例如，在加拿大西部，已将死油黏度高达 2000mPa·s 的稠油油藏用于注水。稠油注水观察到的效果与传统认识不符，包括：在非常高的含水率下石油生产的延长时间，同时比传统理论可以预测的更高的采收率。已提出的机制包括压力支持；不稳定的位移和水道的形成；黏性阻力乳化；溶液气驱动；油膨胀能；增加水通道中的气体饱和度，导致水的相对渗透率降低；有压裂。截至目前，关于稠油注水潜在机理，以及它们之间的相互作用尚不清楚。如何在注水开发不同阶段加强这些机理的能力，可能是提高注水开发稠油油藏采收率的关键。

一、国外注水开发稠油油藏研究

在加拿大西部，已经有 300 多个稠油注水项目。尽管这些项目是按边际油藏运行的，大多表现出良好的经济性和有效性。稠油注水已有近 70 年的历史，但其机理，特别是在油水黏度比较高的情况下，仍不十分清楚。在高黏比的情况下，由于严重的指状水侵和其他不同于常规注水的机理，分流理论无法发挥作用。稠油注水开发的操作策略，如注水速率、注水压力、孔隙注入倍数等，目前仍存在争议。

这些现场观察、现场数据的统计分析和研究对于确定稠油注水开发的潜在采收率机理具有重要意义。总之，建议的机制包括以下几点。

（1）非常规位移。

不稳定位移和水通道的建立；

从含水饱和度相对较高的通道中吸取水到含油饱和度相对较高的周围区域；

水在水通道周围对油施加的黏滞阻力。

（2）流度比提高。

乳化作用（水包油型乳剂促进油的运输和 / 或油包水型乳剂阻塞水通道并将注入的水

转移到高含油饱和度区域）；

溶解气驱动，将油从饱和度相对较高的周围区域驱入水通道；

由于溶解的气泡膨胀，油相膨胀；

增加了水通道中的气体饱和度，导致通道中水的相对渗透率降低。

（3）改善储层渗透率。

通过注入相对较脏（质量较差）的注入水，堵塞具有较高水饱和度的通道后，油层的裂变通过制砂产生孔洞。

但是，关于稠油注水工艺的关键问题仍未得到解答，例如：

（1）为什么在实地油田项目中报告的回收率范围如此之大？

（2）稠油注水工艺的黏度极限是多少？

（3）储层非均质性对稠油注水过程有多大影响？

（4）开始注水的最佳时间是什么？

（5）现场的最佳累计孔隙置换率（VRR）策略是什么？

（6）如何增强自吸作用以提高采收率？

（7）激活某些关键回收机制的最佳注入率和生产率是多少？

（8）如何改进用于预测稠油注水过程性能的工具？

（9）为什么加拿大西部以外的重油注水这么少？

在常规油的情况下，20世纪40—60年代付出了巨大的努力来发展油与水不混溶驱替的理论。Buckley-Leverett模型和水驱比例理论的发展有助于对注水过程产生深入的了解。这使石油工业能够通过使用科学知识而不是仅仅通过经验决策来改善该工艺的应用。在数值模拟出现之前，实验室规模的模型对于模拟注水过程的行为至关重要。根据比例模型的实验结果，开发了以预测不同作业和储层条件下的注水性能。追溯发展常规注水理论所使用的步骤，并将其追溯到未来，可能有助于获得上述问题以及其他一些问题的答案。这可能是提高油藏条件极限的关键，在这种条件下稠油注水是可行的。了解针对稠油注水提出的采收率机制的相对重要性，以及如何在注水过程的周期中的不同阶段提高其采收率，可以帮助提高整个过程的经济性。最后，这些努力的成功可以增加稠油注水的最终采收率。

加拿大科研工作者从现场实际数据中进行统计分析发现在以下这些方面可以总结：

（1）注水量和原油黏度对最终采收率有很大影响；

（2）在高含水率下维持长时间的注水是维持石油生产的经济水平的关键要求；

（3）通过在含水率超过90%的稠油油藏注水，其中50%或更多的采出油可以实现高达40%的采收率；

（4）与累计VRR相比，注入量、注入的孔隙体积除以注水年限，以及注入速率对重油注水性能的影响更大；

（5）非均质性对稠油注水性能没有显著影响；

（6）在注水开始之前，初级生产的石油生产不会对重油注水过程造成不利影响，在注水开始之前生产多达8%的原油不会对稠油注水过程造成不利影响；

（7）以低于0.95的VRR注入注水量的30%~50%在稠油注水中是有益的。但是，总的VRR需要保持平衡，接近一个值；

（8）稠油注水对操作参数比对储层属性更敏感。

再将实验室成果应用回现场。许多研究一致认定，常规注水与稠油注水有很大不同，因此，经过多年研究和在轻质油藏中进行的现场工作后获得的常规知识的某些方面无法扩展到稠油注水。此外，还有许多问题需要解决，数据或观察结果相互矛盾，需要加以协调。物理模拟是研究潜在恢复技术的强大工具。

（1）微观模型。

它们可以由代表多孔介质的玻璃制成。玻璃边缘图案代表孔体和孔喉，而晶粒则由固体玻璃代表。图 1-4 显示了用于评估胶体气体在孔堵塞中作用的微模型。微模型在"泡沫油"理论的发展中也发挥了重要作用。这里采用该模型以评价 VRR 对激活溶解气驱机制的作用及其对稠油注水开发的总体影响。Mei 等使用微模型研究了注水速率和油黏度对注水开采稠油的影响。他们在实验过程中观察到水的指进和自吸增强作用。发现自吸方向垂直于水通道。水突破后，低注入速率提高的采油量主要归因于水的渗吸作用。

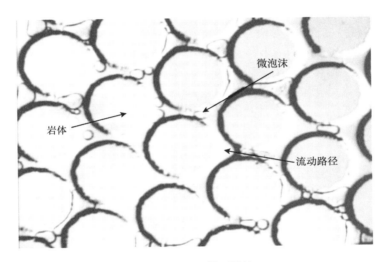

图 1-4　微观模型结构

实验者观察到，水膜增厚，卡断，油再饱和和乳化是提高稠油产量的微观机理。随着水膜（水湿介质）变厚，油饱和度降低，或者水的卡断可能会滞留一些油。油饱和度重组（油进入水的通道），从而降低水相渗透率，将水转移到未驱扫的区域。在实验中同时观察到了乳化作用，认为所产生的乳化液是油包水型乳化液，并因此可能会堵塞某些孔。

微观模型在可视化研究微观机理方面具有许多优势，但是使用它们并得出结论应谨慎。边界效应、多孔介质恰当的表征，以及流体—岩石相互作用可能会限制其适用性。

（2）岩心驱替（一维或二维单元）。

岩心驱替设备已被业界广泛用于评估采收率技术，岩心驱替实验是水驱稠油的基础实验。将基础实验结果与使用化学 EOR 获得的采收率进行比较。Wassmuth 等用均质岩心和两层岩心研究了非均质性对稠油注水的影响，对黏度约为 19000mPa·s 的稠油进行水驱实验。在均质模型中，仅注入 0.14PV 水后便出现了水窜现象，然后含水率急剧上升 90% 以上。当注入 1.0PV 水后，含水率达到 95%，采收率约为 20%。在非均质岩心模型中，采收率甚至更低。他们得出的结论是各层之间的毛管窜流，如自吸作用对提高驱油效率具有重要意义。

Vittoratos 和 Coates 设计了一个二维模型来确定 Milne Point 项目的注水工艺的 VRR 最佳范围。填充管人造岩心的渗透率为 4D，用重油密度约为 20°API 的油饱和，其间溶解的甲烷，使其达到与 Milne Point 项目相匹配状态。图 1-5 显示了进行实验的二维单元的几张照片。实验填砂管长 60in，横截面为 100in²。为了确保可重现结果，每个实验的水通道是通过将水注入沿大型模型底部隔开 4in 的注入 / 生产端口中而创建的。

图 1-5　二维模型

三个实验中，VRR 分别设置为 1、0.7 和 0。将 VRR 设置为 0 的实验对应于一次采收率（即仅通过溶解气驱得到的原油产量）。三个实验得出的结论是：VRR 小于 1 的条件下会产生协同效应，使用 VRR=0.7 驱油大于其他两个实验驱油之和，一个仅涉及溶解气驱（即 VRR=0），而另一种仅涉及注水驱替（即 VRR=1）。Vittoratos 假设 VRR 小于 1 时，由溶解气体产生的剪切力会导致水通道内形成油包水型乳液。这些乳液将具有相对较高的黏度，从而稳定了水驱前沿并因此提高了驱油效率。在以后的研究中，Vittoratos 和 Coates 进行了另外两个实验，其中一个实验是在 VRR=1 上对死油进行的。第二个实验是在与 Vittoratos 先前报道的三个实验相似的条件下，用活油进行的。在这种情况下 VRR 是可变的；在最初的 7 小时内将其设置为 1，然后在 1 小时内降至 0.7，然后在剩下的实验中又恢复为 1。Vittoratos 和 Coates 得出结论，由于溶解气驱和气体溶解效应，在 VRR 小于 1 的情况下运行稠油注水会使得油产量提高。此外，他们认为在 VRR 等于 0.7 的条件下运行会产生更多的石油，并减少含水率。但是，一旦产生了游离气体，他们认为改变 VRR 不会对石油采收率产生重大影响。

岩心驱替设备的局限性包括：它们相对较高的成本，无法观察微观驱油机理，填充的重复性和边界效应。

（3）半实地规模装置。

这种类型的装置在石油工业中使用较少，因为它们的建造和运行成本更高。Alvarez

等在半油田规模模型中研究了针对劳埃德明斯特重油油藏后 CHOPS（冷采）技术，该油藏被称为径向排水装置，图 1-6 展示的是厚度为 6m 的油藏中有一段冷采后留下的直径为 6cm 的蠕虫状通道。通过实验装置观察冷采后注热水过程中注入水在蠕虫状通道中运移情况，同时开展了实验数值模拟工作，然后使用劳埃德敏斯特（Lloydminster）伊丹（Edam）油田的储层属性将其用于油田规模模拟，预测结果用于经济评价。结论是热水驱不适用于劳埃德明斯特地区薄层油藏。这种装置成本高、费时，无法观察微观驱油机理。

（4）比例模型实验。

Shook 等将比例定义为可以将一个标度下的实验结果外推到另一标度下。因此，比例表示无量纲的量。例如无量纲压力，在所有比例下都是相同的。比例模型实验可用于预测特定油田条件下几个作业参数或储层参数对石油采收率的影响。为了在实验室再现储层的行为，必须在油田和实验室规模之间满足某些关系，进行常规注水结垢的几项研究。Rapoport 概述了注水驱油情况，另一些研究将他的工作扩展到更复杂的情况，例如各向异性。但是这些水驱研究工作都涉及常规水驱。稠油和注入水之间的不利流动性，导致之前设计的尺寸组可能无法捕获更不稳定水驱过程中的物理现象。

图 1-6　半实地规模装置

Peters 和 Flock 研究了不稳定问题，设计了一个新的标度群可以预测不稳定现象。研究指出，这种不稳定性可能会使评估不混溶位移的常规方法失效。因此，在不稳定驱替的情况下，例如驱替重油的水，可能需要其他比例参数来适当考虑水对重油的不稳定驱替的物理性质。如何使用标定装置来评价稠油开采过程，在 SAGD 的情况下，更广泛使用的标度标准是 Pujol 和 Boberg 提出的标度标准。Frauenfeld 等进行了一系列实验来评估 SAGD 和 es-SAGD，实验模型是将密封的不锈钢罐放在压力容器中，容器中充满氮气，图 1-7 是该装置的示意图。他们使用了 Pujol 和 Boberg 准则，几何比例值为 100∶1。

比例模型的局限性包括：成本高、耗时，无法观察微观驱油机理。如果缩放比例不合理，则后续的数值模拟校准将不充分。

Kumar 等提出了使用精细级和宏观级相结合的方法研究数值模拟机理。使用二维精细比例模型评估了黏度比和流动水饱和度对稠油注水性能的影响。考虑了三个黏度比：60、600 和 6000。模拟中，他们观察到黏度比对水驱前缘有很大影响。正如传统理论所预期的那样，当黏度比为 6000 时会形成多个指进现象，如图 1-8 所示。另外黏度比对采收率有显著影响。在注入水为 0.32PV，黏度比分别为 60、600、6000 时，采油率分别为 30%、22%、15%。Kumar 等通过在 0~7% 范围内改变流动水饱和度，也研究了流动水的影响。他们发现在大约 4% 或更高的流动水饱和度下，采油量急剧下降。这表明在非常高的流动水饱和度下，注入水驱替了储层中的流动水，水主要被再循环。他们建议，当油层压力保持在或高于泡点时，应开始在稠油油层中注水，流动比是控制稠油注水效果的主要因素。

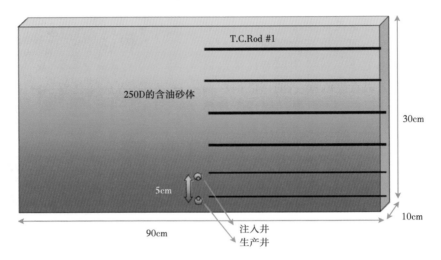

图 1-7 评估 SAGD 和 es-SAGD 罐状的比例模型

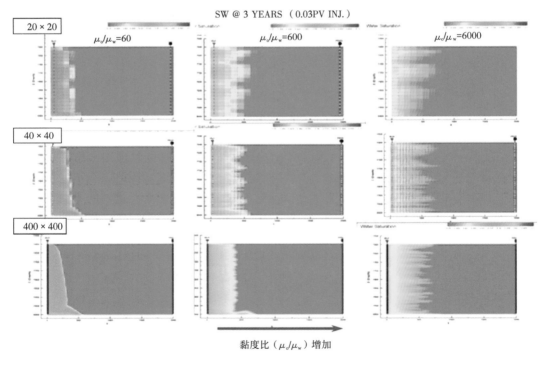

图 1-8 黏度比的影响

其他学者指出，水突破之前获得的采收率主要受不稳定位移（即受黏性指进）的影响。但是，水突破后通过毛管作用力提高了采油率。这些研究强调了其间的溶解气驱也是起到提高最终采油率的重要因素。同时指出，油藏数值模拟在预测稠油油藏注水性能方面做得不好。这些发现表明，除了流度比外，还需要将其他机理纳入稠油注水的研究中来，是优化稠油注水工艺的关键。

尽管注入水和稠油的流度比不理想，但世界各地的许多稠油油藏都进行了注水项目。常规注水与稠油注水有很大不同，常规油藏多年研究和现场工作某些成果无法扩展到稠油注水。现场观察、现场数据的统计分析和研究对于确定与稠油注水性能相关的潜在采收机制非常有用。了解针对稠油水驱的采收率机制的相对重要性，以及如何在驱油过程整个生命周期的不同阶段提高采收率，可以帮助提高稠油水驱的最终采收率。因此，量化不同采收率机制的效果需要进行更多的基础研究，尤其是在水突破之后。需要制定或改进适当的衡量标准，以评估这种机制在不稳定位移中的影响，一旦完成，就必须将其正确纳入预测工具中。

二、国内外注水开发稠油油藏实例

1. 加拿大稠油水驱油藏工程数据挖掘评价

在艾伯塔省和萨斯喀彻温省 $52.01 \times 10^8 m^3$ 的稠油储量中，207 个注水作业（包括 8 个废弃的注水作业）的采收率超过 24%。加拿大西部的一些稠油水驱非常成功，其采收率是衰竭式采油采收率的 7 倍。在萨斯喀彻温省劳埃德敏斯特其他地区的注水效果不太好，其中有 8 处注水被废弃。尽管稠油普遍存在，但人们对稠油与轻质油之间注水的区别知之甚少。在注水开发的设计、监测和管理方面，有大量的工作要做。然而，注水开发稠油生产中的具体问题却很少得到解决。但也有例外，有 5 个稠油水驱的案例研究，包括 Forth 等对金湖水驱中重要参数的统计研究。另外两篇普遍性研究是 Smith 关于稠油水驱机理方面的论文和 Miller 关于加拿大西部稠油水驱技术现状的综述。在 Miller 的综述文章中，他讨论了动态预测和相关问题，并提出了改善开发效果的建议。

与实例研究相比，萨斯喀彻温研究委员会（SRC）对一组稠油水驱进行了两项统计研究，分别用单变量和多变量分析来强调稠油水驱的共性问题。为了获得评价的一致性，SRC 已经尝试了 7 种这样的衡量方法。尽管这项研究中的稠油比加拿大西部地区的油要轻，另一些研究者也使用了统计方法来评估水驱效果。Weiss 等用水驱产量与衰竭采油量之比，运用数据挖掘方法分析 Nebraska 油藏水驱效果。Wu 等尝试调整油藏参数来拟合美国西得克萨斯州 24 次水驱的采收率，但没有成功。McLachlan 和 Ershagi 将水驱效率等同于累计水油比。

83 次注水开发的数据集包括 42 个油藏和操作参数（ x 变量）和 5 个衡量注水成功与否的标准（ y 变量）。42 个油藏和操作参数还包括定性变量，如省份、区域、注水是否废弃或仍然可行。使用多变量分析来精简数据，并确定哪些变量对水驱的成功最为重要。利用 Umetric 公司的 Simca-P 软件，采用多元分析的偏最小二乘（PLS）方法进行研究。建立了 16 种模型：83 种注水全水驱数据集、44 个水驱稠油—水驱数据集和 39 个水驱的中质油—水驱数据集。每个模型都经历了几十次迭代： y 变量单独进行测试，并以一个或多个 y 变量的比例组合进行测试。确保每个注水观测点都在模型推荐距离内。如果每个模型的异常值有损于模型，则将其排除。

1）渗透率和非均质性的影响

统计表明，渗透率和非均质性是稠油水驱与中质油水驱差异最显著的区域。水平渗透率对中质油注水开发具有较大的影响，是中质油注水开发成功率的主要油藏参数。但对稠油水驱和全部注水数据集的影响不明显。一些学者认为，非均质性是衡量水驱效果的最重要指标：Dykstra-Parsons 系数被广泛用于预测水驱采收率。尽管如此，Dykstra-Parsons 数据显示，对全部注水或稠油注水开发的数据集的成功率没有显著影响。而在中质油水驱数据集中，DP 指数是第二重要的变量。从某种程度上说，这一发现证实了储层非均质性的重要性，但对稠油生产来说并非如此。渗透性可以作为一个限制因素。致密油藏中注水开发采收率较低。在水平渗透率为 51~3018mD 的稠油水驱中，较松散的油藏并不能提供任何额外的好处。

2）水平井、定向井的影响

关于水平井与水驱结合的效果，文献来源较少且相互矛盾。Miller 对稠油水驱中的水平井持谨慎态度：他建议对水平井生产和注水井进行评估，但也警告说，这些水平井"并没有持续改善……油田开采效果"。同时，Taber 和 Seright 的理论计算表明，相对水平井可以增加一个数量级的水注入能力，将面积波及效率提高 25%~40%，并改善压力梯度。Popa 研究这个话题的时间最长，自 1996 年以来已经发表了几篇论文。他和其他几位作者一起研究了生产井的特定注入方向，结果显示水平井注入的效果普遍较好。

83 例注水开发的数据表明，水平井和 / 或生产井与注水井的结合确实与成功相关。与水平井研究使用的四种措施的重要数据：

（1）水平井产量与生产井总数之比；

（2）水平井和定向井与生产井总数的比率；

（3）水平注入井与注入井总数的比率；

（4）水平和定向注入井与注入井总数的比率。

考察了稠油水驱过程中水平井和定向井产量与成功指数（SI）之间的单变量关系，但 SI 与只有水平生产井比例之间的关系强度较高。SI 与水平井和定向生产井比率之间的关系为 0.153。与水平井的关系仅显示出较高的 y 轴截距和较高的斜率，说明增加水平井比增加定向井更有利于注水成功。

那些最初产油后转为注水井的井称为转换井。这些转换井与注水井总数的比值是解释所有注水项目数据集成功的一个重要参数，特别是对于稠油注水项目数据集。注水开发降低了生产到注入的转化率，取得了更大的成功。在大量数据集中，转换注入的比例是第二个最重要的变量。另一些人则倾向于采用相反的策略：Court South 公司的一项注水应用报告称，该公司计划"在开始注入前，在生产中放置新的注水器一到两个月，以提高注入能力"。尽管有些井是出于合理的原因进行改造的，例如构造位置低或油藏连续性好，但另一些井可能是由于产量低：这些井也可能是较差的注入井。

3）注入量的影响

年注入折算系数为注入孔隙体积除以水驱年数的分数。截至目前，这一因素是决定注水成功与否的所有操作参数和油藏参数中最主要的组成部分。年注入折算系数和速度相关的操作变量的重要程度。此外，平均注入速率对注水开发的成功也具有重要意义，尽管其影响程度要小于年注入折算系数。传统的水驱理论认为，高注入速率的好处是保持压力。有两个参数可以评估水驱是如何做到这一点的：累积孔隙置换率（VRR cum）和置换 90% 孔隙所需的年数。这些参数显示的结果不如注入速度确定。

2. Coleville 主油田实例

最近唯一一次关于稠油水驱油田开发效果的讨论是在 2003 年的第 11 届 Slugging It

Out 会议上。讨论的项目是 Petrovera 公司在 Coleville Main Bakken 油田的注水开发项目，该油藏深度为 790m，黏度为 1200~1600mPa·s（脱气死油）。该项目是典型的长周期稠油注水开发项目。

Coleville Main Bakken 油田于 1951 年被发现，1956 年衰竭式生产产量达到顶峰。注气解决衰竭式生产产量下降的方法收效甚微，于是在 1958 年开始采用水驱作为一种"临时措施"。"最初的开发占地 20acre，使用 40acre 封闭 5 个点，80acre 封闭 9 个点。通过使用 20acre 的井距，石油产量得以充分增加，边缘注入成为了一种常见的做法。20 世纪 70 年代，主要的设施发生问题，包括一场大火和需要更换 170km 被腐蚀的流线和管道。为了提高油藏压力，注水量增加到大于产量，这是常规油水驱的常见做法，但在 Coleville Main Bakken 油田造成了严重的水窜现象。80 年代，人们曾试图通过蒸汽吞吐来提高原油采收率。虽然石油产量增加了一些，但仍不足以支付额外的费用。90 年代，自 1962 年以来的 5 点注水模式转变为热水驱。转换时，平均含水率为 93%，裸眼油井的平均累计产油量为 58000m³，平均产量为 3.4m³/d。名义上注入水为 90℃的水，注入量为 75m³/d。由于该模式被其他成熟的模式所包围，因此该模式的表现很难被分离出来。没有发现油量增加，测试停止了。

20 世纪 90 年代，水平井钻井技术取得了显著进步，1993—1995 年新增了 19 个水平井和定向井。不幸的是，在 Coleville Main Bakken 油田有两个局部孤立的巴肯砂单元。水平生产井只能被放置在其中的一个，导致产量低于预期。1997 年，在垂直井中启动了直线驱动试验。该地区的产量得到了提高，并开始推广直线驱油的概念（一种粗略近似于水平井的方法，可以在多个砂层中完井）。1999 年，该项目被出售，Petrovera 公司成为了一个大型稠油注水开发项目的所有者 / 运营商，该项目在历史数据上存在空白。大量的井（约 400 口）使得分析非常具有挑战性。使用示踪剂费时又费钱，而且老井和设备都需要持续维修。1956—1999 年，累计注水量估计为 0.72 储层孔隙体积。

Petrovera 公司开展了广泛的地质研究，发现页岩 / 砂岩互层分隔了两个主要的砂层单元。有些沙子被发现是固结的，有些则是高度疏松的。从西南向东北方向将砂体描述为非均质性较好的砂体，并绘制了 4 个小型气顶。与典型的 Lloydminster Mannville 地层性质的不同，并不会对水驱行为产生很大影响。Petrovera 公司从 1999 年到 2004 年在这一成熟的注水开发中采用的操作策略遵循以下原则：

（1）注入量与产量平衡，避免过注时发生的水窜现象；

（2）力求整个油田的生产条件一致；

（3）通过使用九点法和直线驱动器来强调提高波及效率和生产 / 注入比；

（4）提高所有井和设备的使用时间；

（5）利用元素分析，结合井距、井眼角度、流体体积和地质情况，将注水井和生产井"连接"起来。

然而，由于设施问题导致注入量变化大（7~177m³/d），努力效果不佳。作业策略最终演变为将工程工作集中在油田中储量最好、剩余油最多、最佳地面位置和最佳设施的部分。也就是说，工程方面的考虑被经济方面的考虑所取代。根据井压和温度调查，一个有趣的发现是多年注水可能使储层温度降低 9℃。如果这种情况确实发生，那么原油黏度将显著增加，导致一个更糟糕的水 / 油流动比率和区域波及。随着时间的推移，由于表面处理和各种补给水来源的影响，水的组成可能发生了变化。尽管存在所有的操作问题和油藏波及的普遍困惑，但石油产量仍然保持在足够高的水平，且成本足够低，从而使项目具有经济效益，并可以继续进行设备的分阶段升级。

Adams 和 Forth 讨论了油田项目。双方都表示区域波及可能非常差，两人还描述了原油黏度的显著区域变化。Forth 认为黏度变化对油品品质的影响较大。Forth 还指出，之前的生产与非常差的开采措施有关，并认为原因是形成了一个为注入水提供通道的气层。Adams 认为初期砂层增加可能是由一种虫洞造成，这为之前生产差的原因找到了另一种可能的解释。Adams 指出，水窜流现象非常严重，有时改造后的成熟注入井在改造后不久就变成低含水井。这两人都提到了非常差的垂直波及和非常少的产量增量。Forth 指出，当抽汲油井时，原油产量并没有增加，这表明可能是由于压降更高产生了更黏稠的泡沫油，也表明终止注水后，原油产量显著增加。

Smith 利用 Wainwright 和 Wildmere 油藏的水驱数据，讨论了加拿大西部稠油水驱生产的机理。他建议，注入的"脏水"堵塞了注水井附近的地层，将储层分隔成一个小的高压区和一个大的低压区。油藏可能被注入水压裂，导致裂缝流。Smith 提出的生产机理包括油阻力、油乳化、压力连续油相的支持，扩大泡沫油、控制溶液气体逸出、自吸和油流出的方式等类似于裂缝性储层的行为，重力排水。Smith 最终得出了许多与 Adams 和 Forth 相同的结论，波及系数非常低，但增加注水速率并没有帮助，气顶非常有害。他进一步表示，改造或改变注入速率和产量将会有所帮助，在某些情况下，解决波及问题的最佳方案是采用直线驱动。在成熟水驱中，只有将生产井改造为注水井，注水井改造为生产井，引入线驱和边缘驱，才能持续提高注水开发的效果。

预测加拿大稠油水驱动态最准确的方法是与类似油藏进行比较。该方法的准确性取决于油藏和操作性质的匹配程度，如地层岩石性质、油的黏度、水驱模式和方向、岩石和流体性质的非均质性、水驱前的衰竭程度和操作策略。一些工程师认为加拿大西部稠油水驱产量呈对数递减，但使用递减分析存在问题。稠油水驱的利润非常低，而且很少以连续优化的方式进行。预测常规油水驱动态的分析方法有 30 多种。但没有人使用与加拿大稠油水驱条件相匹配的假设。加拿大稠油油藏注水开发动态的数值模拟已被多次尝试。但正如 Kasrale 等和 Ko 等所指出的，为了实现历史拟合而做出的假设似乎极大地降低了最终模型的预测能力。

3. 泌 276 断块普通稠油油藏

泌 276 断块位于南襄盆地泌阳凹陷北部斜坡带东北段，地处河南省唐河县与泌阳县之间，区域构造背景受一系列北北东向正断层控制，油藏类型属复杂断块油藏。该断块 2013 年投入开发，共有开发井 10 口。断块含油面积 1.44km^2，发育主要含油层位为古近系核桃园组核三段Ⅳ 54、64 小层，油藏埋深 1000~1300m，油层以薄层为主，油层厚度 0.8~3.6m。储层平均孔隙度 23.4%，平均渗透率为 534mD，属于中孔中渗透性油藏。地面原油密度为 0.891~0.954g/cm^3，油层温度下脱气黏度为 150~1704mPa·s，原油性质属普通稠油Ⅰ-2 类。

由于泌 276 断块原油黏度略高，方案设计开发方式为蒸汽吞吐。投入开发初期对几口井实施蒸汽吞吐，但吞吐效果并不理想，生产特征表现为注汽后温度下降快、气油比低，周期生产效果短，效益较差。后停止蒸汽吞吐转天然能量开发，但因油层边底水能量不足，油井表现为低能低效生产。为探索泌 276 断块普通稠油Ⅰ-2 类油藏经济有效开发方式，在此背景下提出转注水开发。泌 276 断块为复杂断块油藏，断块小、储层非均质性强，同类油藏开发实践表明，为最大限度提高水驱动用程度，采用不规则注采井网效果较适宜；油藏工程方法计算得出，合理经济技术注采井距为170~270m。

在物模实验研究普通稠油水驱油规律基础上，2016年以来进入矿场实施，采用不规则注采井网，共实施2个井组注水开发。注水后，井组内不同方向油井在1~6个月分别见到不同程度反应，区块日产液由水驱前20.0t上升到42.6t，日产油由水驱前3.5t上升到峰值期19.5t，峰值期过后日产油稳定在6.7t，2年内阶段增油7547t。

4. 锦271块注水开发实例

锦271块构造上位于辽河断陷西部凹陷西斜坡南端，开发目的层为大凌河油层，含油面积为1.3km^2，石油地质储量为201×10^4t。锦271块构造上为一北西向南东倾没的断鼻构造，区块油水分布主要受构造和砂体控制，高部位油层较厚，油层平均有效厚度为12.5m，为一边底水层状砂岩稠油油藏。该块发育油层属三角洲前缘亚相沉积，储层孔隙度为24.3%，渗透率为108mD，泥质含量为24.7%。50℃脱气原油黏度为660mPa·s，20℃原油密度为0.969g/cm^3，凝固点为-13℃，原始地层压力11.34MPa。

锦271块于1994年试采，经历了常规干抽、吞吐、注水开发的开发历程，经过多年的开发，产量递减迅速，蒸汽吞吐开采效果逐年变差，因此急需转换开发方式。

2007年优选两个井组实施注水，为提高区块整体开发水平，2011年在区块东部又优选2口油井转注水井，2013年优选区块南部一口井转注，区块全面实施水驱之后，地层能量得到了补充，井组油井液量较注水前上升明显，同时含水率上升较快，产量保持了平稳趋势，即日产液上升、日产油保持平稳。围绕区块注水开发，主要开展了以下几方面的工作以达到增油增液的目的：（1）水驱井组供液差油井实施蒸汽吞吐引效。期间共实施吞吐引效井11口/18井次，实现增油4600t。（2）进行吸水剖面测试，合理进行分注提高水驱效率。结合水井吸水剖面测试结果，共实施水井分注井3口。（3）实施停产井复产，完善注采井网。水井陆续投注后，为完善注采井网，期间共实施停产井复产10口，实现停产井复产增油3650t。（4）研究动态生产特征，适时开展周期注水，实现增油上产。为进一步提高注水波及体积和水驱效率，根据现阶段注采关系及阶段试验效果，将稳定注水方式调整为周期注水，周期注水有效降低了含水率，井组产量提高，日产油由7.2t上升到15.6t，周期注水取得了预期的效果。（5）二线6口油井在水驱作用下，也不同程度见效。不但日产液、日产油稳中有升，而且生产周期得到延长。与注水前相比，已累计实现增油7930t。锦271块实施注水开发后，与转注水前相比延长周期11466天，区块累计增油14080t。

国内普通稠油油藏注水开发案例很多（表1-2），主要集中在大港油田、渤海油田、华北油田、辽河油田、新疆油田、胜利油田等。

表1-2 稠油油田注水开发应用现状

油田	埋藏深度（m）	渗透率（mD）	孔隙度（%）	地层原油黏度（mPa·s）	水驱采收率（%）
吐哈鲁克沁油田鲁二块	2300~3700	625	27.0	154~256	15.0
海外河油田	1500~2400	858	28.7	40~120	21.5
大港油田枣35区块	1470~1695	裂缝性稠油油藏	基质：21.6~34.4 缝洞：1.18~4.42	8617.92（地面）	5.23~5.89

油田		埋藏深度（m）	渗透率（mD）	孔隙度（%）	地层原油黏度（mPa·s）	水驱采收率（%）
古城油田 B123 断块		—	245~1620.1	10~34.2	59.1	16.39
大港三羊木油田		1188~1464	800	29.0	37~148	25.0
胜利油田渤 21 块		1230~1300	200~950	31.0	95	13.0
Wilmington 油田		780	1500	30.0	280	25.0
渤海湾 SZ36-1		1400	2306	31.5	176.3	14.56
辽河高升油田		1510~1690	1000~3000	22~25	518~605	14.7
巴 4 断块稠油油藏		1350	34.81	21.5	56~110	19
辽河油田	冷 43 块	1470~1820	428.7	16.8	57~420	16.9
	冷 42 块	1750~1890	1806	24.1		16.1
华北油田泽 70 断块		2400	300	20	165.6	9.87
辽河油田锦 90 块兴 1 组		—	108.2	29	462.7（50℃）	5
奈曼油田		1287~1870	11~12	12~14.6	153~4403	16.0
Buffalo Coulee Bakken Reservoir		820	500~1000	20~28	350	4.1
LLOYDMINSTER HEAVY-OIL RESERVOIRS （Waseca Zone）		500~515	—	29~35	950~6500	8.3
LLOYDMINSTER HEAVY-OIL RESERVOIRS （Sparky zone）		540~550	—	29~35	950~6500	9.5
Coleville Main Bakken formation		790	1500	24	400	13~18

第四节　昌吉油田吉 7 井区中深稠油油藏开发经历回顾

　　吉庆井区位于新疆维吾尔自治区乌鲁木齐市北东 140km，吉木萨尔县城东北 15km，北西距已开发的北三台油田北 16 井区 53.4km。吉木萨尔凹陷勘探始于 20 世纪 50 年代，1990 年在凹陷东斜坡钻探的吉 7 井在梧桐沟组见良好油气显示，在 1702.5~1670.0m 井段试油获日产油 4.98t 工业油流，从而发现了吉 7 井区梧桐沟组油藏。随后钻探了吉 8 井、吉 9 井，其中吉 8 井获低产油流，且油质较稠，吉 9 井试油为含油水层，该区暂停评价。2007 年吉 8 井老井恢复试油获日产油 3.7t 的工业油流。2008 年实施的评价井吉 001 井也在梧桐沟组获得工业油流。吉 7 井区中部埋深 1317~1775m，油藏中部温度 51.27~58.89℃，油藏中部地层压力为 15.98~20.34MPa，平均地面原油密度为 0.9189~0.9431g/cm³，50℃黏度为 100~10027mPa·s，平面上自北部构造低部位向南部构造高部位原油密度、黏度逐渐增高，属于中深层普通稠油油藏。地层水矿化度平均为 10024.0mg/L，地层水水型为

NaHCO$_3$。天然驱动类型主要为弹性水压驱动。

根据中国稠油分类标准，对于普通稠油 I-1 类油藏，初步开发方式一般采用常温水驱，而对于普通稠油 I-2 类、特稠油、超稠油油藏，一般推荐初步开发方式为热力开采。热力开采的方式分为以水为注入介质的热水驱、蒸汽吞吐、蒸汽驱、SAGD 等方式；以注入空气为介质的热采方式，如火驱等。近些年来，经过科技攻关，出现了一些新的降黏、增效的高效驱油方式，如 CO$_2$ 非混相驱、氮气泡沫驱等。在国内外得到大范围的推广应用，也可作为吉 7 井区开发方式筛选的重点。

吉庆井区经历了较长时间的开采论证，较之其他稠油油藏的做法，该井区由于自身的地质和流体特点，论证并实施了注常温水开发方案。吉 7 井区从 2006 年 7 月试采至目前共分三个开发阶段：评价试采阶段、注水试验阶段、注水开发阶段。评价试采阶段：2006 年 7 月到 2010 年 9 月，主要是吉 8 断块和吉 7 断块的试油试采。注水试验阶段：2010 年 10 月到 2012 年 4 月，主要是吉 8 断块 P$_3$wt$_2$$^{2-3}$ 层系开展 008 井试验井区开发注水试验。注水开发阶段：2012 年 5 月至今，吉 008 井注水试验取得突破后，吉 8 断块和吉 006 断块进入全面注水开发。

截至 2019 年 5 月共有油水井 675 口，其中油井 464 口、注水井 211 口，油水井数比 2.19。油井开井 437 口，日产液 2028 t，日产油 1026t，综合含水率 49.51%，平均单井日产液 4.6t，平均日产油 2.3t；累计产液 289.6286×10^{4}t，累计产油 138.2309×10^{4}t，采出程度为 5.93%，可采储量采出程度为 39.54%，采油速度为 1.21%，可采储量采油速度为 8.05%。注水井开井 178 口，日注水 2123m^3，平均单井注水 11.9m^3，累计注水 275.54×10^{4}m^3，月注采比 0.98，累计注采比 0.88。

吉 7 井区注水先导试验的成功及后续的全面注水开发，源于研究人员对稠油注水开发的另类解读。吉 008 井试验区自 2011 年开发以来，油井见水后含水上升至 40% 左右一直保持稳定，目前采出程度为 15%，已达到方案设计水平，采油速度为 2.2%，预测采收率为 30%，与经验理论存在很大差异。吉 7 井区采油井取样中发现：吉 7 井区与其他区块原油相比，乳化现象非常普遍，且脱水困难，长期放置不易分层。通过研究表明：主要是注入水在地层条件下与原油乳化，对驱油效率产生了较大影响。本书以吉 7 井区稠油油藏为研究对象，对稠油油藏注水油藏工程和开发理论的全新、全面的认识。

第二章　吉 7 井区中深层稠油油藏注水开发可行性研究

吉 7 井区梧桐沟组构造形态为受断裂切割的、由北西向南东抬升的单斜构造，地层在东部及东南部逐渐剥蚀尖灭。吉 7 井区梧桐沟组油藏前期采用天然能量开采，递减较大，采收率低，由于属于中深层稠油，存在热采热损大、成本高的问题，如何实现该类油藏经济有效的开发成为一个难点。通过调研同类常温注水开发的油田，开展了相关的研究和试验，从油藏工程角度评价吉 7 井区常温注水的可行性，实验表明吉 7 井区可以采用常温注水开发。在可行性研究的基础上，在地面原油黏度小于 2000mPa·s 的区域开辟了 7 注 12 采的吉 008 注水实验区，并且取得了非常好的效果。因此，2012 年开始逐步对吉 7 井区采用常温注水滚动开发。

第一节　区块基本概况

一、地理位置

昌吉油田吉 7 井区位于准噶尔盆地东部吉木萨尔凹陷东斜坡，行政隶属新疆维吾尔自治区吉木萨尔县，在吉木萨尔县城北约 14km，距北三台油田北 16 井区 53.4km。工区地表为草原耕地，地面平坦，地面海拔 650~680m。工区温差悬殊，夏季干热，最高气温可达 40℃以上；冬季寒冷，最低气温可达 -40℃以下。井区内年平均降水量小于 200mm，属大陆性干旱气候。图 2-1 显示昌吉油田吉 7 井区地理位置上乌鲁木齐至奇台县的 303 省道从该区南面穿过，交通便利。

二、勘探开发简况

吉木萨尔凹陷勘探始于 20 世纪 50—60 年代，在凹陷的东斜坡相继钻探了吉 1、吉 2、吉 3、吉 10、吉 13 等井，共钻探进尺 12416m。1982—1989 年间以地震勘探为主，完成地震测线总长 1030km，测网密度达 1km×1.5km，共完钻探井 3 口（北 15 井、吉 5 井、吉 6 井），总进尺 10015.29m。进入 20 世纪 90 年代，随着准东地区油气勘探的发展，先后钻探了吉 7 井、吉 8 井、吉 9 井。基于当时的研究和认识程度，油质偏稠、难以采出，该区的勘探进展缓慢。

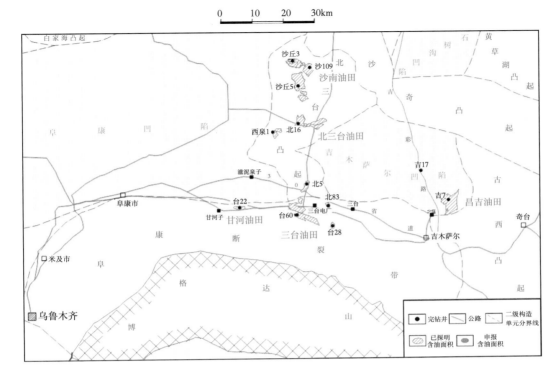

图 2-1　昌吉油田吉 7 井区地理位置示意图

2004 年，实施吉 17 井区三维地震勘探。随着工艺技术进步与地质认识的不断深化，2007 年先后对吉 7 井、吉 8 井、吉 9 井梧桐沟组开展老井恢复试油工作。其中吉 7 井压裂后，日产油 5.02t；吉 8 井压裂后，日产油 3.7t；吉 9 井老井恢复试油，压裂后日产油 0.2t、水 15.3m³。

2008 年，针对该区油质较稠、产量低的情况，进行试油工艺技术攻关，开展防砂压裂试验、电加热和螺杆泵井筒举升工艺技术试验，增产效果显著。螺杆泵井筒举升技术的应用经济可行，为吉 7 井区二叠系梧桐沟组油藏开采工艺技术积累了经验，为油藏整体探明、开发奠定了基础。同年，吉 7 井区梧桐沟组油藏上报石油控制储量 2161×10⁴t，含油面积 13.1km²，技术可采储量 367.4×10⁴t。

2009 年，对吉 15 井区和吉 17 井区三维进行了连片处理，资料品质得到较大的提升，满覆盖面积 413.6km²。随着井筒资料的逐步丰富与研究工作不断深入，圈闭及油藏认识有了较大变化，由原来的岩性油藏转变为以断块为主的构造油藏。

2010 年，吉 7 井区二叠系梧桐沟组油藏按照整体部署、分步实施的原则，先后实施评价井 7 口（吉 002 井—吉 008 井），均在梧桐沟组获工业油流。

2011 年，吉 7 井区外围（东部和南部）开展滚动评价工作，发现了吉 101 井和吉 103 井断块圈闭，同年共实施评价井 9 口（吉 009 井—吉 013 井、吉 015 井、吉 101 井—吉 103 井），吉 102 井地质报废，吉 010 井试油为水层，其余井均在梧桐沟组获得工业油流。在评价基础上部署开发控制井 11 口（J1009 井—J1018 井、J1020 井），J1017 井梧桐沟组为水层，其余井在梧桐沟组均获工业油流。

为了验证吉 7 井区梧桐沟组油藏注水开发的可行性，为后期整体开发确定合理开发方式，2011 年 9 月在吉 008 井附近采用 150m 井距反七点井网部署注水试验井组，总井数 19 口，其中采油井 12 口（利用老井 1 口）、注水井 7 口。考虑注采对应关系及注水试验效果，统一在 $P_3wt_2^{2-3}$ 砂层射孔，油水井投产均未采取压裂措施，初期单井日产油 1.8~9.4t，平均日产油 4.4t。

2012 年，吉 7 井区外围梧桐沟组进一步评价，共实施评价井 12 口（吉 014 井、吉 017 井、吉 104 井—吉 107 井、吉 109 井、吉 112 井—吉 116 井），吉 104 井、吉 106 井和吉 107 井地质报废，吉 017 井试油为水层，其余 8 口评价井在梧桐沟组均获工业油流。

为进一步考察吉 7 井区梧桐沟组油藏低黏区注水开发效果，2012 年选择原油黏度最低的吉 006 断块进行常规注水开发。采用 210m 井距反七点注采井网全直井部署，全区共部署开发井 124 口（采油井 82 口、注水井 42 口），建产能 12.30×10⁴t/a。截至 2013 年 11 月，共实施开发井 101 口（采油井 60 口、注水井 41 口），建产能 9.0×10⁴t/a。

2012 年 12 月，吉 7 井区梧桐沟组油藏上报探明石油地质储量 7205.86×10⁴t，叠合含油面积 25.36km²，技术可采储量 1080.89×10⁴t。

2013 年 8 月，为进一步落实吉 7 井区梧桐沟组油层展布及产能，补齐开发方案所需资料，共部署实施开发控制井 9 口。

三、前期勘察资料情况

工区内二维地震测网密度为 1.0km×1.5km，三维地震资料采用 2009 年吉 15 井—吉 17 井连片处理成果，其中吉 17 井三维地震面元 25m×50m，面积 330.6km²；吉 15 井三维地震面元 25m×50m，面积 291.83km²。梧桐沟组油藏取心井 17 口，进尺 376.67m，实长 375.76m，收获率 99.8%，含油心长 255.48m。试油试采 157 井 216 层，获工业油流 142 井 170 层，其中探井、评价井、开发控制井试油试采 53 井 106 层，获工业油流 47 井 71 层；吉 008 井试验区试采 12 井 12 层，均获工业油流；吉 006 断块试采 92 井 98 层，获工业油流 83 井 87 层。取得高压物性资料 17 个，系统试井 18 井 28 层，复压资料 68 个，原油全分析 263 个，气分析资料 38 个，水分析资料 66 个。已完成各种岩心化验分析资料共 17 井 17 项 3833 块。

第二节　油藏地质特征

一、地层特征

1. 区域地层特征

吉木萨尔凹陷内地层发育齐全，晚古生界至新生界均有发育，在斜坡的东部边缘，二叠系—白垩系表现为西厚东薄特征。新生代以来，凹陷基本消失，地层分布范围扩大，凹陷内外地层分布稳定。

吉木萨尔凹陷东斜坡吉 7 井区块自上而下钻揭的地层为第四系（Q），新近系（N），古近系（E），侏罗系头屯河组（J_2t）、西山窑组（J_2x）、三工河组（J_1s）、八道湾组（J_1b），三叠系韭菜园组（T_1j）、二叠系梧桐沟组（P_3wt）、芦草沟组（P_2l）、井井子沟组（P_1j），石炭系巴塔玛依内山组（C_2b）。缺失白垩系吐谷鲁群（K_1tg），三叠系郝家沟组（T_3hj）、黄山街组（T₃h）、克拉玛依组（T₂k）、烧房沟组（T₁s），而且构造位置越高，缺失越多。

各层组岩性特征及分布如下所述：

第四系（Q）：为黄色散砂、土黄色未成岩黏土、杂色砂砾石层。与下伏地层不整合接触。在本区该系地层分布稳定，沉积厚度变化不大，沉积厚度为150~220m。

新近系（N）：中上部岩性以巨厚层褐色泥岩、砂质泥岩为主，夹薄层褐色、灰褐色含砾泥岩、泥质粉砂岩，杂色泥质小砾岩；下部为灰褐色含砾泥质粉砂岩、含砾泥质细砂岩、含砾泥岩、泥岩不等厚互层；底部为杂色砂砾岩。与下伏地层假整合接触。在本区该系地层沉积厚度很大，自西向东由斜坡低部位到斜坡高部位沉积厚度从800m减薄至550m。

古近系（E）：整体以红褐色、灰褐色泥岩、粉砂质泥岩为主，夹薄层灰褐色含砾泥岩；底部为薄层杂色砂砾岩。与下伏地层不整合接触。在本区该系地层沉积厚度不大，自北向南由斜坡低部位到斜坡高部位沉积厚度从180m减薄至70m。

侏罗系头屯河组（J₂t）：中上部棕褐色泥岩、砂岩、粉砂岩不等厚互层。下部为棕色泥岩夹灰色砂质泥岩及砂岩，与下伏地层假整合接触。在本区该组地层沉积厚度变化很大，在吉7井断裂下盘吉006断块上沉积厚度达200m以上，自西北向东南由斜坡低部位到斜坡高部位沉积厚度逐渐变小，至吉101井区该组地层尖灭。

侏罗系西山窑组（J₂x）：上部岩性主要以褐灰色泥质粉砂岩、粉砂质泥岩为主，夹薄层灰褐色泥岩；下部岩性以灰色泥岩、细砂岩、泥质粉砂岩为主夹黑色薄煤层及煤线。与下伏地层整合接触。在本区该组地层沉积厚度变化很大，自西北向东南由斜坡低部位到斜坡高部位沉积厚度由150m逐渐变小，至吉101井区该组地层只保留了30m左右。

侏罗系三工河组（J₁s）：上部岩性主要为灰色、灰褐色泥岩夹薄层褐灰色泥质粉砂岩；下部岩性为灰色泥质粉砂岩、灰色粉砂质泥岩、灰色粉砂岩不等厚互层。与下伏地层整合接触。在本区该组地层沉积厚度变化很大，自西北向东南由斜坡低部位到斜坡高部位沉积厚度由150m逐渐变小，至吉103井区该组地层只保留了50m左右。

侏罗系八道湾组（J₁b）：上部岩性主要以灰色泥岩为主，夹灰色泥质粉砂岩、灰色砂质泥岩；中部岩性为灰色泥岩与灰色粉—细砂岩、灰色泥质粉砂岩、煤层不等厚互层；下部岩性主要以灰色砂质泥岩、粉砂质泥岩、泥质粉砂岩不等厚互层夹薄层煤线。与下伏地层不整合接触。在本区该组地层分布稳定，沉积厚度变化不大，自西北向东南由斜坡低部位到斜坡高部位沉积厚度由280m逐渐变小至150m左右。

三叠系韭菜园组（T₁j）：上部岩性为褐色泥岩与褐灰色泥质粉砂岩、粉—细砂岩、褐灰色含砾中砂岩不等厚互层；中下部岩性主要以褐色、灰褐色泥岩为主夹褐灰色泥质粉砂岩、灰褐色粉砂质泥岩。在本区该组地层分布范围很小，只在低部位吉18井—吉013井—吉015井一线附近以西沉积，厚度变化很大，至吉006井区该组地层尖灭。

二叠系梧桐沟组（P₃wt）：上部中厚—巨厚层灰色泥岩、砂质泥岩夹中厚层粉砂岩；下部为巨厚层细砂岩、中砂岩、砾状砂岩和砂砾岩，为主要含油层系。与下伏地层整合接触。在本区该组地层沉积厚度变化很大，在吉18井附近沉积厚度达300m以上，自西北向东南由斜坡低部位到斜坡高部位沉积厚度逐渐变小，至吉101井—吉103井区东南该组地层尖灭。

二叠系芦草沟组（P₂l）：上部岩性主要以灰色、深灰色泥岩、白云质泥岩、泥质白云岩为主，夹薄层灰色灰质粉砂岩、白云质粉砂岩；下部岩性主要以灰色、深灰色泥岩、白云质泥岩、泥质白云岩为主，夹薄层灰色灰质粉砂岩、粉砂岩。与下伏地层整合接触。该组地层沉积厚度较大，自西北向东南由斜坡低部位到斜坡高部位沉积厚度从450m逐渐变小至100m左右。

二叠系将军庙组（P_2j）：上部岩性主要以灰色泥岩为主，夹薄层灰色灰质粉砂岩、白云质泥岩；中部岩性主要为白云质泥岩夹薄层灰色粉砂岩；下部岩性为灰色泥岩、灰色含砾粉砂岩、灰色粉—细砂岩不等厚互层。该组地层在本区沉积厚度很大，大约有600m。

石炭系巴塔玛依内山组（C_2b）：上部为灰色凝灰质砂砾岩、灰色荧光火山角砾岩，其下地层为灰黑色碳质泥岩、火山碎屑岩和灰色玄武岩。

本次油藏描述研究的目的层为二叠系梧桐沟组。由于古近系和侏罗系八道湾组的削蚀作用，二叠系梧桐沟组部分遭受剥蚀与侏罗系八道湾组直接接触。梧桐沟组与上覆八道湾组（J_1b）为不整合接触。

2. 小层划分方案

本次油藏描述是在前人分层的基础上，根据梧桐沟组油藏综合柱状图和沉积旋回及岩电组合特征，采用从点到线、由线到骨架、由骨架到面的对比路线进行对比。将全区681口井（246口井钻穿梧桐沟组）进行了统一梳理，在充分参考原划分方案并对其修正的基础上，对主要油层进一步细分。

小层对比标志层及遵循的原则如下：

（1）上覆地层下侏罗统八道湾组下部发育一套全区稳定的煤层，可以作为参考标志层，测井曲线表现为低伽马值、高电阻率、高声波时差、低密度的特征（图2-2）。

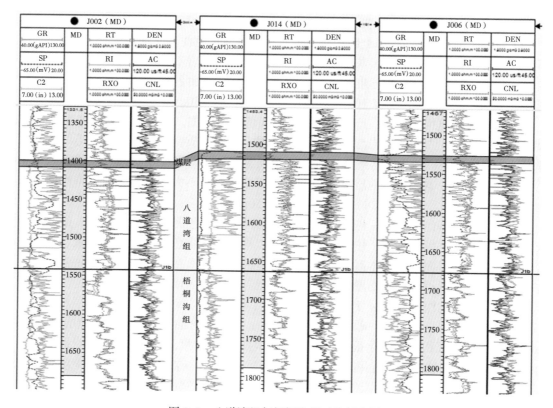

图2-2 八道湾组与梧桐沟组对比标志层

28

（2）梧桐沟组与上覆地层八道湾组不整合接触。梧桐沟组的顶部厚层砂质泥岩，测井曲线表现为高伽马值、低电阻率与八道湾组底部的砂砾岩低伽马值、高电阻率差异明显（图2-2）。

（3）梧桐沟组与下伏地层芦草沟组整合接触。梧桐沟组底部砾岩与芦草沟组顶部稳定分布的灰质泥岩差异明显，灰质泥岩测井曲线表现为强烈的锯齿状（图2-3）。

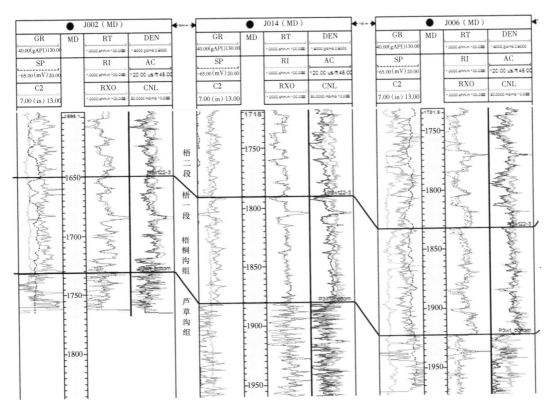

图2-3　梧桐沟组与芦草沟组对比标志层

（4）梧桐沟组的下部梧一段（P_3wt_1）与上部梧二段（P_3wt_2）之间发育一套较稳定的泥岩，该泥岩的曲线特征为较高的伽马值和较低电阻率，据此可以把梧桐沟组分为两段（图2-3）。

（5）以沉积层序、旋回性和测井曲线相似性进行逐级嵌套，综合对比可以进一步细分为 $P_3wt_1^2$、$P_3wt_1^1$、$P_3wt_2^2$、$P_3wt_2^1$ 共四个砂岩组和17个地质小层。

（6）小层对比标志层不清晰的个别井运用厚度协调原则控制厚度划分。

（7）剖面兼顾井网、井排的分布趋势，以最小井距进行对比，建立对比井网，形成对比网格，保证井间各小层能完全闭合。

依据以上分层对比原则和方法，在本区选用 GR、RT、RI、AC、DEN 曲线，并以 CAL、SP、RXO、CNL 曲线作为辅助用于地层对比工作。结合梧桐沟组辫状河三角洲沉积环境及砂体发育特征，分别在顺物源方向与垂直物源方向建立骨干对比剖面共20条（图2-4），另作分区对比剖面120条，做到了全区每口井至少受两方向双重控制100%闭合，使地层划分更加准确。

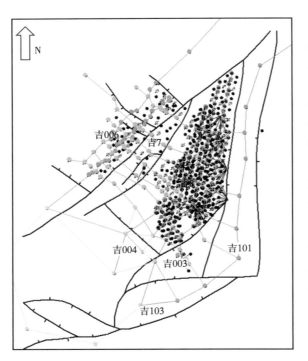

图 2-4 吉 7 井区骨干对比剖面

在分层对比过程中，一般来说，砂岩组相对比较稳定，曲线特征明显，整体厚度变化不大，因此首先对砂岩组进行对比，逐点闭合，从而把大的井段划分为若干小的层段，然后再对每个砂岩组内部进行小层对比。通过分析不同单元之间的切割叠加关系并进行小层对比后，井段被进一步缩小，根据不同小层内隔夹层发育情况进行单砂体的划分与识别。按照这个层次进行对比，可以大大提高对比精度，降低窜层风险（图 2-5）。同时，为了更加合理地落实小层剥蚀、超覆尖灭线的位置，在对比过程中充分参考了三维地震资料，使得小层的剥蚀、超覆点的确定更加准确。

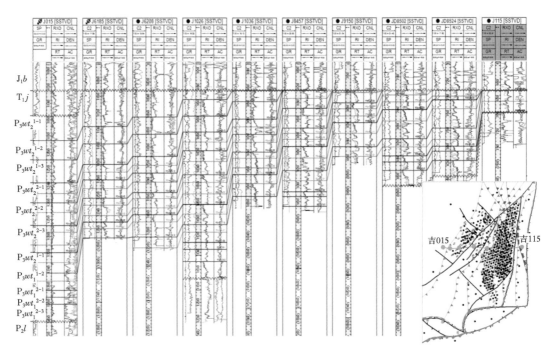

图 2-5 吉 7 井区块过吉 015 井—吉 115 井二叠系梧桐沟组地层对比图

3. 工区地层发育特征

新的分层结果将梧桐沟组共划分成上下两段，4 个砂岩组，17 个地质小层（表 2-1）。从对比结果来看，梧桐沟组沉积厚度为 10.7~303.4m，平均沉积厚度为 143.9m。整体来看，西北部地层发育全、厚度大，向东南方向逐渐剥蚀尖灭、地层变薄（图2-6、图2-7）。构造较高部位的吉103断块和吉101断块，梧二段全部剥蚀尖灭，底部梧一段二砂组三个小层在工区东北部超覆于下伏地层之上形成尖灭。

表2-1 吉7井区小层发育特征统计表

组	段	砂组	原小层	细分小层	最小厚度（m）	最大厚度（m）	平均厚度（m）	剥蚀面积占比（%）
P_3wt	P_3wt_2	$P_3wt_2^1$	$P_3wt_2^{1-1}$	$P_3wt_2^{1-1}$	0	59.2	14.1	54.35
			$P_3wt_2^{1-2}$	$P_3wt_2^{1-2}$	0	39.3	13.3	44.25
			$P_3wt_2^{1-3}$	$P_3wt_2^{1-3}$	0	32.4	15.8	32.57
		$P_3wt_2^2$	$P_3wt_2^{2-1}$	$P_3wt_2^{2-1-1}$	0	20.7	8.6	28.09
				$P_3wt_2^{2-1-2}$	0	20.2	8.8	27.27
			$P_3wt_2^{2-2}$	$P_3wt_2^{2-2-1}$	0	19.6	9.1	24.07
				$P_3wt_2^{2-2-2}$	0	18.3	9.7	22.57
			$P_3wt_2^{2-3}$	$P_3wt_2^{2-3-1}$	0	10.8	5.8	20.65
				$P_3wt_2^{2-3-2}$	0	19.4	9.1	19.25
				$P_3wt_2^{2-3-3}$	0	13.8	6.9	18.06
	P_3wt_1	$P_3wt_1^1$	$P_3wt_1^{1-1}$	$P_3wt_1^{1-1-1}$	0	20.8	9.9	12.62
				$P_3wt_1^{1-1-2}$	0	30.7	12.8	7.67
			$P_3wt_1^{1-2}$	$P_3wt_1^{1-2-1}$	0	17.8	10	5.59
				$P_3wt_1^{1-2-2}$	4	20.2	11.3	0.00
		$P_3wt_1^2$	$P_3wt_1^{2-1}$	$P_3wt_1^{2-1}$	0	13.1	8.3	8.64
			$P_3wt_1^{2-2}$	$P_3wt_1^{2-2}$	0	22.7	10.8	10.32
			$P_3wt_1^{2-3}$	$P_3wt_1^{2-3}$	0	27	16.9	12.02

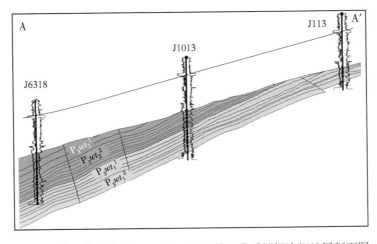

图2-6 吉7井区块过J6318井—J113井二叠系梧桐沟组地层剖面图

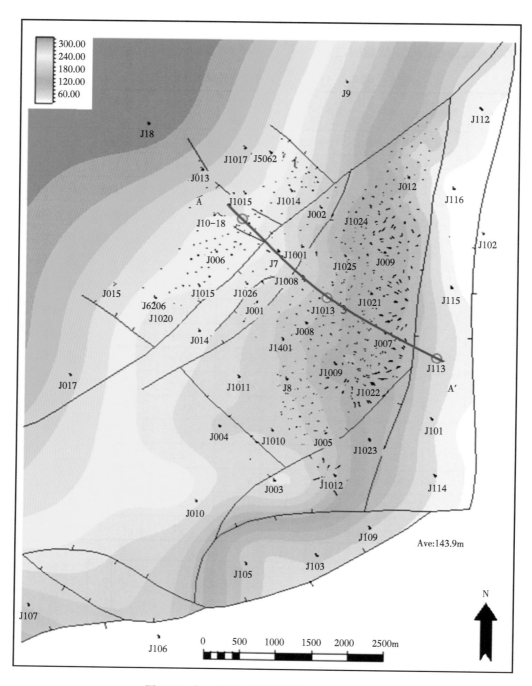

图 2-7 吉 7 井区二叠系梧桐沟组地层厚度图

各小层平面地层发育特征如下：

（1）$P_3wt_2^1$ 砂层组：不含油，沉积以厚层泥岩为主。该层地层厚度为 0~109.6m，平均为 59.6m，细分出 $P_3wt_2^{1-1}$、$P_3wt_2^{1-2}$、$P_3wt_2^{1-3}$ 三个小层。

$P_3wt_2^{1-1}$ 小层：地层厚度为 0~59.2m，平均为 14.1m，平面上厚度变化较大，J1017 井、J1015 井、吉 013 井一带厚度达到最大值，沿吉 9 井、吉 7 井、吉 001 井向西南方向至吉

107 井北 2 号断层形成剥蚀尖灭线，工区内剥蚀面积比例达到 54.35%；

$P_3wt_2^{1-2}$ 小层：地层厚度为 0~39.3m，平均为 13.3m，平面上从西北至东南方向厚度减薄趋势明显，沿吉 002 井、J1003 井、J1011 井、吉 004 井一线至吉 003 北断裂处形成剥蚀尖灭，工区内剥蚀面积比例达到 44.25%；

$P_3wt_2^{1-3}$ 小层：地层厚度为 0~32.4m，平均为 15.8m，平面上从西北至东南方向厚度减薄趋势明显，沿 J8356 井、J8457 井、J1422 井、J9346 井一线至吉 003 南断裂处形成剥蚀尖灭，工区内剥蚀面积比例达到 32.57%；

（2）$P_3wt_2^2$ 砂层组：研究区主要含油层系岩性以含砾砂岩、细砂岩为主，夹薄层泥岩。该层地层厚度为 0~91.1 m，平均为 59.4m，细分出 $P_3wt_2^{2-1-1}$、$P_3wt_2^{2-1-2}$、$P_3wt_2^{2-2-1}$、$P_3wt_2^{2-2-2}$、$P_3wt_2^{2-3-1}$、$P_3wt_2^{2-3-2}$、$P_3wt_2^{2-3-3}$ 共 7 个单砂层。

$P_3wt_2^{2-1-1}$ 小层：地层厚度为 0~20.7m，平均为 8.6m，平面上吉 9 井、J5032 井、吉 18 井以北地层厚度发育较大，开发主体区域地层厚度较均匀，沿 J8337 井、J8377 井、J8438 井、J9268 井、J1012 井一线至吉 003 井南断裂处形成剥蚀尖灭，工区内剥蚀面积比例达到 28.09%；

$P_3wt_2^{2-1-2}$ 小层：地层厚度为 0~20.2m，平均为 8.8m，平面上北部吉 9 井、J5032 井、吉 18 井以北地层厚度发育较大，开发主体区域地层厚度较均匀，沿 J8337 井、J8377 井、J8438 井、J9269 井、JD3447 井一线至吉 003 井南断裂处形成剥蚀尖灭，工区内剥蚀面积比例达到 27.27%；

$P_3wt_2^{2-2-1}$ 小层：地层厚度为 0~19.6m，平均为 9.1m，平面上吉 9 井以北、吉 010 井以西地层厚度发育较大，开发主体区域地层厚度较均匀，沿 J8021 井、J8368 井、J8211 井、J9852 井一线至吉 007 井东断裂处形成剥蚀尖灭，吉 103 断块和吉 101 断块地层缺失，工区内剥蚀面积比例 24.07%；

$P_3wt_2^{2-2-2}$ 小层：地层厚度为 0~18.3m，平均为 9.7m，平面上吉 9 井以北、吉 010 井、吉 017 井、吉 015 井以西地层厚度发育较大，开发主体区域地层厚度较均匀，沿 J8022 井、J8350 井、J9252 井、J1023 井一线至吉 007 东断裂处形成剥蚀尖灭，吉 103 断块和吉 101 断块地层缺失，工区内剥蚀面积比例 22.57%；

$P_3wt_2^{2-3-1}$ 小层：地层厚度为 0~10.8m，平均为 5.8m，平面上吉 010 井、吉 017 井以西地层厚度发育较大，开发主体区域地层厚度较均匀，沿 J8033 井、J8071 井、JD8483 井、JD8265 井一线至吉 007 井东断裂处形成剥蚀尖灭，吉 103 断块和吉 101 断块地层缺失，工区内剥蚀面积比例 20.65%；

$P_3wt_2^{2-3-2}$ 小层：地层厚度为 0~19.4m，平均为 9.1m，平面上吉 015 井、吉 017 井以西以及吉 003 断块内几口井地层厚度发育较大，开发主体区域地层厚度较均匀，沿 J8033 井、J8083 井、JD8235 井、JD8256 井一线至吉 007 井东断裂处形成剥蚀尖灭，吉 103 断块和吉 101 断块地层缺失，工区内剥蚀面积比例 19.25%；

$P_3wt_2^{2-3-3}$ 小层：地层厚度为 0~13.8m，平均为 6.9m，平面上有西厚东薄的趋势，整体上地层厚度较均匀，沿 J8054 井、JD8363 井、JD8445 井、JD8246 井一线至吉 007 井东断裂处形成剥蚀尖灭，吉 103 断块和吉 101 断块地层缺失，工区内剥蚀面积比例达到 18.06%；

（3）$P_3wt_1^1$ 砂层组：研究区主要含油层系，岩性主要以含砾砂岩、砂砾岩、细砂岩为主，夹薄层粉砂质泥岩、砂质泥岩、泥岩。该层地层厚度为 8~64m，平均为 44m，细分出

$P_3wt_1^{1-1-1}$、$P_3wt_1^{1-1-2}$、$P_3wt_1^{1-2-1}$、$P_3wt_1^{1-2-2}$ 共 4 个单砂层。

$P_3wt_1^{1-1-1}$ 小层：地层厚度为 0~20.8m，平均为 9.9m，整体上地层厚度较均匀，局部井点厚度达到 15m 以上，吉 103 断块沿吉 103 井、吉 109 井以东和吉 101 断块整体地层剥蚀，工区内剥蚀面积比例达到 12.62%；

$P_3wt_1^{1-1-2}$ 小层：地层厚度为 0~30.7m，平均为 12.8m，吉 8 断块东部开发区储层较厚，局部井点厚度达到 20m 以上，该层只在吉 101 断块沿吉 114 井、吉 115 井、吉 112 井一线剥蚀，工区内剥蚀面积较小，比例达到 7.67%；

$P_3wt_1^{1-2-1}$ 小层：地层厚度为 0~17.8m，平均为 10m，吉 8 断块东部开发区储层较厚，局部井点厚度达到 20m 以上，该层只在吉 101 断块沿吉 116 井、吉 101 井和吉 114 井被剥蚀掉，工区内剥蚀面积 5.59%；

$P_3wt_1^{1-2-2}$ 小层：地层厚度为 4~20.2m，平均为 11.3m，整体上地层厚度较均匀，吉 8 断块西部，吉 006 断块西南部局部井点厚度达到 15m 以上，该层在开发探明区内没有剥蚀；

（4）$P_3wt_1^2$ 砂层组：含油层系，岩性较粗，以砂砾岩、砾岩为主，夹薄层粉砂质泥岩、砂质泥岩、泥岩。该层地层厚度为 0~50m，平均为 35.3m，地层整体上西厚东薄，向东北方向形成超覆尖灭，该砂层组细分出 $P_3wt_1^{2-1}$、$P_3wt_1^{2-2}$、$P_3wt_1^{2-3}$ 共 3 个小层。

$P_3wt_1^{2-1}$ 小层：地层厚度为 0~13.1m，平均为 8.3m，平面上该层厚度较均匀，沿 J8031 井、J8042 井、J8064 井至吉 115 井一线超覆下部地层，工区内超覆缺失地层面积比例达到 8.64%；

$P_3wt_1^{2-2}$ 小层：地层厚度为 0~22.7m，平均为 10.8m，平面上该层厚度变化较大，吉 003 井、吉 8 井、J1023 井等局部井点厚度达到 15m 以上，沿 J8030 井、J8063 井、J8084 井至吉 115 井一线超覆下部地层，工区内超覆缺失地层面积比例达到 10.32%；

$P_3wt_1^{2-3}$ 小层：地层厚度为 0~27m，平均为 16.9m，该层岩性以砾岩为主。平面上地层西厚东薄趋势明显，东南部局部井点厚度达到 20m 以上，沿 J8040 井、J8062 井、J8083 井至吉 115 井一线超覆下部地层，工区内超覆缺失地层面积比例最大，达到 12.02%。

二、构造特征

1. 区域构造特征

吉木萨尔凹陷是在中石炭统褶皱基底上沉积起来的一个西断东超的东西向箕状凹陷，面积 1500km²，其周边边界特征明显，西以西地断裂和老庄湾断裂为界与北三台凸起相接，北以吉木萨尔断裂为界与沙奇凸起毗邻，南面为阜康断裂带，向东则表现为一个逐渐抬升的斜坡，最终过渡到古西凸起上。依据前人研究成果，吉木萨尔凹陷二级构造单元被进一步划分为西部深洼带、中部超覆带、东部削蚀带，后两个单元统称东部斜坡带。

西部深洼带位于吉木萨尔凹陷的西半部，其内地层发育齐全，沉积厚度相对稳定，自二叠系至白垩系一直表现为持续的沉降中心，其中以二叠系、三叠系表现最突出；该单元断裂及局部构造不发育。中部超覆带位于吉木萨尔凹陷的中部，二叠系、三叠系内部有向东、北东、南东超覆现象，可形成地层走向呈弧形的大型地层圈闭，地层坡度与上倾的削蚀带相比明显变缓，断裂不发育。东部削蚀带位于吉木萨尔凹陷东缘，其构造形态呈弧形，地层的岩性和厚度变化较大，二叠系—白垩系均表现为削截尖灭，残余地层分布由老到新逐渐向西收缩，至新生界，地层分布范围空前扩大。印支期、燕山期，二叠系、三叠系向东抬升遭受剥蚀，形成大型的剥蚀地层圈闭，地层坡度较陡。

吉木萨尔凹陷经历了海西、印支、燕山、喜马拉雅等多期构造运动。中二叠世早期，吉木萨尔凹陷发生强烈的构造沉降，在石炭系基底上接受了较厚的井井子沟组沉积，中二叠世晚期，发育一套湖相沉积，形成了本区最重要的芦草沟组烃源岩。晚二叠世吉木萨尔凹陷沉积了上二叠统梧桐沟组至下三叠统韭菜园组，梧桐沟组是吉木萨尔凹陷的主要产油层。印支末期构造运动使凹陷东部古西凸起强烈上升，造成凹陷东斜坡三叠系、二叠系不同程度的剥蚀，侏罗系与下伏地层不整合接触。侏罗纪末的燕山运动Ⅱ幕使侏罗系遭受严重剥蚀，吉木萨尔凹陷向南西方向萎缩，只残存八道湾组。白垩纪时期独立的凹陷格局消失，受燕山Ⅲ幕构造运动的影响，吉木萨尔凹陷东南角逐渐抬升。进入新生纪，喜马拉雅运动造成凹陷整体由东向西掀斜，地层向东逐渐减薄。

2. 工区构造特征

本次地震研究工作仍沿用上报探明储量时的地震资料（吉15井—吉17井连片三维地震勘探）。根据区域地震反射特征，确定八道湾组煤层强反射层和梧桐沟组底界强反射层为地震标定标志层。主探目的层二叠系梧桐沟组在地震剖面上表现为弱振幅、横向连续性差的特点，其上覆侏罗系八道湾组则表现为弱振幅、横向连续性好的特点，下伏二叠系芦草沟组表现为强反射的特点。梧桐沟组自西向东部高部位遭剥蚀逐渐减薄，在地震剖面上呈"楔状"分布，上部由于受侏罗系八道湾组的削蚀作用，梧二段向东向南高部位削蚀尖灭。

表2-2　吉7井区块断裂要素表

断裂名称	断裂性质	断开层位	断裂产状			断距（m）	延伸长度（km）
			走向	倾向	倾角（°）		
吉103井南断裂	逆	P—J	NEE	S	50~70	50~80	6.6
吉7井断裂	逆	P—J	NE	SE	50~60	10~70	9.6
吉001井东断裂	逆	P—J	NE	SE	50~60	5~35	4.6
吉001井北断裂	逆	P—J	NE	NW	50~70	5~10	1.4
吉007井东断裂	逆	P—J	NNE	E	40~60	10~60	6.1
吉101井东断裂	逆	P—J	NNE	E	40~60	10~30	7.0
吉003井南断裂	逆	P—J	EW	S	50~60	40~170	5.0
吉003井北断裂	逆	P—J	NE	SE	40~60	10~50	3.5
吉004井北断裂	正	P—J	NW	NE	40~50	5~10	2.0
吉18井东断裂	逆	P—J	NW	NE	40~50	5~10	1.3
吉006井北1断裂	正	P—J	NW	SW	40~50	5~10	1.8
吉006井北2断裂	正	P—J	NW	NE	50~70	5~10	0.8

断裂名称	断裂性质	断开层位	断裂产状			断距（m）	延伸长度（km）
			走向	倾向	倾角（°）		
吉 006 井南断裂	正	P—J	NW	NE	40~50	5~10	1.4
吉 107 井北 2 断裂	逆	P—J	SE	S	50~70	10~160	3.1
吉 107 井北 1 断裂	逆	P—J	SE	S	50~70	20~160	1.8

本区梧桐沟组构造较复杂，断裂较发育，由于受北西—南东方向挤压应力的作用，形成多条北东—南西或近东西走向主干逆断层：吉 103 井南断裂、吉 7 井断裂、吉 001 井东断裂、吉 007 井东断裂、吉 101 井东断裂、吉 003 井南断裂，这些北东向断裂对油藏起着控制作用。剖面上断裂表现为上陡下缓，尤其东南边部的断层断距较大（10~170m），一般延伸较远（4.6~9.6km）；同时受其他方向构造应力的释放，产生多条北西—南东向的次级调节断层：吉 004 井北断裂、吉 18 井东断裂、吉 006 井南断裂、吉 006 井北断裂，这些断裂一般延伸较短（1.3~2.0km），剖面上断距较小（5~10m）。从而形成以吉 103 井南断裂为边界断层，由吉 7 井断裂、吉 007 井东断裂、吉 101 井东断裂、吉 003 井南断裂等逆断层为骨架断裂的向东南方向抬升的断阶状构造带。其断层要素见表 2-2。

吉 7 井区块被三条主要大断裂：吉 7 井断裂、吉 007 井东断裂、吉 003 井南断裂分割成三个断块区——吉 006 断块区、吉 7 断块区、吉 101—103 断块区。吉 006 断块区是由吉 7 井断裂与北西走向的次一级断裂吉 18 井东断裂、吉 006 井南断裂所夹持的断块，由吉 006 井北断裂分隔为南、北两个次级断块—吉 006 断块、吉 011 断块。吉 7 断块区是由吉 7 井断裂、吉 003 井南断裂、吉 007 井东断裂所夹持的断块区，内部被多条小断层分割，形成 4 个次级小断块，分别是吉 7 断块、吉 8 断块、吉 003 断块、吉 004 断块。吉 101—103 断块区由吉 103 井南断裂、吉 003 井南断裂、吉 007 井东断裂吉 101 井东断裂 4 条断裂所夹持的断块区，由吉 003 井南断裂分隔为吉 103 断块、吉 101 断块。在吉 101—103 断块区缺失 P_3wt_2，只残留部分 P_3wt_1。

向东南抬升的二叠系梧桐沟组被该区发育的 11 条主要断裂切割成 8 个不同的断块，这 8 个断块自西北向东南逐级抬高，形成了断阶状构造带。

在原上报探明储量构造特征研究的基础上，根据新完钻的开发井资料，针对梧桐沟组主力油层段开展精细构造解释，编制梧桐沟组四个砂岩组 $P_3wt_2^1$、$P_3wt_2^2$、$P_3wt_1^1$、$P_3wt_1^2$ 顶界构造图。

吉 7 井区二叠系梧桐沟组整体构造形态为一个向东南方向抬升的单斜，内部被多条断层所切割。中部吉 8 井、吉 7 井、吉 006 井及以西地区地层倾角平均为 5.5°，东部吉 101 断块，南部吉 003 断块、吉 103 断块、吉 107 断块地层倾角相对较大，平均为 6.2°。全区底面构造海拔平均为 -956m，顶面构造继承底面构造特征，平均海拔为 -821m。

本次研究成果与 2012 年完成的梧桐沟组探明储量研究结果对比来看（图 2-8），一是在吉 7 断块内部增加了一条小断层，二是在吉 8 断块东部 $P_3wt_2^2$ 地层剥蚀范围发生了变化。

通过对吉 8 断块东北部区域 2 条连井剖面仔细对比（图 2-9、图 2-10），认为新的分层认识较为可靠，$P_3wt_2^2$ 尖灭线位置调整合理。

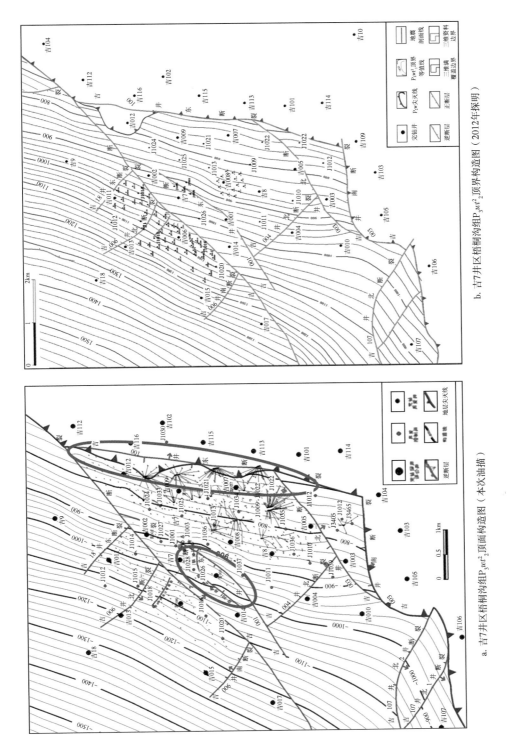

b. 吉7井区梧桐沟组P₃wt²₂顶界构造图（2012年探明）

a. 吉7井区梧桐沟组P₃wt²₂顶面构造图（本次油描）

图2-8　梧桐沟组P₃wt²₂构造差异图

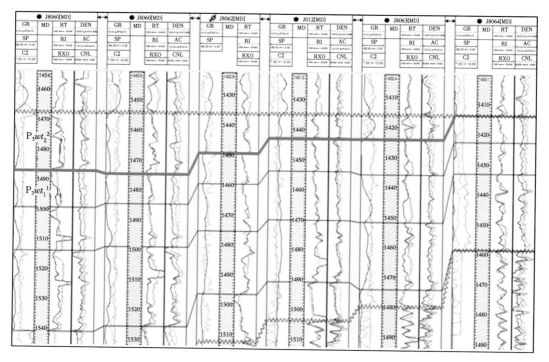

图 2-9　J8060 井—J8064 井地层对比图

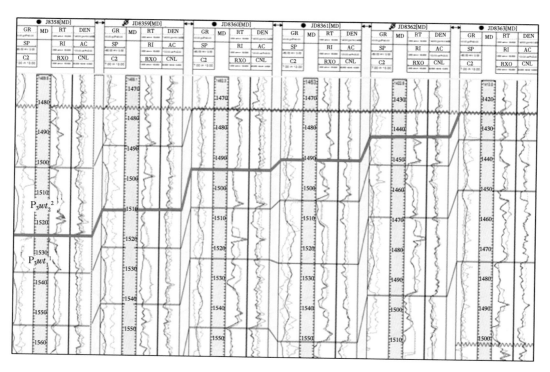

图 2-10　J8358 井—J8363 井地层对比图

通过 J6150 井—J1424 井地震剖面（图 2-11）可以看出，在吉 7 断块的 J7068 井和 J7079 井之间，存在倾向西北的断裂，目前断层位置准确可靠。

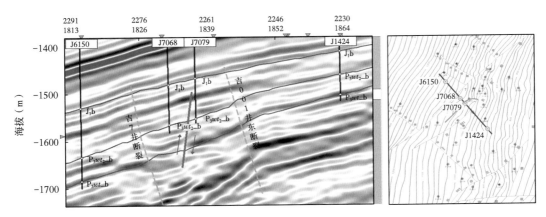

图 2-11　J6150 井—J1424 井地震剖面断层解释图

通过断层两侧的生产井产出情况（图 2-12、图 2-13）可以看出，在断层北部的生产井 J1026 井和 J1028 井均生产效果好，目前含水不到 30%；断层南侧的 J7079 井和 J7080 井投产即高含水，J001 井初期含水低，后期含水上升较快。断层两侧投产井差异明显，说明断层存在并起遮挡作用。

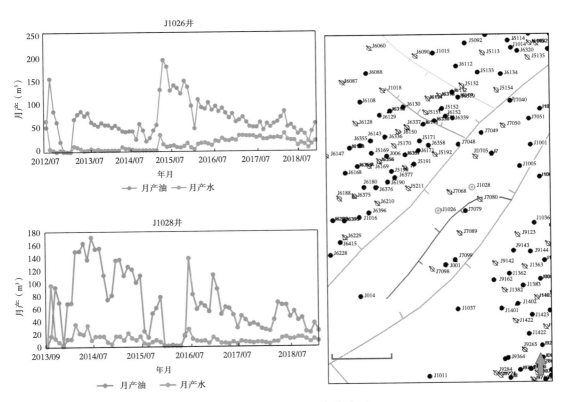

图 2-12　断层北部井生产曲线图

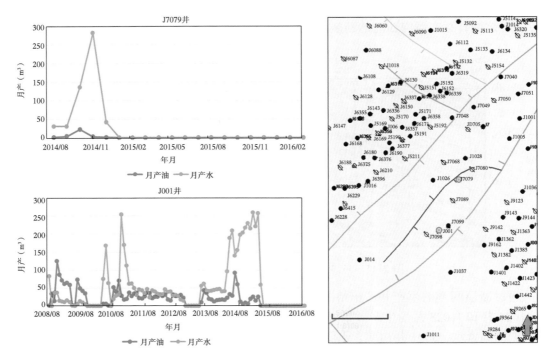

图 2-13　断层南部井生产曲线图

3. 微构造特征

微构造指由地层产状变化所形成的正向小构造、负向小构造或由小断层遮挡形成的微型屋脊式构造。这些起伏变化是由地层沉积演化过程中差异压实导致地层厚度的变化形成的。其中的正向小构造即所谓的高点区，包括小背斜、小鼻状、小平台等；负向小构造即所谓的低点区，如洼子、小向斜等。

本次研究工作以较密井网资料为基础，以地震解释砂岩组顶面构造为趋势约束，采用 2.5m 间隔等值线绘制了主力砂层的顶面构造。

如图 2-14、图 2-15 所示，吉 7 井区已开发密井网区吉 006、吉 011、吉 7 几个断块的微

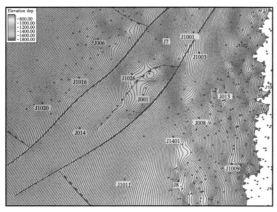

图 2-14　$P_3wt_2^{2-2-2}$ 小层顶面微构造图

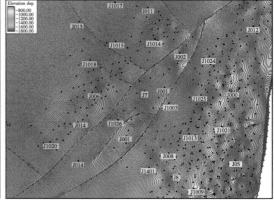

图 2-15　$P_3wt_1^{1-2-2}$ 小层顶面微构造图

幅度构造相对较少，东部吉8断块微幅度构造相对更多一些；纵向上，下部的 $P_3wt_1^{1-2-2}$ 砂层要比上部的 $P_3wt_2^{2-2-2}$ 砂层微幅度构造更发育。无论是正向微构造还是负向微构造，其规模一般局限于 1~3 口井的井区范围。但由于较大倾角的单斜地层趋势，微幅度构造很难形成微圈闭，对油气运移及剩余潜力很难形成控制作用。

三、沉积特征研究

1. 区域沉积环境

在前人研究基础上，本次沉积研究工作对区内 15 口井岩心进行了详细观察描述，完成了岩心相、测井相、单井相及连井沉积演化分析，结合重矿物分布，以及各层段的砂岩厚度、砂砾岩厚度、砾岩厚度、砂地比等值图特征，系统编制了 17 个小层的沉积微相平面分布图，明确了各小层的沉积环境发育特征。

研究认为，吉 7 井区梧桐沟组辫状河三角洲沉积物源来自东南部，整体呈扇形向西北展开，主体沉积微相为三角洲前缘水下分流河道。辫状河三角洲是由冲积扇末端和山顶侧缘的冲积平原或山区直接发育的辫状河道经短距离或较长距离搬运后直接入海（湖）而形成的（图 2-16、图 2-17）。

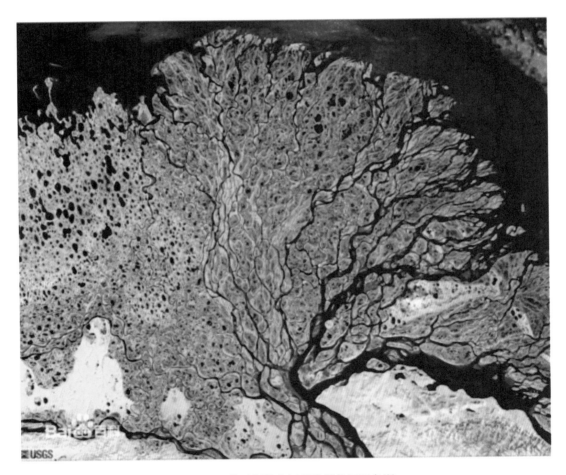

图 2-16 俄罗斯勒拿河现代辫状河三角洲

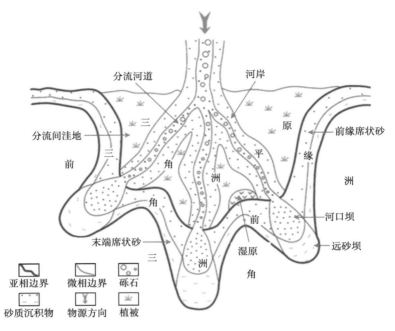

图 2-17　岱海现代辫状河三角洲沉积模式图

从重矿物分布看，吉 7 井区梧桐沟组稳定重矿物有白钛矿—板钛矿—磁铁矿—电气石—刚玉—锆石—褐帘石—尖晶石—金红石—十字石—石榴石—榍石组合，不稳定重矿物有黑云母—绿帘石—普通辉石—普通角闪石—阳起石—黝帘石组合。吉 7 井区 ZTR 指数南东方向小，向北西向增大（图 2-18）；储地比、砾岩厚度南东方向大，向北西向降低。在重矿物特征、储地比分析基础上，结合地震属性特征判断吉 7 井区梧桐沟组的物源来自南东方向。

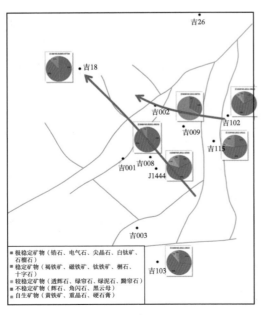

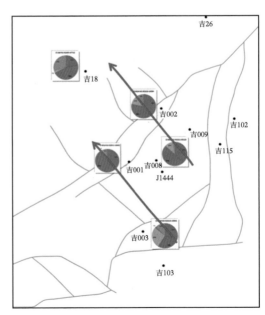

a. P$_3$wt$_1$段　　　　　　　　　　　　　b. P$_3$wt$_2$段

图 2-18　吉 7 井区梧桐沟组重矿物分布图

2. 沉积微相类型

1）岩心相分析

（1）岩心粒度特征。

吉7井区梧桐沟组概率累积分布曲线主要有低悬浮缓跳跃两段式、低悬浮陡跳跃两段式和低悬浮低滚动缓跳跃三段式（图2-19），以跳跃组分为主，含量达70%，悬浮总体占30%左右，即以反映三角洲前缘河道沉积和漫流沙坝沉积特征为主，此外粒度概率累积分布曲线的各段总体分离较清，粒度区间跨度大，是粗中砂岩和砾质砂岩的表现形式。分选相对较差，属于牵引流沉积，而非重力流。

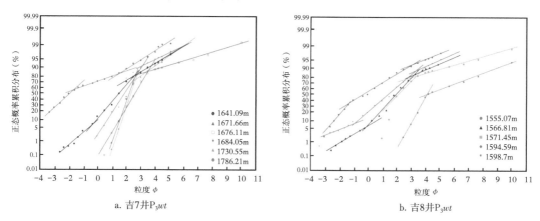

a. 吉7井P₃wt   b. 吉8井P₃wt

图2-19 吉7井区梧桐沟组概率累积分布曲线图

（2）沉积构造特征。

根据取心井岩心观察，吉7井区块梧桐沟组油藏沉积岩的颜色均以灰色、深灰色为主，反映了梧桐沟组沉积体为还原环境下的沉积，同时，发育有层理、冲刷面、液化变形层理及植物碎屑等。层理主要有水平层理、平行层理、槽状及板状交错层理、浪成沙纹层理、波状层理及侧积交错层等（图2-20），其中浪成沙纹层理出现反映沉积物沉积时受到波浪作用，沉积环境在湖泊水下浪基面附近；侧积交错层、砂体频繁叠置及冲刷面构造的组合出现，则是辫状河三角洲沉积环境中重要的沉积现象，因此吉7井区块梧桐沟组属于辫状河三角洲—湖泊沉积体系，发育辫状河三角洲前缘、前辫状河三角洲。

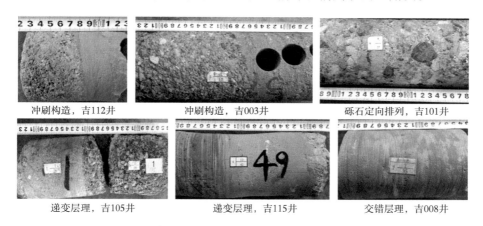

冲刷构造，吉112井   冲刷构造，吉003井   砾石定向排列，吉101井

递变层理，吉105井   递变层理，吉115井   交错层理，吉008井

图2-20 吉7井区梧桐沟组岩心岩性及构造发育照片

（3）岩心相类型及其特征。

从岩心岩石类型、沉积构造等特征观察描述来看，工区内主要发育水下分流河道、漫流砂（岛）、远沙坝、席状砂，以及分流间湾和前三角洲泥六种沉积微相类型。

水下分流河道微相沉积构成了辫状河三角洲前缘的主体，沉积物粒度较粗、砂体总体呈层状，内部往往由若干个下粗上细的透镜体叠置而成，岩性有砾岩、砂砾岩沉积，常见强冲刷痕迹、递变层理、块状层理等沉积构造（图2-21）。

漫流砂（岛）微相从地貌上说，发育在水下分流河道间的相对高地或者河道前缘，由洪水期水流携带的较细粒沉积物构成，中细砂岩为主，层理发育（图2-22）。

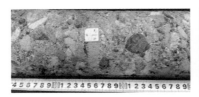 

吉101井，砾岩　　　　　　吉101井，砾岩　　　　　　吉105井，砾岩

吉013井，砂砾岩　　　　　　　　吉013井，砂砾岩

图2-21　吉7井区梧桐沟组水下分流河道微相岩性照片

吉008井，中细砂岩　　　　吉008井，中细砂岩　　　　吉103井，中细砂岩

图2-22　吉7井区梧桐沟组漫流砂微相岩性照片

远沙坝沉积微相位于前缘末端，由中砂岩或细砂岩组成，常表现为反韵律特征，与前三角洲泥质沉积物呈薄互层交互发育（图2-23）。

图2-23　吉7井区梧桐沟组远沙坝微相岩性照片

分流间湾分布于水下分流河道间的低洼处，主要发育泥质粉砂岩、泥岩等岩石类型，前三角洲位于三角洲末端，以泥岩沉积为主，水平层理较为发育（图2-24）。

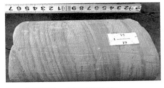  

吉009井，泥质粉砂岩　　　　　　　　吉009井，泥岩　　　　　　　　吉013井，粉砂质泥岩

图2-24　吉7井区梧桐沟组分流间湾及前三角洲岩性照片

吉115井位于工区东部断层附近，岩性以砂砾岩、砾岩为主，发育块状层理、递变层理，见砾石定向排列，属于辫状河三角洲前缘水下分流河道沉积（图2-25）。

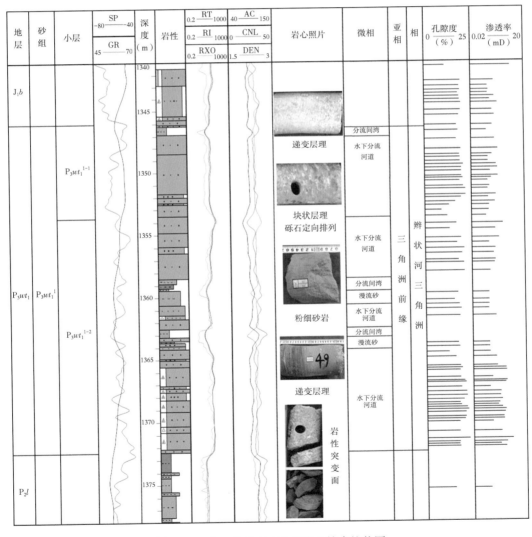

图2-25　吉7井区吉115井岩心综合柱状图

45

J1444 井位于工区中部，下部岩性以砂砾岩、砾岩夹砂岩为主，上部为砂砾岩与砂岩互层沉积，整体为块状结构，局部为反韵律，属于辫状河三角洲前缘水下分流河道微相和漫流砂微相沉积（图 2-26）。

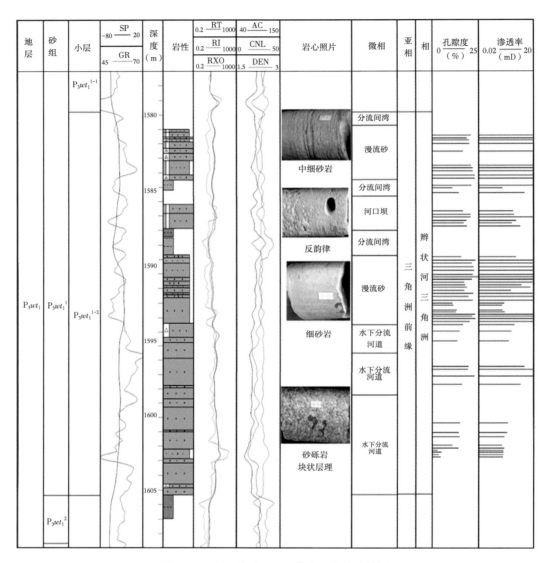

图 2-26　吉 7 井区 J1444 井岩心综合柱状图

J1015 井位于工区西部，底部岩性以砂砾岩、砾岩为主，中上部为砂岩与砂砾岩互层沉积，冲刷构造、递变层理较为发育，主要为水下分流河道、漫流砂和分流间湾沉积（图 2-27）。

2）测井相模式

（1）测井微相模式建立原理。

各种测井信息可反映岩性（粒度、分选性、泥质含量）、物性、层理类型（倾角测井），通过对这些特征的垂向组合、旋回性、顶底面接触关系等研究，可准确地反映特定区域的沉积特征。

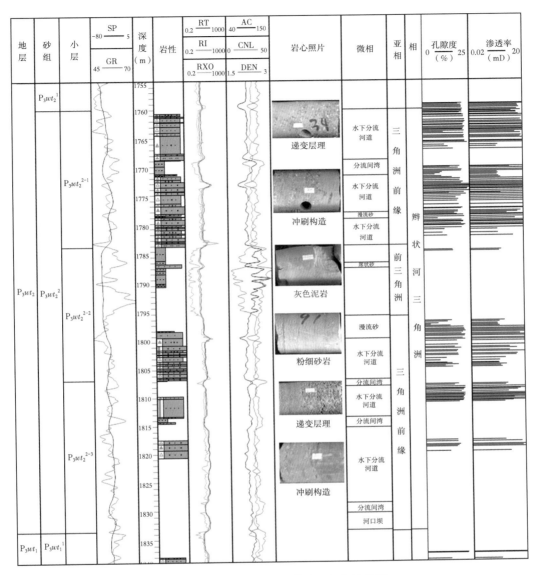

图 2-27　吉 7 井区 J1015 井岩心综合柱状图

　　测井微相模式主要以测井相参数表示，包括曲线幅度及幅度差、形态、旋回幅度（或厚度）、顶底接触关系、光滑程度、形态组合方式、齿中线、包络线等，在测井相分析时，最主要的是前五种要素。

　　测井曲线能很好反映"三性"（岩性、物性、含油性）关系、泥质含量、岩性界面及顶底接触关系、旋回性及各井普遍性和高精度要求，经过在吉 7 井区梧桐沟组地层取心井精细岩电对比，优选深浅电阻率曲线、自然电位曲线、自然伽马曲线作为测井相主判曲线。

　　（2）测井微相模式。

　　吉 7 区主要发育水下分流河道、漫流沙（岛）、远沙坝、席状砂、分流间湾和前三角洲泥六种沉积微相，根据岩电关系分析建立了不同微相的测井相模式，从岩性发育特征和测井曲线形态两个方面进行单井相综合判别（表 2-3）。

表 2–3　吉 7 井区梧桐沟组沉积微相测井相模式

沉积相			岩性特征		测井特征			
相	亚相	微相	岩性组合	岩心照片	形态	旋回	曲线幅度	曲线
辫状河三角洲	辫状河三角洲前缘	水下分流河道	砾岩、砂砾岩为主	吉101井砾岩　　吉013砂砾岩	钟形、箱形	正旋回	高幅	
		漫流砂（岛）	中细砂岩，夹薄层泥岩、砂砾岩	吉103　中细砂岩	漏斗形、箱形	反旋回、复合旋回	中高幅	
		远沙坝	中细砂岩	吉013　中细砂岩	漏斗形	反旋回	中低幅	
		席状砂	细砂岩	吉008　中细砂岩	多指状、漏斗形	反旋回、复合旋回	中低幅	
		分流间湾	粉砂质泥岩、泥岩	吉009　泥质粉砂岩	直线形		低幅	
	前三角洲泥岩		泥岩	吉013　灰黑色泥质	直线形		低幅	

　　水下分流河道：辫状河三角洲主要微相，岩性以砾岩、砂砾岩为主，发育比例在 60% 以上，从曲线形态上看，主要以钟形正旋回为主要特征，总体为中高幅度，厚层底部突变顶部渐变、光滑测井相特征。

　　漫流砂（岛）：在分流河道间发育，岩性以砂岩为主，发育比例在 30%~60% 以上，从曲线形态上看，主要以漏斗形反旋回为主要特征，总体为中高幅度，底部渐变顶部突变、光滑测井相特征。

　　远沙坝：在分流河道末端发育，岩性以中细砂岩为主，发育比例在 50% 以上，从曲线形态上看，主要以漏斗形反旋回为主要特征，总体为中幅度，底部渐变顶部突变、光滑测井相特征。

　　席状砂：发育在三角洲朵体外缘，由湖浪对三角洲沉积的改造再搬运形成，岩性以中细砂岩为主。从曲线形态上看，主要以指形为主要特征，中低幅度，与前三角洲泥岩交互沉积。

　　分流间湾：在分流河道低洼处发育，以粉砂质泥岩为主，测井曲线为低幅度指形或线形特征。

　　前三角泥：在三角洲末端发育，以泥岩为主，为最低幅、直线形为特征。

3）单井相研究

在岩心相分析、测井相模式指导下，逐一对研究区单井沉积微相进行了划分分析。J1025井位于工区中部，$P_3wt_2^1$ 砂组遭剥蚀，整体表现为砂砾岩与泥岩互层特点。梧一段 $P_3wt_1^2$ 砂组为水下分流河道及分流间湾沉积，梧一段 $P_3wt_1^1$ 砂组为水下分流河道、漫流砂与分流间湾间互沉积，梧二段 $P_3wt_2^2$ 砂组为水体较深的漫流砂、席状砂、远沙坝及浅湖相沉积（图2-28）。

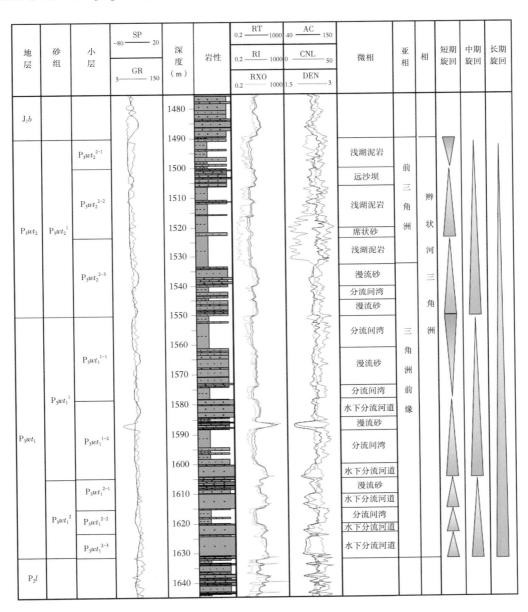

图 2-28　吉 7 井区 J1025 井沉积微相综合柱状图

J1015 井位于工区西部，梧桐沟组地层发育较完整，整体上为一个水体向上变深的长期旋回。梧一段 P_3wt_1 为近物源区的水下分流河道沉积，梧二段 P_3wt_2 自下而上从水下分流河道、漫流砂沉积逐步过渡为前三角洲—滨浅湖泥质沉积（图2-29）。

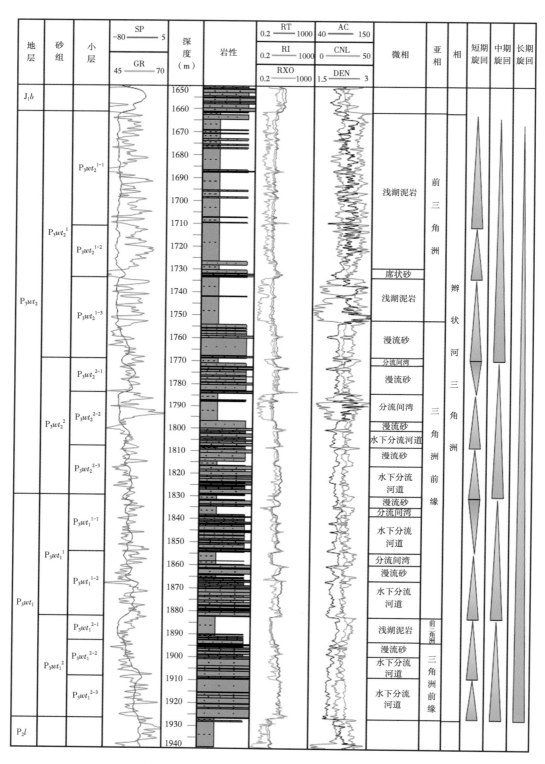

图 2-29 吉 7 井区 J1015 井沉积微相综合柱状图

3. 沉积微相展布及演化特征

1）沉积微相剖面演化

在单井相分析基础上，分别选取了顺物源方向 5 条、切物源方向 5 条连井沉积微相剖面，分析纵向沉积微相演化、横向分布特征（图 2-30、图 2-31）。

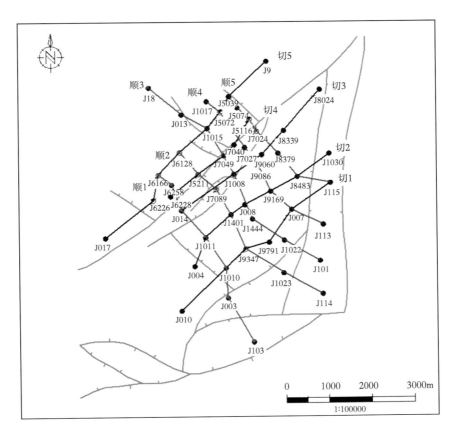

图 2-30　吉 7 井区连井沉积微相剖面位置图

北西—南东向顺物源剖面 1：吉 6208 井—吉 014 井—吉 1011 井—吉 1010 井—吉 003 井—吉 103 井沉积微相连井剖面图，梧一段 P_3wt_1 为低可容空间下的水下分流河道及漫流砂切叠沉积，梧一段 P_3wt_1 与梧二段 P_3wt_2 之间发育相对稳定的泥岩隔层，梧二段 $P_3wt_2^2$ 砂组为相对高可容空间的水下分流河道和漫流砂拼接沉积，梧二段 $P_3wt_2^1$ 砂组主要是高可容空间的前三角洲—滨浅湖沉积。

北西—南东向顺物源剖面 2：J6128 井—J5211 井—J7089 井—J1401 井—J9347 井—J1023 井—吉 114 井沉积微相连井剖面图，自南东向北西砂砾岩比例逐渐降低，梧二段 $P_3wt_2^1$ 砂组沉积以前三角洲—滨浅湖为主，夹部分水下分流河道及漫流砂沉积，梧二段 $P_3wt_2^2$ 砂组以下水下分流河道—漫流砂—分流间湾的交互沉积。

北西—南东向顺物源剖面 3：吉 18 井—吉 013 井—J1015 井—J1008 井—J1444 井—J1022 井—吉 101 井沉积微相连井剖面图，自南东向北西砂砾岩比例逐渐降低，梧二段 $P_3wt_2^1$ 砂组沉积以前三角洲—滨浅湖为主，夹部分漫流砂、席状砂和远沙坝沉积，梧二段 $P_3wt_2^2$ 砂组以下水下分流河道—漫流砂—分流间湾的交互沉积。

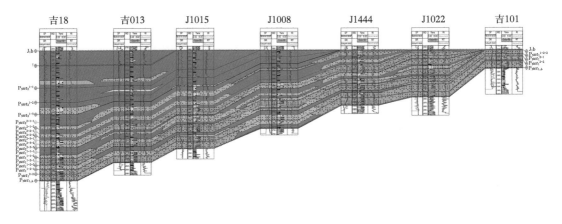

图 2-31　吉 18 井—吉 013 井—J1015 井—J1008 井—J1444 井—J1022 井—吉 101 井沉积微相连井剖面图

北西—南东向顺物源剖面 4：J1017 井—J5072 井—J1027 井—J9086 井—J9169 井—J007 井—吉 113 井沉积微相连井剖面图，自南东向北西砂砾岩比例逐渐降低，梧二段 $P_3wt_2^1$ 砂组沉积以前三角洲—滨浅湖为主，夹部分漫流砂、远沙坝沉积，梧二段 $P_3wt_2^2$ 砂组以下水下分流河道—漫流砂—分流间湾的交互沉积。

北西—南东向顺物源剖面 5：J5032 井—J5074 井—J5116 井—J7024 井—J8379 井—J8379 井—J8483 井—吉 115 井沉积微相连井剖面图，自南东向北西砂砾岩比例逐渐降低，梧二段 $P_3wt_2^1$ 砂组沉积以前三角洲—滨浅湖为主，夹部分漫流砂、席状砂沉积，梧二段 $P_3wt_2^2$ 砂组以下水下分流河道—漫流砂—分流间湾的交互沉积。

南西—北东向切物源剖面 1：吉 010 井—J1010 井—J9347 井—J9791 井—吉 007 井—吉 115 井沉积微相连井剖面图，位于近物源区，各井基本以水下分流河道的砂砾岩、砾岩沉积为主，J1010 井主要发育漫流砂沉积，剖面上整体为低可容空间下的水下分流河道切叠沉积。

南西—北东向切物源剖面 2：吉 004 井—J1011 井—J1401 井—吉 008 井—J9169 井—J8483 井—J1030 井沉积微相连井剖面图，梧一段 P_3wt_1 为低可容空间水下分流河道、漫流砂粗碎屑岩切叠沉积，梧二段 $P_3wt_2^2$ 砂组为中低可容空间下的水下分流河道和漫流砂拼接沉积，梧二段 $P_3wt_2^1$ 砂组为高可容空间下的分流间湾—漫流砂—水下分流河道互层沉积。

南西—北东向切物源剖面 3：吉 014 井—J1008 井—J9066 井—J8339 井—J8024 井沉积微相连井剖面图，远物源区，各井基本以水下分流河道、漫流砂与分流间湾的互层沉积为主，梧二段 $P_3wt_2^1$ 砂组则以前三角洲—滨浅湖夹薄层席状砂、远沙坝沉积为主（图 2-32）。

南西—北东向切物源剖面 4：J6228 井—J5211 井—J7049 井—J7040 井—J5116 井沉积微相连井剖面图，远物源区，水下分流河道、漫流砂与分流间湾的互层沉积特征显著，梧二段 $P_3wt_2^1$ 砂组以前三角洲—滨浅湖夹薄层漫流砂、席状砂、远沙坝等沉积为主。

南西—北东向切物源剖面 5：吉 017 井—J6226 井—J6166 井—J6128 井—J1015 井—J5072 井—J5032 井—吉 9 井沉积微相连井剖面图，远物源区，横向上水下分流河道与漫流砂呈拼接接触，垂向上砂泥互层特征明显，梧二段 $P_3wt_2^1$ 砂组以前三角洲—滨浅湖夹薄层漫流砂、席状砂、远沙坝等沉积为主（图 2-33）。

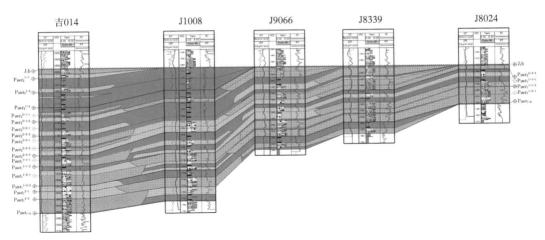

图 2-32　吉 014 井—J1008 井—J9066 井—J8339 井—J8024 井沉积微相连井剖面图

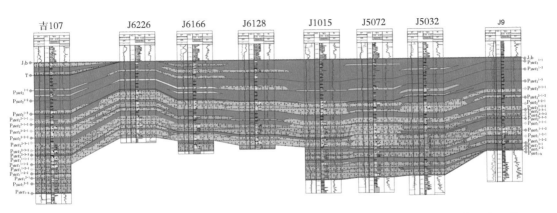

图 2-33　吉 017 井—J6226 井—J6166 井—J6128 井—J1015 井—J5072 井—J5032 井—吉 9 井
沉积微相连井剖面图

2）小层沉积微相展布

在辫状河三角洲沉积模式指导下，以单井相、连井相分析为基础，参考各层段的砂岩厚度、砂砾岩厚度、砾岩厚度、砂地比等值图特点，系统编制了 17 个小层的沉积微相平面分布图，明确了各小层的沉积环境发育特征。

梧一段 $P_3wt_1^2$ 砂组整体为一个中期旋回。$P_3wt_1^{2-3}$ 小层主要是低可容空间下的辫状河道交织、摆动、切叠沉积，漫流砂岛发育规模较小。$P_3wt_1^{2-2}$ 小层主要是较低可容空间下的辫状河道切叠、拼接沉积，漫流砂岛规模在工区中部的吉 006—吉 008 等井区较大。$P_3wt_1^{2-1}$ 小层位于旋回顶部，平面上以漫流砂（岛）沉积、分流间湾为主，水下分流河道主要发育在东南部的近物源区域。

$P_3wt_1^{1-2-2}$ 小层，垂向上是低可容空间下的河道切叠沉积，平面上以水下分流河道沉积为主，工区中部漫流砂岛及分流间湾较为发育。$P_3wt_1^{1-2-1}$ 小层，平面上与 $P_3wt_1^{1-2-2}$ 小层沉积相带展布类似，以水下分流河道沉积为主，工区中部漫流砂岛及分流间湾较为发育。$P_3wt_1^{1-1-2}$ 小层，平面上水下分流河道主要发育在东（南）部，以水下分流河道沉积为主，吉 7 断块及其以西区域以漫流砂沉积为主。$P_3wt_1^{1-1-1}$ 小层，平面上水下分流河道与漫流砂拼接沉积为主，辫流线主要是吉 008 井—吉 006 井、吉 009 井—吉 011 井两条。西部发育前三角洲—滨浅湖泥岩沉积。

$P_3wt_2^{2-3-3}$ 小层主要是低可容空间的水下分流河道与漫流砂切叠沉积为主，漫流砂岛主要发育在工区中部。$P_3wt_2^{2-3-2}$ 小层与 $P_3wt_2^{2-3-3}$ 小层沉积特征类似，主要是低可容空间的水下分流河道与漫流砂切叠沉积为主，漫流砂岛主要发育在工区中部。梧二段 $P_3wt_2^{2-3-1}$ 小层，研究区主要沉积类型为高可容空间下的漫流砂及前三角洲沉积，水下分流河道呈窄带状分布在东南部及北部区域。

$P_3wt_2^{2-2-2}$ 小层，研究区主要沉积类型为低可容空间下的水下分流河道与漫流砂沉积，局部发育分流间湾。$P_3wt_2^{2-2-1}$ 小层，水下分流河道主要分布在研究区南部，北部区块基本为前三角洲—滨浅湖泥岩，砂体则以远沙坝、席状砂为主。$P_3wt_2^{2-1-2}$ 小层，水下分流河道主要分布在吉 006 井以东地区，西部以漫流砂沉积为主。$P_3wt_2^{2-1-1}$ 小层，为高可容空间下的沉积，辫状河三角洲扇体范围收缩，东部为水下分流河道及漫流砂岛、分流间湾沉积，向西过渡为漫流砂、席状砂至前三角洲沉积。

梧二段 $P_3wt_2^{1}$ 砂组包括三个小层，整体为高可容空间下的沉积，$P_3wt_2^{1-3}$ 小层水下分流河道主要在靠近东部边缘区域，向西过渡为范围广阔的漫流砂、席状砂沉积，西部吉 013 井区为前三角洲—滨浅湖沉积。$P_3wt_2^{1-2}$ 小层水下分流河道主要在吉 001 井区、吉 002 井区，中部 J1018 井—吉 7 井一带发育分流间湾沉积。$P_3wt_2^{1-1}$ 小层水下分流河道范围进一步缩小，砂体以漫流砂、席状砂、远沙坝等沉积为主。

表 2-4 吉 7 井区梧桐沟组各小层不同微相钻遇率、储层厚度及储层岩石类型统计表

沉积单元	钻遇率（%）		储层厚度（m）		岩石类型（%）					
	水下分流河道	漫流砂	水下分流河道	漫流砂	水下分流河道砂岩	水下分流河道砂砾岩	水下分流河道砾岩	漫流砂砂岩	漫流砂砂砾岩	漫流砂砾岩
$P_3wt_2^{1-1}$	43.65	27.35	5.8	4.03	17.77	71.57	8.25	76.19	14.13	2.26
$P_3wt_2^{1-2}$	51.27	22.63	5.72	4.16	22.05	60.19	12	83.21	7.44	5.19
$P_3wt_2^{1-3}$	35.58	43.39	5.4	3.9	12.12	70.57	12.67	83.97	5.12	5.02
$P_3wt_2^{2-1-1}$	69.68	26.45	5.89	3.55	16.63	60.65	21.55	81.59	8.61	5.41
$P_3wt_2^{2-1-2}$	78.57	21.43	9.13	4.03	17.2	62	19.23	83.57	9.72	4.3
$P_3wt_2^{2-2-1}$	68.66	6.60	6.7	3.25	19.06	62.95	15.08	82.75	8.67	3.86
$P_3wt_2^{2-2-2}$	72.95	25.52	8.97	3.77	21.78	58.4	18.31	83.5	7.76	4.91
$P_3wt_2^{2-3-1}$	9.84	67.74	2.99	2.12	31.47	41.22	21.36	85.98	5.74	3.59
$P_3wt_2^{2-3-2}$	91.41	8.59	8.41	2.26	13.21	52.75	32.98	87.32	5.19	4.52
$P_3wt_2^{2-3-3}$	87.84	12.16	7.06	2.6	14.43	47.78	35.46	85.83	6.5	5.02
$P_3wt_1^{1-1-1}$	44.84	50.52	6.34	4.09	40.23	34.38	20.74	83.77	5.62	4.83
$P_3wt_1^{1-1-2}$	68.61	26.91	9.81	4.61	21.32	40.82	33.91	84.71	6.85	4.84
$P_3wt_1^{1-2-1}$	76.33	20.71	7.84	3.7	19.3	32.12	46.58	83.9	5.23	8.33
$P_3wt_1^{1-2-2}$	80.03	19.23	9.6	3.43	23.43	23.79	50.84	85.47	4.16	7.77
$P_3wt_1^{2-1}$	24.35	50.53	3.45	2.9	35.29	25.82	32.97	88.03	2.95	3.72
$P_3wt_1^{2-2}$	76.92	23.08	10	3.72	25.86	22	50.82	85.31	3.68	8.02
$P_3wt_1^{2-3}$	90.67	9.33	13.96	3.81	22.72	5.68	68.6	81.18	1.6	10.88

4. 优势微相的储层特征

工区内不同沉积相带在不同小层内发育规模、钻遇程度不同（表 2-4），主体微相水下分流河道在各小层的钻遇率为 9.84%~91.41%，漫流砂微相在各小层的钻遇率为 6.6%~67.74%；各个小层水下分流河道的发育厚度是 2.99~13.96m，漫流砂的发育厚度是 2.12~4.61m。总体看，在各中短期旋回的底部发育的分流河道规模大，向旋回顶部过渡，河道相减少，漫流砂相对增多。另外，水下分流河道微相的岩石构成以砾岩和砂砾岩为主，砾岩含量为 8.25%~68.6%，砂砾岩含量为 5.68%~71.57%，砂岩含量为 12.12%~40.23%，漫流砂微相的岩石构成以砂岩为主，各小层砂岩含量为 76.19%~88.03%，砂砾岩含量为 1.6%~14.13%，砾岩含量为 2.26%~10.88%。各中短期旋回底部砾岩砂砾岩为主，向旋回顶部岩石粒度变细。

表 2-5 吉 7 井区梧桐沟组各小层不同微相储层物性含油性统计表

沉积单元	有效厚度均值（m）		孔隙度均值（%）		渗透率均值（mD）		含油饱和度均值（%）	
	水下分流河道	漫流砂	水下分流河道	漫流砂	水下分流河道	漫流砂	水下分流河道	漫流砂
$P_3wt_2^{1-1}$	1.09	0.9	15.60	14.10	75.93	80.86	23.90	17.70
$P_3wt_2^{1-2}$	1.7	1.08	16.40	16.80	72.71	54.68	33.00	24.30
$P_3wt_2^{1-3}$	0.63	0.5	13.80	14.00	56.15	42.51	17.70	16.30
$P_3wt_2^{2-1-1}$	3.53	1.85	17.00	15.30	91.6	54.06	39.30	28.20
$P_3wt_2^{2-1-2}$	5.1	2.07	18.00	17.00	79.06	81.04	44.90	33.00
$P_3wt_2^{2-2-1}$	4.14	1.8	17.00	14.20	67.68	36.45	39.40	24.00
$P_3wt_2^{2-2-2}$	5.2	2.08	18.60	16.60	89.39	56.21	43.90	30.30
$P_3wt_2^{2-3-1}$	2.1	1.14	17.60	15.30	95.96	68.86	42.60	27.50
$P_3wt_2^{2-3-2}$	6.24	1.64	19.70	17.30	121.06	64.27	52.90	33.00
$P_3wt_2^{2-3-3}$	4.92	1.85	18.90	17.50	103.86	76.06	50.60	34.00
$P_3wt_1^{1-1-1}$	3.67	1.85	19.00	16.90	131.71	78.88	44.60	31.40
$P_3wt_1^{1-1-2}$	7.36	2.53	19.80	18.30	161.24	89.31	52.70	34.20
$P_3wt_1^{1-2-1}$	5.36	2.13	18.60	18.30	114.34	90.36	51.30	34.70
$P_3wt_1^{1-2-2}$	6.1	2.04	17.70	18.00	74.62	85.15	49.10	36.40
$P_3wt_1^{2-1}$	2.23	1.55	17.70	16.70	117.61	64.31	44.10	26.30
$P_3wt_1^{2-2}$	6.43	2.42	18.20	17.90	108.27	90.82	47.20	35.70
$P_3wt_1^{2-3}$	6.28	2.7	14.90	15.80	41.53	47.61	45.00	35.20

受沉积相带控制，各小层内油层及物性、含油性存在差异（表 2-5）。水下分流河道微相控制下的油层厚度为 0.63~7.36m，孔隙度均值为 14.9%~19.8%，渗透率均值

为 41.53~121.06mD，含油饱和度为 23.9%~52.9%；漫流砂微相控制下的油层发育厚度为 0.5~2.7m，孔隙度均值为 14%~18.3%，渗透率均值为 36.45~90.82mD，含油饱和度为 17.7%~36.4%。整体上，水下分流河道微相控制下的油层、物性及含油性都要好于漫流砂微相，$P_3wt_1^{2-3}$、$P_3wt_1^{2-2}$、$P_3wt_1^{1-2-2}$、$P_3wt_1^{1-2}$、$P_3wt_2^{2-3-2}$、$P_3wt_2^{2-3-3}$ 几个小层内水下分流河道最发育，其油层发育厚度大，物性含油性也相对更好。

四、储层四性关系研究

1. 资料情况

在研究工区范围内共收集整理梧桐沟组探井、评价井、开发井测井资料 681 口，测井项目主要包括侧向、自然伽马、自然电位、井径、声波时差、密度、中子等。

化验分析资料：梧桐沟组取心井 17 口（吉 7、吉 8、吉 9、吉 18、吉 001、吉 002、吉 003、吉 008、吉 009、吉 013、吉 101、吉 103、吉 112、吉 115、J1015、J1444、J1025），总进尺 376.69m，岩心实长 375.78m，收获率 99.8%，含油岩心长 251.23m。目的层段共完成分析化验 21 项 4199 块，其中岩心化验分析孔隙度 971 块、渗透率 969 块、垂向渗透率 45 块、岩电 84 块、岩石薄片 50 块、碳酸盐 187 块、氯岩 187 块、重矿物 176 块、粒度 161 块、压汞 194 块、铸体 178 块、电镜 163 块、X 射线衍射 164 块、荧光薄片 118 块、相渗透率 11 块、润湿性 9 块、敏感性 23 块。油、气、水分析样品 497 个，PVT 样品 12 个（表 2-6）。

试油、试采工作量：吉 7 井区块梧桐沟组探井、评价井合计试油 29 井 60 层，试油结论为油层的有 24 井 39 层；其中，梧桐沟组梧二段（P_3wt_2）油藏探井、评价井共试油 18 井 24 层，试油结论为油层的有 14 井 18 层，梧桐沟组梧一段（P_3wt_1）油藏探井、评价井共试油 25 井 36 层，试油结论为油层的有 17 井 21 层。吉 7 井区块梧桐沟组油藏探井、评价井、开发井共试采（投产）450 井 473 层。

表 2-6　吉 7 井区块分析化验资料情况对比表

区块	油藏	项目	取心			化验分析（块）							流体分析（块）			
			井次（口）	进尺（m）	实长（m）	孔隙度	渗透率	铸体	薄片	岩电	X 射线衍射	粒度	油	气	水	PVT
吉 7	梧桐沟组油藏	探明	16	357.49	356.8	909	907	178	50	84	164	161	211	17	6	6
		油描	17	376.69	375.78	971	969	178	50	84	164	161	443	33	21	12
		新增	1	19.2	18.98	62	62	0	0	0	0	0	232	16	15	6

2. 测井曲线标准化

由于测井系列、测井时间、操作工程师的不同，各井的测井曲线必然存在一定的误差，因此必须要对多井进行区域上的标准化，以消除井间误差，为储层的平面或三维描述打好基础。

1）标准层的选取

由于本区二叠系梧桐沟组向东南方向上倾，被上覆八道湾组剥蚀，形成尖灭，因此选取上覆八道湾组煤层到底砾岩之间的地层作为标准层，对吉7井区测井曲线进行标准化。

2）曲线标准化

在吉7井区，采用直方图方法对伽马、自然电位、密度、声波时差、电阻率等曲线进行标准化处理。

直方图方法就是对曲线做出各单井标准层的测井数据的直方图，通过对比分析找出直方图总的变化趋势面，将每口井的测井数据的直方图与总的变化趋势面进行对比，确定出校正值。然后通过曲线平移的方法，对其进行校正（图2-34）。

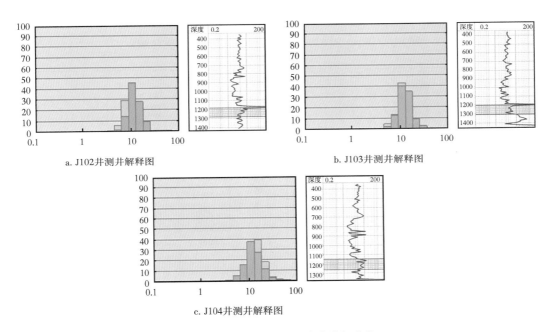

a. J102井测井解释图　　　　b. J103井测井解释图

c. J104井测井解释图

图2-34　吉7井区电阻率曲线标准化

3. 岩性与物性、含油性关系

1）岩性与物性的关系

通过取心井的岩性统计，研究区二叠系梧桐沟组主要发育有砾岩、细砾岩、砂砾岩、中砂岩、细砂岩、粉细砂岩、粉砂岩、粉砂质泥岩等20种岩性。为了研究方便，将本区梧桐沟组储层岩性根据电性、物性特征进行了岩性合并，分为五种类型，即泥岩（包括粉砂质泥岩、砂质泥岩等）、细砂岩（包括泥质细砂岩、粉细砂岩、含砾细砂岩等）、中砂岩（包括含砾中砂岩）、砂砾岩、砾岩（包括小砾岩、细砾岩）。

从本区梧桐沟组不同岩性物性直方图可以看出，岩性决定了物性好坏，不同岩性之间物性差异比较大。梧一段中砂岩平均孔隙度为19.8%、平均渗透率为17.59mD，物性最好，砂砾岩平均孔隙度为17%、平均渗透率为2.29mD，物性最差（图2-35）；梧二段中砂岩平均孔隙度为21.13%、平均渗透率为47.76mD，物性最好，砾岩平均孔隙度为14.98%、平均渗透率为6.65mD，物性最差（图2-36）。总体看，梧一段及梧二段均表现为中砂岩物性相对较好，砾岩、砂砾岩物性相对较差的特征。

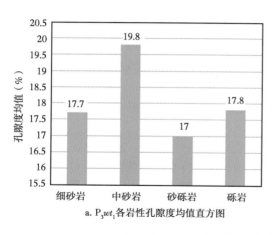

a. P_3wt_1 各岩性孔隙度均值直方图

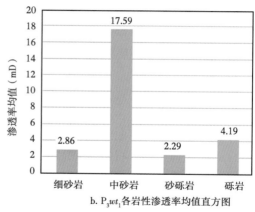

b. P_3wt_1 各岩性渗透率均值直方图

图 2-35　P_3wt_1 各类岩性孔隙度均值、渗透率均值直方图

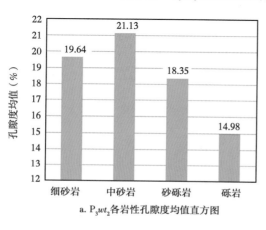

a. P_3wt_2 各岩性孔隙度均值直方图

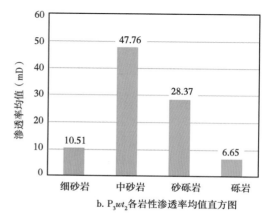

b. P_3wt_2 各岩性渗透率均值直方图

图 2-36　P_3wt_2 各类岩性孔隙度均值、渗透率均值直方图

2）岩性与含油性关系

不同岩性含油性差异很大（图 2-37），P_3wt_1 段中砂砾岩、砾岩的显示级别较高，细砂岩、中砂岩次之，泥岩无油气显示；P_3wt_2 段细砂岩、中砂岩、砂砾岩显示级别较高，泥岩

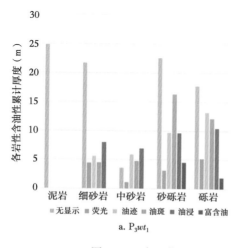

a. P_3wt_1

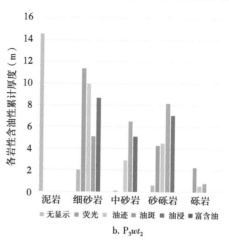

b. P_3wt_2

图 2-37　吉 7 井区梧桐沟组各类岩性含油性分布直方图

无油气显示。同一类岩性中，P_3wt_1 段砂砾岩、砾岩具有富含油级样品，油浸级别样品比例较高，P_3wt_2 段中砂岩、砂砾岩油浸、油斑样品比例较高，部分为油迹、荧光含油级别；细砂岩荧光、油迹级含量较多，同样具有部分油斑、油浸含油级别。因此，吉 7 井区梧桐沟组有效储层主要为砂岩类、含砾砂岩及部分砂砾岩，泥质砂岩为非储层。

4. 岩性、物性、含油性解释图版

1）岩性解释图版

通过"实验岩性刻度测井"法，选用 RT、GR、CNL、DEN 四条测井曲线组合，分别对梧一段、梧二段建立岩性识别图版。根据各种岩性测井响应特征的相似性和差异，最终能够有效地识别四种岩性：泥岩、中细砂岩、砂砾岩、砾岩。

梧一段（P_3wt_1）与梧二段（P_3wt_2）具有相同的岩性测井划分标准：

泥岩：$100\lg（RT）/GR < 1.26$；

中细砂岩：$1.26 < 100\lg（RT）/GR < 1.85$；

砂砾岩类：$100\lg（RT）/GR > 1.85$，$\lg（CNL/DEN）> 1.06$；

砾岩类：$100\lg（RT）/GR > 1.85$，$\lg（CNL/DEN）< 1.06$。

2）物性解释图版

平面上吉 006 井区与吉 7 主体区的岩性、电性、物性均不同；纵向上 P_3wt_2 和 P_3wt_1 的岩性、电性、物性特征也不同，因此按区块、层位分别建立骨架图版。

利用吉 006 井区（P_3wt_2）4 口井 180 块岩心分析孔隙度与对应测井密度建立关系，其关系式为：

$$\phi = 1.639 - 0.621\rho_b \qquad R = 0.883$$

式中　ϕ——孔隙度；

　　　ρ_b——测井密度，g/cm^3。

利用吉 006 井区（P_3wt_1）4 口井 76 块岩心分析孔隙度与对应测井密度值建立关系，其关系式为：

$$\phi = 1.692 - 0.644\rho_b \qquad R = 0.877$$

利用吉 7 主体区（P_3wt_2）8 口井 230 块岩心分析孔隙度与对应测井密度值建立关系，其关系式为：

$$\phi = 1.699 - 0.647\rho_b \qquad R = 0.899$$

利用吉 7 主体区（P_3wt_1）6 口井 163 块岩心分析孔隙度与对应测井密度值建立关系图版，其关系式为：

$$\phi = 1.668 - 0.635\rho_b \qquad R = 0.885$$

本次工作分析建立的孔隙度—密度关系式与探明储量时相同，工区内唯有吉 7 主体区（P_3wt_2）增加了一口井（J1025）的取心分析化验资料，对早期建立的孔隙度—密度关系没有影响。

根据渗透率化验资料，建立孔隙度与渗透率关系，渗透率与孔隙度呈乘幂关系，渗透率公式如下：

$$\ln K = 0.3862\phi - 3.777 \qquad R = 0.88$$

式中　K——渗透率，mD；

ϕ——孔隙度，%。

3）含油饱和度解释方法

含油饱和度由阿尔奇公式计算得到，公式为：

$$S_o = 1 - \sqrt[n]{\frac{abR_w}{\phi^m R_t}}$$

式中　a，b——岩性系数；

　　　　m——孔隙度指数；

　　　　n——饱和度指数；

　　　　R_w——地层水电阻率，$\Omega \cdot m$；

　　　　ϕ——有效孔隙度；

　　　　R_t——油层电阻率，$\Omega \cdot m$。

采用 2012 年探明储量报告确定的岩电参数：

梧一段（P_3wt_1）：$a=1.079$，$b=1.052$，$m=1.613$，$n=1.408$；

地层水电阻率：主体 $0.35\Omega \cdot m$，吉 006 区块 $0.3\Omega \cdot m$；

梧二段（P_3wt_2）：$a=1.082$，$b=1.061$，$m=1.581$，$n=1.423$；

地层水电阻率：主体 $0.35\Omega \cdot m$，吉 006 区块 $0.3\Omega \cdot m$。

5. 油层解释标准

通过本区试油试采及投产井生产数据，对本区 145 口井 5 套油层 285 个采样点读取相应的测井响应值，分别对吉 7 主体区块和吉 006 区块的梧一段（P_3wt_1）和梧二段（P_3wt_2）建立关系。

确定划分油层标准，孔隙度下限标准采用试油层中的孔隙度最小的出油层段来确定，含油饱和度、电阻率下限分别采用含油饱和度最小、电阻率最低的出油层确定。

（1）吉 7 主体区油层界限。

梧一段（P_3wt_1）油层：$R_t \geqslant 10\Omega \cdot m$，$\phi_e \geqslant 14\%$，$S_o \geqslant 45\%$。

本次确定油层界限与原探明储量报告一致。

梧二段（P_3wt_2）油层：$R_t \geqslant 10\Omega \cdot m$，$\phi_e \geqslant 15\%$，$S_o \geqslant 45\%$。

根据 J1026 井油层和 J7048 井同层资料，与原探明储量界限比较，含油饱和度下限 46% 变为 45%。

（2）吉 006 区块油层界限。

梧一段（P_3wt_1）油层：$R_t \geqslant 9\Omega \cdot m$，$\phi_e \geqslant 14\%$，$S_o \geqslant 46\%$。

本次确定油层界限与原探明储量报告一致。

梧二段（P_3wt_2）油层：$R_t \geqslant 8\Omega \cdot m$，$\phi_e \geqslant 15\%$，$S_o \geqslant 45\%$。

2019 年投产新井出油层段电阻率较低，本次确定油层界限与原探明储量报告比较，电阻率下限由 $10\Omega \cdot m$ 调整为 $8\Omega \cdot m$，含油饱和度下限由 46% 调整为 45%。

6. 测井解释结果

利用分析绘制的储层参数解释模型和解释标准对研究区梧桐沟组 681 口井测井资料进行处理解释，解释的项目包括岩性、孔隙度、渗透率、含油饱和度和有效储层。

图 2-38 为吉 008 井、J1444 井、J1025 井的综合测井处理成果实例。

总体看，测井解释物性、岩性、油层与岩心观察、分析化验以及试油试采工作的认识结论符合程度较高。吉 008 井有五段试油，其中 1562~1564m、1566.5~1570m 两段，日产油 2.47t，不产水；1575.5~1584m、1587~1593m 两段，日产油 8.3t，日产水 0.5m³；1599~1605m 段，日产油 9.43t，不产水；该井试油结论与测井解释结果均为油层是吻合的。J1444 井在 1541~1558m 有三段试油，日产油 3.86t，日产水 1.13m³，与解释结果为油层是吻合的。J1025 井在 1534~1550m 有两段试油，日产油 3.1t，不产水，与解释结果为油层是吻合的。

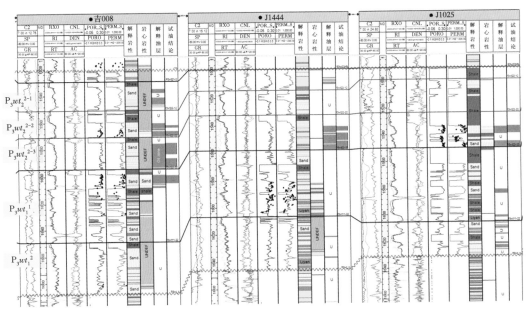

图 2-38　吉 008 井—J1444 井—J1025 井测井解释对比图

五、储层特征

1.岩石及黏土矿物

1）岩石特征

吉 7 井区梧桐沟组储层岩性主要为砾岩、砂砾岩、中—细砂岩、泥岩。

梧桐沟组梧二段（P_3wt_2）砂岩中石英含量为 3%~33%，平均为 11.3%，长石含量为 1%~50%，平均为 13.9%。岩屑以凝灰岩为主，含量为 1%~55%，平均为 20.2%，其次为安山岩、霏细岩、泥质等。杂基含量平均为 5.9%，以高岭石为主，胶结物含量平均为 4.8%，以方解石为主。碎屑颗粒以次棱角状为主，分选为好—中等。胶结类型以接触—孔隙型为主，颗粒接触方式以线—点接触为主。

梧桐沟组梧一段（P_3wt_1）砂岩中石英含量为 1%~12%，平均为 6.6%，长石含量为 3%~15%，平均为 7.1%。岩屑以泥质为主，含量为 2%~100%，平均为 46.5%，其次为凝灰岩等。杂基含量平均为 5.6%，以高岭石为主。胶结物含量平均为 2.5%，主要为方解石。碎屑颗粒以次圆状—圆状为主，分选差。胶结类型以压嵌—孔隙型为主，颗粒接触方式以线—点接触为主。

总体上，吉 7 井区梧桐沟组储层具有成分成熟度和结构成熟度均较低的特征。

2）黏土矿物成分

根据 X 射线衍射和扫描电镜分析结果，梧桐沟组梧二段（P_3wt_2）储层黏土矿物以粒表不规则的伊/蒙混层为主，含量在 21%~76% 之间，平均为 48.2%，其次为蠕虫状高岭石，含量在 13%~64% 之间，平均为 31.0%，含少量的绿泥石和伊利石。

根据 X 射线衍射和扫描电镜分析结果，梧桐沟组梧一段（P_3wt_1）储层黏土矿物以粒表不规则的伊/蒙混层为主，含量在 12%~65% 之间，平均为 43.4%，其次为蠕虫状高岭石，含量在 8%~66% 之间，平均为 32.7%，含少量的绿泥石和伊利石。

2. 储集空间类型及结构

1）储集空间类型

根据该区梧桐沟组铸体薄片资料分析结果，梧二段二砂组（$P_3wt_2{}^2$）储层孔隙类型以剩余粒间孔为主，含量平均为 84.1%；孔隙直径为 13~332μm，平均为 83.0μm，总面孔率为 0.01%~10.9%，平均为 3.8%，孔喉配位数为 0~4。

根据该区梧桐沟组铸体薄片资料分析结果，梧一段（P_3wt_1）储层孔隙类型以剩余粒间孔为主，含量平均为 89%；孔隙直径为 20~225μm，平均为 80μm，总面孔率为 1.24%~6.5%，平均为 4.5%，孔喉配位数为 0~4。

吉 7 井区梧桐沟组储层孔隙类型主要为剩余粒间孔和少量的粒内溶孔。

2）孔隙结构特征

统计吉 7 井区梧桐沟组储层压汞资料，毛管压力曲线形态反应储层孔隙结构好的占比 6.5%，中等的占比 22.7%，差的占比 70.8%，总体表现为中等偏细歪度、分选一般，以中细孔喉为主。

梧二段二砂组（$P_3wt_2{}^2$）油层饱和度中值压力平均为 5.71MPa，中值半径平均为 1.08μm，排驱压力平均为 0.08MPa，最大孔喉半径平均为 24.96μm，平均毛管半径为 6.45μm，非饱和孔隙体积百分数平均为 28.55%（表 2-7）。

梧一段（P_3wt_1）油层饱和度中值压力平均为 3.76MPa，中值半径平均为 1.44μm，排驱压力平均为 0.06MPa，最大孔喉半径平均为 22.96μm，平均毛管半径为 5.52μm，非饱和孔隙体积百分数平均为 29.43%。

表 2-7　吉 7 井区梧桐沟组油藏孔隙结构参数表

层位	毛管压力特征					
	中值压力（MPa）	中值半径（μm）	排驱压力（MPa）	最大孔喉半径（μm）	平均毛管半径（μm）	非饱和孔隙体积百分数（%）
$P_3wt_2{}^2$	0.08~20.34 / 5.71	0.04~9.66 / 1.08	0.01~0.8 / 0.08	0.75~53.92 / 24.96	0.11~15.62 / 6.45	9.82~49.81 / 28.55
P_3wt_1	0.04~15.17 / 3.76	0.04~9.49 / 1.44	0.01~0.58 / 0.06	1.00~70.05 / 22.96	0.20~20.78 / 5.52	8.29~44.67 / 29.43
合计	0.04~20.34 / 4.74	0.04~9.66 / 1.26	0.01~0.64 / 0.07	0.75~70.05 / 23.66	0.20~20.78 / 6.0	8.29~49.24 / 28.99

压汞资料表明：吉 7 井区梧桐沟组储层具有排驱压力中等、中值压力较高，中值半径较小、平均毛管半径中等，孔隙结构中等偏差的特征。

3. 储层物性特征

根据岩心物性资料分析，吉 7 井区梧桐沟组 P_3wt_1 储层孔隙度为 2.92%~29.8%，平均为 17.85%；渗透率为 0.13~2749.96mD，平均为 10.62mD。油层孔隙度为 14.1%~29.8%，平均为 21.37%；渗透率为 4.034~870mD，平均为 63.42mD。

吉 7 井区块梧桐沟组 P_3wt_2 储层孔隙度为 3.05%~26.3%，平均为 19.68%；渗透率为 0.425~2385mD，平均为 17.16mD。油层孔隙度为 14.54%~26.3%，平均为 21.19%；渗透率为 4.22~2385mD，平均为 68.65mD。

吉 006 断块 P_3wt_1 储层孔隙度为 5.12%~24.94%，平均为 17.83%；渗透率为 0.01~314.52mD，平均为 13.0mD。油层孔隙度为 14.27%~24.32%，平均为 20.01%；渗透率为 5.074~314.52mD，平均为 54mD。

吉 006 断块 P_3wt_2 储层孔隙度为 3.05%~24.82%，平均为 18.59%；渗透率为 0.09~926.23mD，平均为 15.73mD。油层孔隙度为 14.62%~24.82%，平均为 20.20%；渗透率为 5.087~926.23mD，平均为 44.24mD。

吉 7 断块 P_3wt_1 储层孔隙度为 4.89%~25.25%，平均为 14.61%；渗透率为 0.29~108.14mD，平均为 14.34mD。油层孔隙度为 14.17%~25.25%，平均为 17.29%；渗透率为 3.16~108.14mD，平均为 36.4mD。

吉 7 断块 P_3wt_2 储层孔隙度为 7.9%~26.3%，平均为 19.35%；渗透率为 0.25~1331.63mD，平均为 27.05mD。油层孔隙度为 14.62%~26.3%，平均为 20.42%；渗透率为 0.906~1331.63mD，平均为 94.3mD。

吉 8 断块 P_3wt_1 储层孔隙度为 2.92%~26.20%，平均为 19.33%；渗透率为 0.39~2749.96mD，平均为 27.11mD。油层孔隙度为 14.28%~26.1%，平均为 21.77%；渗透率为 4.034~870.0mD，平均为 87.56mD。

吉 8 断块 P_3wt_2 储层孔隙度为 7.91%~26.02%，平均为 21.34%；渗透率为 0.06~1077mD，平均为 29.8mD。油层孔隙度为 14.09%~26.02%，平均为 22.26%；渗透率为 4.102~1077.7mD，平均为 76.43mD。

吉 003 断块取样点较少，均属于 P_3wt_2 段油层，孔隙度为 15%~25.3%，平均为 22.41%；渗透率为 2.589~2385mD，平均为 57.55mD。

吉 103 断块取样点较少，均属于 P_3wt_1 段，储层孔隙度为 6.489%~28.96%，平均为 17.4%；渗透率为 0.15~265.23mD，平均为 5mD。油层孔隙度为 14.17%~28.96%，平均为 19.94%；渗透率为 4.042~265.23mD，平均为 27.87mD。

吉 101 断块取样点较少，均属于 P_3wt_1 段，储层孔隙度为 3.6%~29.8%，平均为 17.23%；渗透率为 0.13~234mD，平均为 0.67mD。油层孔隙度为 14.1%~29.8%，平均为 19.46%；渗透率为 1.07~234mD，平均为 4.67mD。

综上所述，吉 7 井区块梧桐沟组梧一段、梧二段主要属于中孔、中渗储层。吉 7 井区梧桐沟组吉 7 断块 P_3wt_2 油层、吉 8 断块 P_3wt_1 油层物性相对最好，吉 103 断块和吉 101 断块储层物性相对较差。

4. 储层敏感性及润湿性

1）水敏实验结果分析

吉 7 井区梧桐沟组 P_3wt_2 层有两口井进行了水敏实验测试，分别是吉 008 井和 J1025 井。其中在吉 008 井 2 块岩心实验温度为 20℃、55℃，J1025 井 3 块岩心实验温度在 20℃、

80℃条件下进行测试，实验结果见表2-8。水敏实验结果表明：（1）该储层岩心盐水程度中偏强，临界矿化度为3700~7436mg/L（油藏条件）；（2）温度对储层的盐敏特性影响很小。

表2-8　吉7井区梧桐沟组储层敏感性评价结果汇总表

井号	岩心号	气测渗透率 K_g（mD）	初始水相渗透率 K_w（mD）	孔隙度（%）	实验温度（℃）	临界矿化度（mg/L）	水敏指数（%）	水敏程度
吉008	008-4	135.0	72.0	25.9	20	4600	72.6	强
	008-15	99.2	69.5	25.2	55	3700	79.3	强
J1025	030	147	8	20.1	80	5577	79.5	强
	048	213	38.1	22.5	20	7436	82.8	强
	091	116	10.9	22.8	20	5577	62.7	中偏强

2）储层岩石润湿性分析

对吉8断块吉008井4块润湿性分析资料进行统计，$P_3wt_2^2$ 油藏整体表现为中性（相对润湿指数为 -0.074）；P_3wt_1 油藏整体表现为中性—弱亲水性（相对润湿指数为 0.059~0.140，平均为0.090）。储层为中性—弱亲水性的润湿特性，说明毛管力为驱油动力，水驱油是有利的。

5. 储层非均质性

储层或者油层非均质性主要由储层（油层）的平面展布特征，渗透率变异系数、突进系数、级差等参数来表征和综合评价。

1）储层平面展布特征

$P_3wt_2^2$ 段：油层分布面积16.66km²，油层厚度变化为0~49m，平均为16.4m，平面上主要在吉006断块、吉011断块构造高部位，吉8断块中南部以及吉003断块J3405井附近油层厚度大。纵向上分7个地质小层，其中 $P_3wt_2^{2-2-2}$ 小层、$P_3wt_2^{2-3-2}$ 小层、$P_3wt_2^{2-3-3}$ 小层油层最发育。

$P_3wt_2^{2-1-1}$ 小层：该层由于剥蚀面积较大，油层分布范围较小，主要集中在吉006断块和吉7断块，吉8断块边部零散分布，油层厚度变化为0~10m，平均为1.8m。孔隙度平均为21.2%左右，最大为26.6%，J5092井、J6415井、J3405井附近较高；渗透率平均为102mD左右，最大为602mD，J5092井、J6415井、JD7059井、J3405井附近较高。

$P_3wt_2^{2-1-2}$ 小层：该层油层分布范围较 $P_3wt_2^{2-1-1}$ 小层有所扩大，主要集中在吉006断块和吉7断块，吉8断块西部分布，油层厚度变化为0~14.1m，平均为3.8m。孔隙度平均为21%左右，最大为26.3%，J6095井、J7043井、J1403井附近较高；渗透率平均为94mD左右，最大为590mD，J6095井、J5135井、J7043井附近较高。

$P_3wt_2^{2-2-1}$ 小层：该层油层分布范围较小且零散，吉8断块南部部较集中，油层厚度变化为0~14.3m，平均为1.2m。孔隙度平均为21.5%左右，最大为25.6%，J9449井、JD9329井附近较高；渗透率平均为110mD左右，最大为443mD，J9449井、JD9329井附近较高。

$P_3wt_2^{2-2-2}$ 小层：该层油层分布范围主要集中在吉8断块，吉006断块、吉7断块和吉003断块也有分布，吉8井区中部油层厚度较大，油层厚度变化为0~13.6m，平均为4m。孔隙度平均为21.4%左右，最大为26.8%，J6226井、J9744井、J9145井附近较高；渗透率平均为 106mD 左右，最大为 694mD，J6226 井、J9744 井、J9145 井附近较高。

$P_3wt_2^{2-3-1}$ 小层：该层油层在吉 006 断块、吉 7 断块、吉 8 断块零散分布，吉 003 断块较集中，油层厚度变化为 0~7.7m，平均为 0.4m。孔隙度平均为 22% 左右，最大为 27%，J1383 井、J1404 井、吉 004 井附近较高；渗透率平均为 147mD 左右，最大为 705mD，J1383 井、J1404 井、吉 004 井附近较高。

$P_3wt_2^{2-3-2}$ 小层：该层油层分布范围较大，吉 006 断块、吉 7 断块、吉 8 断块和吉 003 断块均连片分布，吉 003 断块油层厚度较大，全区油层厚度变化为 0~17.7m，平均为 5.8m。孔隙度平均为 21.2% 左右，最大为 28.9%，JD7059 井、J8418 井、J1404 井附近较高；渗透率平均为 103mD 左右，最大为 1284mD，JD7059 井、J8418 井、J1404 井附近较高。

$P_3wt_2^{2-3-3}$ 小层：该层油层分布范围较大，吉 006 断块、吉 7 断块、吉 8 断块和吉 003 断块均连片分布，吉 006 断块油层厚度较大，全区油层厚度变化为 0~12.9m，平均为 4.5m。孔隙度平均为 20.84% 左右，最大为 29.3%，J8053 井、JD8359 井、JD9080 井附近较高；渗透率平均为 92mD 左右，最大为 1286mD，J8053 井、JD8359 井、JD9080 井附近较高。

P_3wt_1 段：油层分布面积 18.96km^2，油层厚度变化为 0~69m，平均为 27.5m，平面上主要在吉 011 断块、吉 8 断块、吉 003 断块构造高部位，油层厚度大，另外在吉 101 断块和吉 103 断块油层也较发育。纵向上分 7 个地质小层，其中 $P_3wt_1^{1-1-2}$ 小层、$P_3wt_1^{1-2-2}$ 小层、$P_3wt_1^{2-2}$ 小层和 $P_3wt_1^{2-3}$ 小层油层最发育。

$P_3wt_1^{1-1-1}$ 小层：该层油层在吉 006 断块、吉 7 断块分布较少，油层厚度变化为 0~18.1m，平均为 2.1m，厚度变化较大。孔隙度平均为 22.4% 左右，最大为 28.6%，J6095 井、J1033 井、J8521 井附近较高；渗透率平均为 177mD 左右，最大为 J6095 井、J1033 井、J8521 井附近较高。

$P_3wt_1^{1-1-2}$ 小层：该层油层在吉 7 断块分布较少，吉 8 断块中东部油层厚度大，全区油层厚度变化为 0~19.6m，平均为 6.8m。孔隙度平均为 21.9% 左右，最大为 26.6%，JD9059 井、JD8543 井、J9327 井附近较高；渗透率平均为 141mD 左右，最大为 654mD，JD9059 井、JD8543 井、J9327 井附近较高。

$P_3wt_1^{1-2-1}$ 小层：该层油层在吉 7 断块分布较少，吉 101 断块局部发育，全区油层厚度变化为 0~14.7m，平均为 4.8m。孔隙度平均为 20.5% 左右，最大为 27.7%，J8418 井、J1403 井、JD8660 井附近较高；渗透率平均为 87mD 左右，最大为 994mD，J8418 井、J1403 井、JD8660 井附近较高。

$P_3wt_1^{1-2-2}$ 小层：该层油层在吉 7 断块分布较少，吉 8 断块、吉 003 断块、吉 103 断块和吉 101 断块连片分布，全区油层厚度变化为 0~17.3m，平均为 5.2m。孔隙度平均为 19.9% 左右，最大为 28.1%，J8439 井、J9169 井、J9606 井附近较高；渗透率平均为 69mD 左右，最大为 1184mD，J8439 井、J9169 井、J9606 井附近较高。

$P_3wt_1^{2-1}$ 小层：该层油层分布较少，主要集中在吉 103 断块和吉 101 断块南部，全区油层厚度变化为 0~7.4m，平均为 0.4m。孔隙度平均为 21.3% 左右，最大为 26.7%，JD8662 井、JD8703 井、JD8743 井、J3426 井附近较高；渗透率平均为 138mD 左右，最大为 682mD，JD8662 井、JD8703 井、JD8743 井、J3426 井附近较高。

$P_3wt_1^{2-2}$ 小层：工区东北部超覆缺失，油层主要集中在吉 011 断块和工区东南部，全区油层厚度变化为 0~19m，平均为 5m。孔隙度平均为 20.6% 左右，最大为 26.6%，JD8374 井、JD8372 井、JD8204 井附近较高；渗透率平均为 91mD 左右，最大为 665mD，JD8374 井、

JD8372 井、JD8204 井、JD3385 井附近较高。

$P_3wt_1^{2-3}$ 小层：该层油层分布与 $P_3wt_1^{2-2}$ 小层相近，全区油层厚度变化为 0~18m，平均为 4.6m。孔隙度平均为 18.44% 左右，最大为 26.5%，J8419 井、J8542 井附近较高；渗透率平均为 44mD 左右，最大为 641mD，J8419 井、J8542 井附近较高，该层物性相对较差。

2）平面非均质性

储层平面非均质性指单一储层的几何形态、连续性及砂体内孔隙度、渗透率等物性参数在横向空间分布的不均一性，这些因素控制和影响注入剂的渗流方向及平面上波及程度。本次研究通过提取各井点油层渗透率并计算三项非均质参数来表述。

从吉 7 井区梧桐沟组各小层油层与物性平面分布趋势及统计的渗透率非均质参数（表 2-9、表 2-10）可以看出，该区小层平面非均质性比较强，只有少数非均质程度中等，比如吉 006 井区块的 $P_3wt_2^{2-2-1}$、$P_3wt_2^{2-3-1}$、$P_3wt_1^{1-1-1}$ 几个小层和吉 7 主体区块的 $P_3wt_2^{2-2-1}$、$P_3wt_2^{2-2-2}$ 小层。

表 2-9 吉 006 区块油层平面非均质参数统计

油层组	小层	平均孔隙度（%）	平均渗透率（mD）	变异系数 V_k	突进系数 S_k	级差 J_k
$P_3wt_2^{2-1}$	$P_3wt_2^{2-1-1}$	21.11	79.11	0.72	5.8	31.3
	$P_3wt_2^{2-1-2}$	21.55	93.41	1.22	13.9	65.4
$P_3wt_2^{2-2}$	$P_3wt_2^{2-2-1}$	20.63	65.03	0.58	2.2	15.2
	$P_3wt_2^{2-2-2}$	21.13	77.99	0.96	8.6	45.0
$P_3wt_2^{2-3}$	$P_3wt_2^{2-3-1}$	21.59	94.82	0.62	2.9	11.8
	$P_3wt_2^{2-3-2}$	20.86	72.78	0.91	8.6	33.5
	$P_3wt_2^{2-3-3}$	21.02	78.07	0.97	10.1	53.9
$P_3wt_1^{1}$	$P_3wt_1^{1-1-1}$	22.72	152.06	0.58	3.3	42.2
	$P_3wt_1^{1-1-2}$	21.45	92.57	0.91	8.9	98.2
	$P_3wt_1^{1-2-1}$	19.78	46.74	1.28	12.9	53.9
	$P_3wt_1^{1-2-2}$	19.58	42.56	0.85	5.2	21.0
$P_3wt_1^{2}$	$P_3wt_1^{2-1}$	20.29	57.28	1.14	5.4	20.1
	$P_3wt_1^{2-2}$	19.55	42.88	0.65	3.4	21.5
	$P_3wt_1^{2-3}$	17.96	23.63	1.26	8.7	23.6

表 2-10 吉 7 主体区块油层平面非均质参数统计

油层组	小层	平均孔隙度（%）	平均渗透率（mD）	变异系数 V_k	突进系数 S_k	级差 J_k
$P_3wt_2^{2-1}$	$P_3wt_2^{2-1-1}$	21.40	87.24	0.83	6.91	41
	$P_3wt_2^{2-1-2}$	21.14	79.04	0.88	9.12	66
$P_3wt_2^{2-2}$	$P_3wt_2^{2-2-1}$	21.57	95.20	0.61	3.97	21
	$P_3wt_2^{2-2-2}$	21.45	91.32	0.62	7.18	74
$P_3wt_2^{2-3}$	$P_3wt_2^{2-3-1}$	21.92	109.02	1.05	11.85	171
	$P_3wt_2^{2-3-2}$	21.34	85.87	0.90	14.94	107
	$P_3wt_2^{2-3-3}$	20.86	71.28	1.01	18.12	131
$P_3wt_1^{1}$	$P_3wt_1^{1-1-1}$	22.34	127.99	0.81	7.37	168
	$P_3wt_1^{1-1-2}$	22.20	119.35	0.73	5.31	52
	$P_3wt_1^{1-2-1}$	20.54	63.39	1.02	14.92	100
	$P_3wt_1^{1-2-2}$	19.86	49.15	0.89	9.31	58
$P_3wt_1^{2}$	$P_3wt_1^{2-1}$	21.23	83.97	1.00	7.80	103
	$P_3wt_1^{2-2}$	20.90	71.59	1.07	14.53	162
	$P_3wt_1^{2-3}$	18.73	30.75	1.67	20.41	107

3）层内非均质性

层内非均质性指单一油层内部的差异，反映砂体纵向上储层性质的变化，是直接控制和影响一个砂体层内纵向上注入剂波及厚度的关键因素。研究层内非均质性常采用渗透率的差异即渗透率变异系数、渗透率突进系数和渗透率级差来表征。

本次研究通过测井解释数据进行分析，下面分别对各层进行描述。

$P_3wt_1^{1}$ 油层：变异系数平均为 0.73，最大为 2.3，突进系数平均为 2.45，最大为 8.38，级差平均为 20.31，最大为 236。平面大部分区域渗透率变异系数高于 0.7，局部井点大于 1，不连续分布，主要集中在吉 8 井区中部 J8340、J8398、J9129、J9248 等局部井点附近，综合评价认为本层非均质程度中等偏强。

$P_3wt_1^{2}$ 油层：变异系数平均为 0.85，最大为 2.04，突进系数平均为 2.69，最大为 7.69，级差平均为 19.93，最大为 232.29。平面大部分区域渗透率变异系数高于 0.7，局部井点大于 1，不连续分布，主要集中在 J8190、J9190、J8623、吉 113 等局部井点附近，综合评价认为本层大部分区域层内非均质程度中等偏强。

$P_3wt_2^{2-1}$油层：变异系数平均为0.43，最大为1.64，突进系数平均为1.61，最大为4.1，级差平均为4.33，最大为28.48。平面小部分区域渗透率变异系数高于0.7，局部井点大于1，不连续分布，主要集中在J6208、J9567、J1403等局部井点附近，综合评价认为本层大部分区域层内非均质程度中等偏弱。

$P_3wt_2^{2-2}$油层：变异系数平均为0.38，最大为1.27，突进系数平均为1.49，最大为3.96，级差平均为3.86，最大为35.34。平面小部分区域渗透率变异系数高于0.7，局部井点大于1，不连续分布，主要集中在J6150、J1422、J9785等局部井点附近，综合评价认为本层大部分区域层内非均质程度中等偏弱。

$P_3wt_2^{2-3}$油层：变异系数平均为0.61，最大为1.94，突进系数平均为2.02，最大为6.83，级差平均为7.12，最大为62.06。平面部分区域渗透率变异系数高于0.7，局部井点大于1，不连续分布，主要集中在J8356、JD8193、J9346等局部井点附近，综合评价认为本层大部分区域层内非均质程度中等。

6. 隔夹层分布特征

隔夹层指层内、层间相对非渗透层，对流体流动起渗透隔挡作用或极低渗透的高阻层作用。直接影响垂直渗透性，增加流体的流动曲折度，影响注入剂波及体积、范围，对驱油效率影响很大。通过取心井岩心观察，梧桐沟组储层内部隔夹层为物性较差的泥岩和钙质夹层，其中以泥岩为主。

1）隔层展布特征

吉7井区梧桐沟组发育五套油层，油层顶部沉积以辫状河前三角洲泥岩为主，形成大套较厚的泥岩盖层。油层间隔层为两期分流河道相互叠加的间隙沉积的三角洲前缘泥岩，隔层的稳定程度取决于辫流水道的下切能力。该区梧桐沟组五套油层间形成四套分布稳定的泥岩隔层，全区可追踪，且顺物源方向隔层连续性相对略好，远离物源的西北部隔层厚度大，频率增加。

油层$P_3wt_2^{2-1}$与油层$P_3wt_2^{2-2}$间的隔层特征：隔层厚度为0~13.5m，平均为5.8m，在吉006断块东部、吉011断块以及吉7断块厚度较大，吉8断块局部不发育，全区井钻遇率为82.34%；油层$P_3wt_2^{2-2}$与油层$P_3wt_2^{2-3}$间的隔层特征：隔层厚度为0~10.4m，平均为4.1m，在吉006断块西部、吉8断块北部厚度较大，吉011断块和吉004井区局部不发育，全区井钻遇率为96.13%；油层$P_3wt_2^{2-3}$与油层$P_3wt_1^{1}$间的隔层特征：隔层厚度为0~9.6m，平均为3.7m，全区分布相对较均匀，井钻遇率为98.37%。

油层$P_3wt_1^{1}$与油层$P_3wt_1^{2}$间的隔层特征：隔层厚度为0~9.4m，平均为2.5m，在吉011断块、吉8断块北部厚度较大，吉8断块中部部分井不发育，全区井钻遇率为85.14%，该隔层分布相对较薄且井的钻遇率略低。

2）夹层展布特征

梧桐沟组油层内部发育的夹层以水下分流间湾沉积的泥岩夹层为主，少量钙质夹层，稳定性差，全区仅可局部追踪。

$P_3wt_2^{2-1}$油层内部发育可局部追踪的夹层将该油层进一步细分为$P_3wt_2^{2-1-1}$和$P_3wt_2^{2-1-2}$两套地质小层，该夹层厚度为0~5.8m，平均为0.9m，全区零散分布，吉011断块和吉8断块西部厚度相对较大，全区井钻遇率为36.05%；$P_3wt_2^{2-2}$油层内部发育可局部追踪的夹层将该油层进一步细分为$P_3wt_2^{2-2-1}$和$P_3wt_2^{2-2-2}$两套地质小层，该夹层厚度为0~6.7m，平均为1m，全区零散分布，吉004断块厚度相对较大，全区井钻遇率为33.24%；$P_3wt_2^{2-3}$油层内部发育可局部追踪的两套夹层将该油层进一步细分为 $P_3wt_2^{2-3-1}$、$P_3wt_2^{2-3-2}$ 和 $P_3wt_2^{2-3-3}$ 三套地质小层，上部夹层厚度为 0~5.9m，平均为 0.5m，全区零散分布，井钻遇率为 21.61%；下部夹层厚度为 0~4.2m，平均为 0.4m，全区零散分布，井钻遇率为 18.9%；

$P_3wt_1^1$ 油层内部发育可局部追踪的三套夹层将该油层进一步细分为 $P_3wt_1^{1-1-1}$、$P_3wt_1^{1-1-2}$、$P_3wt_1^{1-2-1}$、$P_3wt_1^{1-2-2}$ 四套地质小层，上部夹层厚度为 0~9.2m，平均为 1.3m，吉 8 断块东部厚度相对较大且连片，全区井钻遇率为 70.49%；中部夹层厚度为 0~8.9m，平均为 1m，全区零散分布，井钻遇率为 45.69%；下部夹层厚度为 0~5.8m，平均为 0.6m，全区零散分布，吉 8 断块边部较厚，井钻遇率为 30.25%；

$P_3wt_1^2$ 油层顶部泥岩隔层作为细分地质小层 $P_3wt_1^{2-1}$，内部发育可局部追踪的夹层将该油层进一步细分为 $P_3wt_1^{2-2}$ 和 $P_3wt_1^{2-3}$ 两套地质小层，该夹层厚度为 0~10.7m，平均为 1.2m，主要在吉 8 断块东部厚度相对较大可追踪，其他区域零散分布，全区井钻遇率为 61.09%。

表 2-11　砂岩储层综合分类评价表

分　类	II 类中孔中渗	III 类低孔低渗		IV 类特低孔特低渗		吉 7 井区储层参数	
		III1	III2	IV1	IV2		
	中孔中喉道	中孔中细喉道	小孔细喉道	微孔微细喉道	微孔微喉道	$P_3wt_1^1$、$P_3wt_1^2$	$P_3wt_2^{2-1}$、$P_3wt_2^{2-2}$、$P_3wt_2^{2-3}$
孔隙度（%）	13.8~19.5 17.06	9.5~18.3 15.65	7.3~17.7 14.71	6.3~16.4 12.78	3.5~11.9 8.0	14.8~25.56 19.9	14.9~27.02 21.2
渗透率（mD）	100~500 224.79	50~100 70.98	10~50 28.45	1~10 4.02	＜1 0.24	11.2~869.9 60.1	8.2~2089.0 78.2
排驱压力（MPa）	0.01~0.04 0.03	0.03~0.31 0.06	0.03~0.33 0.09	0.06~0.67 0.23	0.24~2.77 1.38	0.01~0.58 0.06	0.01~0.8 0.08
中值压力（MPa）	0.07~0.46 0.18	0.13~0.86 0.46	0.14~4.86 0.9	0.85~6.19 1.89	3.02~17.64 8.94	0.04~15.17 3.76	0.08~20.34 5.71
最小非饱和孔隙体积（%）	3.96~14.26 8.22	4.86~25.7 14.46	2.09~31.7 15.96	9.43~37.8 17.84	20.17~47.0 30.59	8.29~44.67 29.43	9.82~49.81 28.55
平均毛管半径（μm）	6.8~21.09 10.2	3.86~7.93 5.91	0.79~9.01 3.78	0.46~3.53 1.39	0.1~0.78 0.27	0.20~20.78 5.52	0.11~15.62 6.45
压汞曲线类型	II	II、III	III	III、IV	IV	II、III	II、III
主要孔隙类型	残余粒间孔	粒间溶孔、残余粒间孔	粒间溶孔、粒内溶孔	粒内溶孔、微孔、粒间溶孔	粒间微孔	剩余粒间孔	剩余粒间孔
评价	较好	中等	较差	差	非储层	中等	中等

7. 储层综合评价

根据我国陆相碎屑岩储集岩级别分类标准（表2-11），选取常用的孔隙度、渗透率、排驱压力、中值压力、最小非饱和孔隙体积、平均毛管半径以及毛管压力曲线类型作为评价标准。通过综合分析，吉7井区块梧桐沟组储层为中孔、中细喉道的中等储层。

依据相关分类标准，吉7井区块储层综合评价为中孔、低渗储层（油层为中孔、中渗）。

六、油藏类型与储量计算

1. 油藏类型

吉7井区二叠系梧桐沟组油藏主要受断块构造控制，边部低部位受油水界面控制，局部受地层尖灭和岩性、物性变化控制，为构造—地层—岩性多重因素控制的复合型油藏。其油水界面呈段阶状抬升，不同的断块有不同的油水界面，同一个断块内，梧一段（P_3wt_1）和梧二段（P_3wt_2）有不同的油水界面。

吉7井区块平面上以成藏断块为单位，梧桐沟组 $P_3wt_2^2$ 划分为6个油藏，P_3wt_1 划分为7个油藏，共计13个油藏，均为本次研究涉及区域。

从横穿油藏东西方向的三条油藏剖面图分析，吉7井区二叠系梧桐沟油藏 $P_3wt_2^{2-3}$、$P_3wt_1^1$、$P_3wt_1^2$ 油层分布较稳定、横向连续性较好，$P_3wt_2^{2-2}$、$P_3wt_2^{2-1}$ 油层分布连续性相对较差。局部受岩性和物性变化控制。

2. 油水界面

吉7井区块二叠系梧桐沟组油藏主要受构造控制，局部受地层尖灭和岩性、物性变化控制。

1）吉8断块

吉8断块梧桐沟组 $P_3wt_2^2$ 油藏类型为构造—地层—岩性复合型油藏。根据新增加的开发井资料来看，$P_3wt_2^2$ 油层都在原探明确定的油水界面之上，因此，油水界面的确定与上报探明时一致，仍然为 -999m。吉8断块梧桐沟组 $P_3wt_2^2$ 油藏中部海拔 -852m，中部深度1520m，油藏高度295m。

吉8断块梧桐沟组 P_3wt_1 油藏类型为构造—地层—岩性复合型油藏。根据新增加的开发井资料来看，P_1wt_1 油藏有个别井的生产层段在原探明确定的油水界面之上投产高含水，因此，需要重新确定油水界面。上报探明时，依据J1363井的试油情况，取海拔 -967m 作为梧桐沟组 P_3wt_1 油藏底界。在上报探明储量之后，JD8757、JD8766开发生产井的水层段在原油水界面之上，完钻的开发井JD8757井于2018年12月在原油水界面之上射开 -950~-958m 井段，投产高含水，累计产油6.6t，累计产水448.4m³。JD8766井于2018年12月射开 -942m~-945m、-946.5m~-950m 井段，投产高含水，2019年3月9日上修隔封，单采 -933m~-935.5m 井段（油层厚度1.0m），目前日产油3.5t，日产水1.1m³，含水24%。JD8766井为该区块出油井中射孔井段最深的井，经生产证实的测井解释油层底界海拔为 -935m（井深1656.38m）。据此，确定海拔 -935m 为 P_3wt_1 油藏的油水界面。比原确定油水界面高32m。P_3wt_1 油藏中部海拔 -806m，中部深度1474m，油藏高度227m。

2）断块

吉7断块梧桐沟组 $P_3wt_2^2$ 油藏类型为构造油藏。根据新增加的开发井资料来看，油层都在原探明确定的油水界面之上，因此，油水界面的确定与上报探明时一致，仍然

为 -1082m。$P_3wt_2^2$ 油藏中部海拔 -989m，中部深度 1657m，油藏高度 186m。

吉 7 断块梧桐沟组 P_3wt_1 油藏类型为构造油藏。根据新增加的开发井资料来看，油层都在原探明确定的油水界面之上，因此，油水界面的确定与上报探明时一致，仍然为 -1021m。P_3wt_1 油藏中部海拔 -994m，中部深度 1662m，油藏高度 54m。

3）吉 006 断块

吉 006 断块梧桐沟组 $P_3wt_2^2$ 油藏类型为岩性—构造复合型油藏。根据新增加的开发井资料来看，油层都在原探明确定的油水界面之上，因此，油水界面的确定与上报探明时一致，仍然为 -1320m。$P_3wt_2^2$ 油藏中部海拔 -1178m，中部深度 1846m，油藏高度 284m。

吉 006 断块梧桐沟组 P_3wt_1 油藏类型为构造—岩性复合型油藏。根据新增加的开发井资料来看，有个别井的生产层段在原探明确定的油水界面之下，因此，需要重新确定油水界面。上报探明时，根据吉 006 井试油证实的油层底界海拔确定的油水界面为 -1189m。在上报探明储量之后，完钻的开发井 J5171 井于 2013 年 3 月在 1864.0~1888.0m 井段（海拔在 -1196.5~-1220.5m）生产，4mm 油嘴求产，日产油 5.1t，含水 3.8%。本次储量复算根据 J5171 井确定油水界面。J5171 井为该区块出油井中射孔井段最深的井，经生产证实的测井解释油层底界海拔为 -1220.3m（井深 1887.8m），射孔底界为 -1220.5m（井深 1888.0m）；据此，确定海拔 -1220m 为吉 006 断块梧桐沟组 P_3wt_1 油藏的油水界面。比原确定油水界面低 31m。P_3wt_1 油藏中部海拔 -1163m，中部深度 1830m，油藏高度 90m。

4）吉 011 断块

吉 011 断块梧桐沟组 $P_3wt_2^2$ 油藏类型为构造—岩性复合型油藏。根据新增加的开发井资料来看，有个别井的生产层段在原探明确定的油水界面之下，因此，需要重新确定油水界面。上报探明时，根据 J1014 井试油证实油层底界海拔确定的油水界面为 -1049m。在上报探明储量之后，J6094 开发生产井的油层段在原油水界面之下，完钻的开发井 J6094 井于 2013 年 9 月在 1721.0~1740.0m 井段（海拔在 -1056.0~-1075.0m）生产，3mm 油嘴求产，日产油 3.3t，含水 8%。本次储量复算根据 J6094 井确定油水界面。J6094 井为该区块出油井中射孔井段最深的井，经生产证实的测井解释油层底界海拔为 -1074.9m（井深 1739.9m），射孔底界为 -1075.0m（井深 1740.0m）；据此，确定海拔 -1075m 为吉 011 断块梧桐沟组 $P_3wt_2^2$ 油藏的油水界面。比原确定油水界面低 26m。$P_3wt_2^2$ 油藏中部海拔 -1002m，中部深度 1670m，油藏高度 145m。

吉 011 断块梧桐沟组 P_3wt_1 油藏类型为构造—岩性复合型油藏。根据新增加的开发井资料来看，有个别井的生产层段在原探明确定的油水界面之下，因此，需要重新确定油水界面。上报探明时，根据 J5072 井试油证实的油层底界海拔确定的油水界面为 -1214m。在上报探明储量之后，J5052、J1015 开发生产井的油层段在原油水界面之下，完钻的开发井 J5052 井于 2013 年 5 月在 1880.0~1898.5m 井段（海拔在 -1218.5~-1237.5m）生产，3mm 油嘴求产，日产油 4.8t，含水 4.0%；开发评价井 J1015 井于 2013 年 5 月在 1900.5~1910.0m 井段（海拔在 -1236.0~-1245.5m）生产，抽油日产油 2.9t，含水 64.2%。本次储量计算根据 J1015 井确定油水界面。J1015 井在 1900.5~1910.0m 井段（海拔在 -1236.0~-1245.5m）试采为油水同层，测井解释 1900.7~1904.0m、1905.3~1907.2m 井段为油层，分析出水井段是 1908~1910m，测井解释油层底界海拔 -1242.7m（井深 1907.2m）；据此，确定海拔 -1243m

为吉 011 断块梧桐沟组 P_3wt_1 油藏的油水界面。比原确定油水界面低 29m。P_3wt_1 油藏中部海拔 -1116m，中部深度 1784m，油藏高度 214m。

5）吉 003 断块

吉 003 断块梧桐沟组 $P_3wt_2^2$ 油藏类型为构造油藏。根据吉 003 井新的分层资料，原探明确定的油水界面之下有生产层段，因此，需要重新确定油水界面。上报探明时，根据吉 003 井在 1572.0~1576.5m 井段（$P_3wt_2^2$）试油证实的测井解释油层底界海拔 -890m 作为 $P_3wt_2^2$ 油藏的底界。在上报探明储量之后，吉 003 井 $P_3wt_2^2$ 与 P_3wt_1 分层界线下调，原下部的 P_3wt_1 段油层（1599~1605m）调整到 P_3wt_2 段。1599~1605m 井段（$P_3wt_2^2$）试油，压裂机抽，日产油 14.61t，试油结论为油层，证实的油层底界海拔 -917.3m，测井解释油层底界海拔 -921.4m（井深 1609.1m），取海拔 -921m 作为 $P_3wt_2^2$ 油藏底界；据此，确定海拔 -921m 为吉 003 断块梧桐沟组 $P_3wt_2^2$ 油藏的油水界面。比原确定油水界面低 31m。$P_3wt_2^2$ 油藏中部海拔 -810.5m，中部深度 1494.5m，油藏高度 211m。

吉 003 断块梧桐沟组 P_3wt_1 油藏类型为构造油藏，根据新增加的开发井资料及新的分层数据来看，需要重新确定油水界面。上报探明时，根据吉 003 井在 1599~1605m 井段（P_3wt_1）试油证实的测井解释油层底界海拔 -921m 作为 P_3wt_1 油藏的底界。在上报探明储量之后，根据吉 003 井的分层调整及新井 JD3635 井的生产情况将吉 003 断块梧桐沟组 P_3wt_1 油藏划分为 $P_3wt_1^1$ 和 $P_3wt_1^2$ 两个油藏。吉 003 井在 1618.0~1623m（-930~-935m）井段（$P_3wt_1^1$）试油，证实为水层，JD3385 井生产井段 1603.5~1627m（-887.5~-909.5m）为 $P_3wt_1^1$ 层构造位置最低井段，压裂机抽，日产油 6.0t，测井解释油层底界海拔 -910m（井深 1628.4m），据此，确定海拔 -910m 为吉 003 断块梧桐沟组 $P_3wt_1^1$ 油藏的油水界面。完钻的开发井 JD3635 井于 2019 年 7 月在 1611.0~1625.5m（-920.1~-934.3m）井段（$P_3wt_1^2$）试采，压裂机抽，日产油 2.7t，含水 28.9%，测井解释油层底界海拔 -934m（井深 1626m）。据此，确定海拔 -934m 为吉 003 断块梧桐沟组 $P_3wt_1^2$ 油藏的油水界面。$P_3wt_1^1$ 油藏中部海拔 -805m，中部深度 1494m，油藏高度 210m。$P_3wt_1^2$ 油藏中部海拔 -827m，中部深度 1516m，油藏高度 215m。

6）吉 004 断块

吉 004 断块梧桐沟组 $P_3wt_2^2$ 油藏类型为构造油藏。断块内完钻 3 口井（吉 004 井、吉 010 井、J1039 井），新增加的开发井 J1039 井，油层在原探明确定的油水界面之上，因此，油水界面的确定与上报探明时一致，仍然为 -976m。$P_3wt_2^2$ 油藏中部海拔 -903m，中部深度 1584m，油藏高度 126m。

7）吉 103 断块

吉 103 断块梧桐沟组 P_3wt_1 油藏类型为构造油藏。没有新的开发资料，因此，油水界面的认识与上报探明时一致，海拔 -772m 为 P_3wt_1 油藏底界，该圈闭为全充满。P_3wt_1 油藏中部海拔 -670m，中部深度 1366m，油藏高度 180m。

8）吉 101 断块

吉 101 断块梧桐沟组 P_3wt_1 油藏类型为构造油藏。没有新的开发资料，因此，油水界面的认识与上报探明时一致，海拔 -731.3m 为 P_3wt_1 油藏底界，该圈闭为全充满。P_3wt_1 油藏中部海拔 -640m，中部深度 1317m，油藏高度 160m。

各油藏参数见表 2-12。

表 2-12　吉 7 井区块各油藏参数表

断块	层位	油藏中部深度（m）	油藏中部海拔（m）	油藏高度（m）	油藏中部压力（MPa）	压力系数	饱和压力（MPa）	饱和程度（%）	油藏中部温度（℃）	驱动类型
吉 8	$P_3wt_2^2$	1520	-852	295	16.14	1.06	10.37	64.3	51.58	弹性驱动
	P_3wt_1	1474	-806	227	15.69	1.06	8.27	52.7	50.55	弹性驱动
吉 7	$P_3wt_2^2$	1657	-989	186	18.35	1.11	10.41	56.7	54.65	弹性驱动
	P_3wt_1	1662	-994	54	18.41	1.11	10.22	55.5	54.76	弹性驱动
吉 006	$P_3wt_2^2$	1846	-1178	284	20.34	1.1	14.48	71.2	58.89	弹性驱动
	P_3wt_1	1830	-1163	90	19.61	1.07			58.53	弹性驱动
吉 011	$P_3wt_2^2$	1670	-1002	145	18.01	1.08			54.94	弹性驱动
	P_3wt_1	1784	-1116	214	19.01	1.07	9.80	51.6	57.5	弹性驱动
吉 003	$P_3wt_2^2$	1476	-787	175	14.57	0.99	5.37	36.9	50.6	弹性驱动
	$P_3wt_1^1$	1494	-805	210	13.61	0.91	3.75	27.5	51	弹性驱动
	$P_3wt_1^2$	1516	-827	215	13.82	0.91	3.96	28.7	51.49	弹性驱动
吉 004	$P_3wt_2^2$	1584	-903	126	14.78	0.93	4.30	29.1	53.02	弹性驱动
吉 103	P_3wt_1	1366	-670	180	12.34	0.9	2.48	20.1	48.13	弹性驱动
吉 101	P_3wt_1	1317	-640	160	13.51	1.03	3.89	28.8	47.04	弹性驱动

3. 油藏压力温度系统

1）压力系统

（1）地层压力。

根据原始测压资料，分别建立了各断块地层压力与海拔深度关系，回归关系式如下。

吉 8 断块 $P_3wt_2^2$ 油藏：$p_i = 8.695 - 0.00874H$

吉 8 断块 P_3wt_1 油藏：$p_i = 9.165 - 0.00907H$

吉 7 断块 $P_3wt_2^2$ 油藏：$p_i = 9.515 - 0.00893H$

吉 7 断块 P_3wt_1 油藏：$p_i = 9.236 - 0.00892H$

吉 006 断块 $P_3wt_2^2$ 油藏：$p_i = 10.110 - 0.00868H$

吉 006 断块 P_3wt_1 油藏：$p_i = 9.406 - 0.00877H$

吉 011 断块 $P_3wt_2^2$ 油藏：$p_i = 7.497 - 0.00868H$

吉 011 断块 P_3wt_1 油藏：$p_i = 9.220 - 0.00877H$

吉 003 断块 $P_3wt_2^2$ 油藏：$p_i = 7.226 - 0.00933H$

吉 003 断块 P_3wt_1 油藏：$p_i = 6.028 - 0.00942H$

吉 004 断块 $P_3wt_2^2$ 油藏：$p_i = 5.898 - 0.00925H$

吉 101 断块 P_3wt_1 油藏：$p_i = 7.529 - 0.00934H$

式中 p_i——油藏原始地层压力，MPa；

  H——油藏中部海拔深度，m。

（2）饱和压力。

根据PVT资料，分别建立了各断块饱和压力与海拔深度的关系，回归关系式如下。

吉8断块 $P_3wt_2^2$ 油藏：$p_b=2.926-0.00874H$

吉8断块 P_3wt_1 油藏：$p_b=1.039-0.00907H$

吉7断块 $P_3wt_2^2$ 油藏：$p_b=-1.575-0.00893H$

吉7断块 P_3wt_1 油藏：$p_b=-1.355-0.00892H$

吉006断块 $P_3wt_2^2$ 油藏：$p_b=4.259-0.00868H$

吉011断块 P_3wt_1 油藏：$p_b=0.009-0.00877H$

吉003断块 $P_3wt_2^2$ 油藏：$p_b=-1.974-0.00933H$

吉003断块 P_3wt_1 油藏：$p_b=-3.832-0.00942H$

吉004断块 $P_3wt_2^2$ 油藏：$p_b=-4.582-0.00925H$

吉101断块 P_3wt_1 油藏：$p_b=-2.091-0.00934H$

式中 p_b——油藏饱和压力，MPa；

  H——油藏中部海拔深度，m。

2）温度系统

根据温度测试资料，建立了地层温度与地层深度的关系，回归关系式如下：

$$T=17.536+0.0224D$$

式中 T——地层温度，℃；

  D——油藏深度，m。

根据地层压力、饱和压力和温度梯度关系式，折算到油藏中部，算出吉7井区梧桐沟组油藏各断块的油藏参数，油藏属正常压力、温度系统的未饱和油藏。

4. 流体性质

1）地面原油性质

根据吉7井区梧桐沟组 $P_3wt_2^2$ 油藏130口井303井次地面原油资料统计，20℃时地面原油密度为0.926~0.951g/cm³，平均为0.938g/cm³。50℃时地面原油黏度为159.5~2535.3mPa·s，平均为1201.7mPa·s。含蜡量为1.9%~3.4%，平均为2.69%。凝固点为-5.0~3.1℃，平均为-0.45℃。初馏点为164~205℃，平均为181℃。

吉7井区梧桐沟组 P_3wt_1 油藏73口井174井次地面原油分析资料统计，20℃时地面原油密度为0.919~0.965g/cm³，平均为0.941g/cm³。50℃时地面原油黏度为198.8~9910.3mPa·s，平均为2867.3mPa·s。含蜡量为2.2%~4.2%，平均为3.09%。凝固点为-0.9~6.4℃，平均为2.6℃。初馏点为133.7~221℃，平均为189.5℃。

平面上 $P_3wt_2^2$、P_3wt_1 油藏地面原油密度和黏度均呈现由西北向南部变大的趋势。

2）地层原油性质

吉7井区梧桐沟组油藏共取得12个原油分析样品（表2-13），根据这些实际资料，吉7井区梧桐沟组油藏地层油密度在0.8577~0.9268g/cm³之间，平均为0.8942g/cm³。地层油黏度在40.19~1437.55mPa·s之间，平均为417.41mPa·s。原始溶解气油比在11~40.9m³/m³之间，平均为26.3m³/m³。按地层原油黏度分类，吉7井区梧桐沟组油藏属于稠油油藏。

表 2-13　吉 7 井区各油藏地层原油性质表

断块	井号	层位	射孔井段	静压（MPa）	饱和压力（MPa）	汽油比（m³/m³）	气体平均溶解系数（m³/m³·MPa⁻¹）	体积系数	压缩系数（10⁻³MPa⁻¹）	收缩率（%）	地层原油密度（g/cm³）	地层原油黏度（mPa·s）
吉8	吉 007	P_3wt_1	1457.0~1483.0	15.44	8.14	25.9	3.19	1.057	2.0155	5.41	0.9103	415.99
	J1021	P_3wt_1	1482.5~1491.5	14.96	8.5	40.9	4.82	1.064	4.2725	6.04	0.9027	554.525
	吉 008	$P_3wt_2^2$	1562.0~1570.0	14.78	9.4	31.8	3.38	1.08	1.1577	7.41	0.8618	82.38
	J1024	$P_3wt_2^2$	1521.0~1533.5	17.8	11.82	17.9	1.51	1.045	1.983	4.35	0.8862	146.04
吉7	吉 002	$P_3wt_2^2$	1591.0~1601.0	17.78	6.33	20	3.17	1.052	1.347	4.95	0.8933	210.72
	J1001	$P_3wt_2^2$、P_3wt_1	1624.0~1667.0	14.78	7.33	24.4	3.33	1.069	0.9725	6.43	0.8917	203.72
吉006	吉 006	$P_3wt_2^2$	1813.5~1831.5	19.68	14.28	39	2.7	1.098	0.7514	8.96	0.8675	53.74
吉011	吉 011	P_3wt_1	1845.0~1860.0	20.502	10.86	37	3.37	1.096	0.8954	8.77	0.8577	40.19
	J5032	P_3wt_1	1862.5~1885.0	19.57	10.24	40.3	3.94	1.031	0.9495	3.01	0.8964	79.358
吉003	吉 003	$P_3wt_2^2$	1599.0~1605.0	14.64	4.78	11	2.27	1.034	1.2172	3.11	0.9268	892.22
	J1012	$P_3wt_2^2$	1486.0~1512.0	14.78	5.58	14	2.51	1.046	7.3631	4.35	0.9263	1437.55
吉004	吉 004	$P_3wt_2^2$	1638.0~1644.5	14.78	4.3	13.4	3.12	1.041	1.2993	3.98	0.9099	892.53
平均						26.3	3.11	1.059	2.0187	5.56	0.8942	417.41

3）天然气性质

根据吉 7 井区梧桐沟组 $P_3wt_2^2$ 油藏 25 井 29 井次和 P_3wt_1 油藏 9 井 10 井次天然气分析资料统计表明，$P_3wt_2^2$ 油藏天然气相对密度变化范围为 0.647~0.682，平均为 0.662，甲烷含量变化范围为 78.06%~87.21%，平均为 82.16%；P_3wt_1 油藏天然气相对密度变化范围为 0.697~0.727，平均为 0.713，甲烷含量变化范围为 69.4%~96.51%，平均为 81.64%，各油藏的天然气性质变化不大，以甲烷为主，无 H_2S 气体（表 2-14）。

表 2-14　吉 7 井区块各油藏天然气性质表

断块	层位	样品数（个/井）	天然气相对密度	天然气组分（%）										
				甲烷	乙烷	丙烷	异丁烷	正丁烷	异戊烷	正戊烷	己烷以上	氮	二氧化碳	硫化氢
吉8	$P_3wt_2^2$	16/16	0.661	81.52	15.96	0.89	0.43	0.27	0.13	0.07	0.03	0	0.71	未检出
	P_3wt_1	4/3	0.727	69.4	27.26	1.03	0.68	0.3	0.26	0.11	0.04	0.28	0.66	未检出
吉7	$P_3wt_2^2$	8/4	0.653	87.21	7.5	1.39	0.23	0.24	0.03	0.03	0.01	1.05	2.28	未检出
吉006	$P_3wt_1^1$	1/1	0.697	96.51	1.04	1.2	0.03	0.08	0.01	0.01	0.02	1.05	0.06	未检出
吉011	$P_3wt_2^2$	2/2	0.667	81.56	15.45	1.07	0.36	0.51	0.18	0.29	0	0	0.62	未检出
	P_3wt_1	2/2	0.708	85.54	9.97	1.52	0.39	0.46	0.14	0.08	0.05	1.61	0.27	未检出
吉003	P_3wt	1/1	0.647	82.43	16.34	0.45	0.14	0.09	0.02	0.01			0.57	未检出
吉004	P_3wt_2	1/1	0.682	78.06	18.43	2.06	0.35	0.31	0.13	0.02	0.00		0.63	未检出
吉101	P_3wt_1	1/1	0.719	75.12	18.88	2.68	0.98	1.03	0.25	0.31	0.01		0.75	未检出
全区	$P_3wt_2^2$	29/25	0.662	82.16	14.74	1.17	0.30	0.28	0.10	0.08	0.01	0.35	0.96	未检出
	P_3wt_1	10/9	0.713	81.64	14.29	1.61	0.52	0.47	0.17	0.13	0.03	0.98	0.43	未检出

4）地层水性质

根据吉 7 井区梧桐沟组 $P_3wt_2^2$ 油藏 13 口井 33 井次和 P_3wt_1 油藏 13 口井 23 井次的地层水分析资料统计，$P_3wt_2^2$ 油藏地层水密度为 1.003~1.014g/cm³，平均为 1.007g/cm³，矿化度为 4477.17~12093.64mg/L，平均为 8496.24mg/L，pH 值平均为 7.3，地层水型为 $NaHCO_3$ 型。P_3wt_1 油藏地层水密度为 1.007~1.008g/cm³，平均为 1.007g/cm³，矿化度为 5927.95~9763.89mg/L，平均为 7922.98mg/L，pH 值平均为 7.3，地层水型为 $NaHCO_3$ 型。各断块的地层水性质接近（表 2-15）。

表 2-15　吉 7 井区梧桐沟组油藏地层水性质表

层位	断块	密度（g/cm³）	HCO_3^-（mg/L）	Cl^-（mg/L）	SO_4^{2-}（mg/L）	Ca^{2+}（mg/L）	矿化度（mg/L）	pH 值	水型
$P_3wt_2^2$	吉 006	1.007	978.85	4852.35	37.37	97.54	9688.09	6.9	$NaHCO_3$
	吉 7	1.009	1153.28	4227.76	48.79	88.36	8644.13	7.9	$NaHCO_3$
	吉 8	1.003	1170.36	3412.21	77.36	49.28	6928.41	7.5	$NaHCO_3$
	吉 004	1.007	1383.00	3494.68	24.13	89.55	7646.52	7.3	$NaHCO_3$
	全区	1.007	1125.47	4167.00	47.20	83.06	8496.24	7.3	$NaHCO_3$
P_3wt_1	吉 006	1.007	794.34	4694.25	68.65	96.32	8563.93	6.7	$NaHCO_3$
	吉 7	1.007	937.25	3943.56	22.77	57.89	7578.13	7.9	$NaHCO_3$
	吉 8		511.75	3773.03	16.05	75.79	6914.36	7.3	$NaHCO_3$
	吉 003		1345.93	2935.26	132.80	48.90	7067.24	7.3	$NaHCO_3$
	吉 004		2836.06	3470.20	23.05	43.14	9634.42	8.2	$NaHCO_3$
	全区	1.007	961.59	4078.96	49.96	74.97	7922.98	7.3	$NaHCO_3$

5. 储量计算

1）地质储量计算方法

根据相关要求，采用容积法计算石油地质储量：

$$N = \frac{100Ah\phi(1 - S_{wi})\rho_o}{B_{oi}}$$

式中　N——石油地质储量，10^4t；

　　　A——含油面积，km²；

　　　h——平均有效厚度，m；

　　　ϕ——平均有效孔隙度；

　　　S_{wi}——平均油层原始含水饱和度；

　　　ρ_o——平均地面原油密度，t/m³；

　　　B_{oi}——平均原始原油体积系数。

2）储量计算单元

本次储量计算，对原油藏开发层系，纵向上进一步划分为 14 个小层作为储量计算单元，即 $P_3wt_2^{2-1-1}$、$P_3wt_2^{2-1-2}$、$P_3wt_2^{2-2-1}$、$P_3wt_2^{2-2-2}$、$P_3wt_2^{2-3-1}$、$P_3wt_2^{2-3-2}$、$P_3wt_2^{2-3-3}$、$P_3wt_1^{1-1-1}$、$P_3wt_1^{1-1-2}$、$P_3wt_1^{1-2-1}$、$P_3wt_1^{1-2-2}$、$P_3wt_1^{2-1}$、$P_3wt_1^{2-2}$、$P_3wt_1^{2-3}$。

平面上，吉 7 井区梧桐沟组油藏被断裂分割成多个油藏，其油水界面、压力系统均不一致，因此，以控藏断块为单位划分单元，即吉 8 断块、吉 7 断块、吉 006 断块、吉 011 断块、吉 003 断块、吉 004 断块、吉 103 断块、吉 101 断块。本次针对全部油藏进行储量计算，共计 80 个计算单元（表 2-16）。

表 2-16　吉 7 井区梧桐沟组油藏储量计算单元划分表

纵向	平面	个数
$P_3wt_2^{2-1-1}$	吉 8 断块、吉 7 断块、吉 006 断块、吉 011 断块、吉 003 断块	5
$P_3wt_2^{2-1-2}$	吉 8 断块、吉 7 断块、吉 006 断块、吉 011 断块、吉 003 断块	5
$P_3wt_2^{2-2-1}$	吉 8 断块、吉 011 断块、吉 003 断块、吉 004 断块	4
$P_3wt_2^{2-2-2}$	吉 8 断块、吉 7 断块、吉 006 断块、吉 011 断块、吉 003 断块、吉 004 断块	6
$P_3wt_2^{2-3-1}$	吉 8 断块、吉 7 断块、吉 006 断块、吉 011 断块、吉 003 断块、吉 004 断块	6
$P_3wt_2^{2-3-2}$	吉 8 断块、吉 7 断块、吉 006 断块、吉 011 断块、吉 003 断块、吉 004 断块	6
$P_3wt_2^{2-3-3}$	吉 8 断块、吉 7 断块、吉 006 断块、吉 011 断块、吉 003 断块、吉 004 断块	6
$P_3wt_1^{1-1-1}$	吉 8 断块、吉 7 断块、吉 006 断块、吉 011 断块、吉 003 断块、吉 103 断块	6
$P_3wt_1^{1-1-2}$	吉 8 断块、吉 7 断块、吉 006 断块、吉 011 断块、吉 003 断块、吉 103 断块	6
$P_3wt_1^{1-2-1}$	吉 8 断块、吉 7 断块、吉 006 断块、吉 011 断块、吉 003 断块、吉 103 断块、吉 101 断块	7
$P_3wt_1^{1-2-2}$	吉 8 断块、吉 7 断块、吉 006 断块、吉 011 断块、吉 003 断块、吉 103 断块、吉 101 断块	7
$P_3wt_1^{2-1}$	吉 8 断块、吉 003 断块、吉 103 断块、吉 101 断块	4
$P_3wt_1^{2-2}$	吉 8 断块、吉 006 断块、吉 011 断块、吉 003 断块、吉 103 断块、吉 101 断块	6
$P_3wt_1^{2-3}$	吉 8 断块、吉 006 断块、吉 011 断块、吉 003 断块、吉 103 断块、吉 101 断块	6

3）储量计算参数

储量计算在参数取值时，含油面积和油层有效厚度使用本次研究结果，孔隙度、原始含油饱和度、地面原油密度、原始原油体积系数参考储量复算时的参数选值。

根据上述所确定的储量参数，采用容积法计算吉 8 断块、吉 7 断块、吉 006 断块、吉 011 断块、吉 003 断块、吉 004 断块、吉 101 断块、吉 103 断块梧桐沟组油藏叠合含油面积 $25.84km^2$，地质储量为 7018.67×10^4t（$7445.75 \times 10^4m^3$）。

4）储量变化原因分析

本次储量计算在有关资料的基础上，增加了新的开发井的测井资料与生产动态资料，在对油藏地质认识程度进一步提高后进行的，储量落实程度得到提高。

在储量计算研究工作中，利用新完钻开发井钻井、测井、试采等资料对油藏的控藏因素、油藏类型、油藏规模进行了重新落实，构造特征、油藏控制因素得到了进一步的精细解释和深化认识；根据新增完钻井资料对原探明油层图版标准进行了验证，含油饱和度、电阻率、孔隙度下限标准未发生变化，储量变化的原因主要如下：

（1）本次储量计算已开发的四个断块（吉 8 断块、吉 7 断块、吉 006 断块、吉 011 断块），与上报复算储量时相比，吉 006 断块 $P_3wt_2^2$ 油层下限调整，储量增加 $78.55 \times 10^4 t$。吉 8 断块 P_3wt_1 油水界面上升了 32m，$P_3wt_1^1$ 含油面积减少 $0.68km^2$，有效厚度增加 0.1m，其他参数变化不大，地质储量减少 $95.28 \times 10^4 t$。$P_3wt_1^2$ 含油面积减少 $0.9km^2$，有效厚度增加 0.7m，其他参数变化不大，地质储量减少 $28.73 \times 10^4 t$。

（2）本次储量计算外围的四个断块（吉 004 断块、吉 003 断块、吉 103 断块、吉 101 断块），与探明储量时相比，吉 004 断块新增加开发井 1 口，根据新的开发井资料，吉 004 断块储量计算以小层为计算单元，$P_3wt_2^{2-2}$ 层各小层构造高部位受岩性变化，有效厚度较探明时减少，地质储量减少 $59.85 \times 10^4 t$。$P_3wt_2^{2-3}$ 层各小层为新增计算单元，地质储量增加 $44.28 \times 10^4 t$，其他参数变化不大，地质储量减少 $15.57 \times 10^4 t$。吉 003 断块新增加开发井 9 口，根据新的开发井资料，吉 003 断块 P_3wt_2 油水界面下降了 31，P_3wt_2 含油面积增加 $0.17km^2$，有效厚度增加 15.5m，其他参数变化不大，地质储量减少 $65.42 \times 10^4 t$。

总之，与新增探明储量和复算储量相比，有效孔隙度、含油饱和度、地面原油密度、原油体积系数这些参数变化不大，储量变化的主要原因由于有效厚度和含油面积变化引起的。

第三节　注水开发可行性分析

一、开发方式技术分析

吉 7 井区梧桐沟组油藏油层总厚度大，但跨度大，单油层薄且分散、净总比低（0.25~0.54），油藏埋藏较深（1317.0~1775.0m）。油品类型涵盖了普通稠油及特稠油。油层渗透率不高（P_3wt_2 为 89.40mD、P_3wt_1 为 80.80mD）。原油的流动能力较差，流度仅为渗透率为 5mD、地层原油黏度为 $3mPa \cdot s$ 的普通特低渗透油藏的 1/4。

对于稠油的开发方式，应根据原油分类，并考虑地质条件选择适宜的方式。根据中国稠油分类标准（表 2-17），对于普通稠油 I -1 类油藏，初步开发方式一般采用常规水驱，而对于普通稠油 I -2 类、特稠油、超稠油油藏，一般推荐初步开发方式为热力开采。热力开采的方式分为以水为注入介质的热水驱、蒸汽吞吐、蒸汽驱、SAGD 等方式；以注入空气为介质的热采方式，如火驱等。近些年来，经过科技攻关，出现了一些新的降黏、增效的高效驱油方式，如 CO_2 非混相驱、氮气泡沫驱等。

表 2-17　中国稠油分类表

稠油分类			主要指标	辅助指标	开采方式
名称	级别		原油黏度（mPa·s）	相对密度（20℃）	
普通稠油	I	I-1	50*~150*	> 0.92	注水或注蒸汽
		I-2	150*~10000	> 0.92	注蒸汽
特稠油	II		10000~50000	> 0.95	注蒸汽
超稠油（天然沥青）	III		> 50000	> 0.98	注蒸汽

注：* 指油层条件下原油黏度，其余指油层温度下脱气原油黏度。

根据稠油多年开发实践的总结，得到稠油油藏不同开发方式的筛选标准见表 2-18。吉 7 井区梧桐沟组油藏平面上原油性质变化较大，应根据原油性质的差异性并结合稠油油藏开发方式筛选标准，采用相适应的开发方式。

表 2-18　稠油开发方式筛选标准

开发方式	油藏埋深（m）	地面原油黏度（mPa·s）	渗透率（mD）	有效厚度（m）	流度（mD/mPa·s）	净总比	开发方式研究
常规水驱		＜ 150*					
热水驱		＜ 1000		＞ 15		＞ 0.35	
蒸汽吞吐	＜ 1800	＜ 50000				＞ 0.5	
蒸汽驱	＜ 1200	＜ 20000	＞ 200			＞ 0.5	
CO₂（非混相）	＞ 700	100*~1000					
氮气泡沫驱		＜ 1000	＞ 50				
SAGD	＜ 1000	＞ 10000	≥ 500	＞ 10~15		＞ 0.7	
火驱	150~3505	＜ 10000	＞ 100	＞ 5	＞ 1.5	＞ 0.35	
吉 006 断块	1735~1775	＜ 100*	53.4~62.5	14.3~14.8	1.00~1.17	0.30	常规水驱
吉 7 断块、吉 8 断块、吉 101 断块	1317~1660	100*~500*	45.6~80.5	16.7~21.3	0.16~0.24	0.30~0.40	常规水驱＋氮气泡沫驱
吉 003 断块、吉 103 断块	1366~1484	500*~14000	63.8~106.3	16.5~27.5	0.03~0.12	0.46~0.54	蒸汽吞吐或火驱

注：* 指油层条件下原油黏度，其余指油层温度下脱气原油黏度。

1. 热采有利于提高采收率，但成本高

热水驱与常规水驱相比能有效提高油层温度，大幅提高油藏采收率。蒸汽吞吐具有适用范围广、技术简单易行、上产快的特点，采收率低一般为 20%~30%。蒸汽驱是一种成熟的吞吐后期热采接替方式，最终采收率一般可达 50%~60%。

加拿大水驱稠油有 50 年的经验，对 166 个水驱稠油油藏的统计数据表明：地层原油黏度小于 100mPa·s 时，水驱稠油采收率在 20% 以上；当地层原油黏度大于 100mPa·s 时，水驱采收率仅在 10%~20% 之间。同时，统计资料显示水驱、蒸汽驱采收率与地层原油黏度的关系：随着地层原油黏度的增加，注水开发采收率随之降低，而相应的蒸汽驱采收率降低幅度不大。说明随着地层原油黏度的升高，注热开发的方式将逐渐占据主导地位。

吉 7 井区现场注水试验表明，常规的生产管柱，井口注 70~80℃的热水到井底，由于井深热损失大，温度仍降到地层温度。若考虑采用真空隔热油管［视导热系数 0.015w/（m·℃）］其价格为 436 元 /m，是普通油管价格 200 元 /m 的 2 倍多，热采的投入费用高。

2. 火驱开发的适应性差

影响火驱成功的关键因素是火驱对油藏的适应性。已经证明成功的火驱，绝大部分都是在高孔高渗储层中获得，储层物性一般都在 500mD 以上，流度最低的也在 0.3 以上。经过近 70 多年的发展，火驱开发是一项逐渐成熟的开发技术。不同的学者和机构，对火驱油藏的筛选标准进行了论述，与国内外火驱筛选条件对比，吉 7 井区梧桐沟组油藏原油黏度条件不满足，储层物性较差。

对于火驱开发方式，本区还有几个方面的不利因素。

（1）油藏的封闭性：油藏顶底为区域的广泛分布的不整合面和断层，油藏封闭差。

（2）火驱技术的适应性：①油层物性处于标准下限；②流度系数在 0.03~1.17 之间，低于筛选条件；③油藏埋深大（1317.0~1775.0m），地层压力高（12.3~19.4MPa），火驱实施过程中大排量的注空气，对空气压缩机将提出更高的要求，提高注空气的成本；④纵向上分布多套油藏不适宜火驱开发。根据火驱技术分析，目前多层同时进行火驱开发的技术还不具备，单层火烧势必会对过火区域面积内其他层系的油井产生破坏，影响整体的开发效果。

3. CO_2 驱油效率高，但后期处理难度大

CO_2 作为驱油剂曾经在国内外广泛采用过，无论是室内研究和矿场试验都证明 CO_2 驱是一种有效的、能显著提高油井生产能力和油藏采收率的方法。CO_2 驱相对于常规水驱、热水驱驱油效率提高 15.8%~30.2%。

CO_2 能够替代水作为驱替介质，对于水敏和速敏比较强的储层，采取 CO_2 驱油是比较理想的开采方式。考虑 CO_2 驱开采技术在新疆油田尚无先例，并且产出液对设备、管线的腐蚀程度较高，防腐处理难度较大，成本高，暂不推荐。

4. 油层条件达不到 SGAD 开采要求

SAGD 技术能有效提高采收率，其最终采收率可达 60% 以上。但 SAGD 技术对油藏条件要求较高：

（1）必须保证油藏有足够的泄油空间，这就要求油层纵向连续厚度必须较大，一般实施 SAGD 开发连续油层厚度在 10m 以上，吉 7 井区梧桐沟组油藏连续油层厚度小；

（2）实施 SAGD 开发要求油层渗透率大于 500mD，吉 7 井区梧桐沟组油藏油层渗透率为 45.6~106.3mD；

（3）为了保证注入足够的热量，SAGD 开发油藏深度一般不超过 600m，吉 7 井区梧桐沟组油藏中部深度为 1317.0~1775.0m。

5. 泡沫驱提高采收率效果明显，需开展现场试验

选取油藏埋深和地层原油黏度与吉 7 井区相似的辽河油田锦 90 稠油区块（表 2-19）对比分析，锦 90 稠油区块于 1996 年开展了热水 + 氮气泡沫驱先导试验，注水温度 80~100℃。四个月后，井组日产油由 15t 左右升到 20~50t，单井日产油由 3t 左右升至 5~10t，含水稳定在 80%。至 1999 年 5 月，泡沫驱 33 个月，累计产油 $2.91×10^4$t，累计产水 $8.15×10^4m^3$，平均采油速度 2.07%，阶段采出程度 5.5%，增油效果显著。1999 年 9 月扩大为 9 个试验井组（9 口注入井、46 口采油井），采用常规水驱 + 氮气泡沫驱。截至 2006 年 4 月，试验区阶段累计注水 $173.7×10^4m^3$，注氮气 $64.0×10^4m^3$（地下体积），注化学剂 12275t，平均注入浓度 0.33%。累计产油 $27.4×10^4$t。平均采油速度 1.5%，累计增油 $12.7×10^4$t，阶段采出程度 9.98%，提高采收率效果明显。

表 2-19　油藏地质参数对比表

区块	锦 90 块	吉 7 断块、吉 8 断块
油藏埋深（m）	950~1100	1517~1660
有效厚度（m）	20.93	7.8~23.0
净总比	0.58	0.30~0.40
孔隙度（%）	29.7	20.6~20.1
渗透率（mD）	1065	62.5~80.5
原始地层压力（MPa）	10.70	16.00~18.38
原始地层温度（℃）	49.7	51.8~55.0
地面原油密度（g/cm³）	0.962	0.929~0.944
50℃脱气油黏度（mPa·s）	462.7	504.56~1735.75
地层原油密度（g/cm³）	0.939	0.913
地层原油黏度（mPa·s）	110~129	100~500

目前国内开展空气 / 空气泡沫驱油田（表 2-20）的储层物性都远高于吉 7 井区，吉 7 井区泡沫驱开发需进一步开展室内、现场试验研究。

表 2-20　国内空气 / 空气泡沫驱开发应用实例统计表

油田、区块	油藏埋深（m）	空气渗透率（mD）	地层原油黏度（mPa·s）	地层温度（℃）	注气前含水（%）	试验井组（个）	生产时间	累计增油（10⁴t）
辽河油田锦 90 块	950~1100	1065	110~129	49.7	80.0	9	1993.12—2002.12	18.52
中原油田胡 12 块	2150	235.5	43.17	84.0~89.0	97.5	4	2007.10—2009.08	0.35
港东二区五断块	1650	1020	76.33	65.7	96.0	6	2012.12 至今	预计 4.32
吉 7 断块、吉 8 断块	1317~1660	40.0~92.5	100~500	47.3~55.2				

6. 开发方式综合分析

从吉 7 井区梧桐沟组油藏条件与筛选标准对比来看，排除了蒸汽驱、SAGD，其他可选择的方式 CO_2（非混相）驱，虽然驱油效果显著，但考虑 CO_2 驱产出液对设备、管线的腐蚀程度较高，防腐处理难度较大，成本高，暂不推荐。火驱开发在技术上有成功事例，但地质条件适应性差。常规水驱、热水驱、蒸汽吞吐等常用稠油开发方式，采收率相对较低。氮气泡沫驱可作为水驱后续提高采收率的方法（表 2-21）。

表 2-21　吉 7 井区开发方式初筛表

开发方式	地面原油黏度（mPa·s）	油藏埋深（m）	渗透率（mD）	有效厚度（m）	流度（mD/mPa·s）	净总比	适应性评价	
							技术	经济
常规水驱	< 150*						局部	
热水驱	< 1000			> 15		> 0.35	局部	受限
蒸汽驱	< 20000	< 1200	> 200			> 0.5	无	
蒸汽吞吐	< 50000	< 1800				> 0.5	全区	受限
CO₂（非混相）	100*~1000	> 700					局部	受限
氮气泡沫驱	< 1000		> 50				局部	
火驱	< 10000	150~3505	> 100	> 5	> 1.5	> 0.35	局部	

注：* 指油层条件下原油黏度，其余指油层温度下脱气原油黏度。

通过对国内外类似中深层稠油油藏开发技术的筛选及相关开发技术的适用分析，结合吉 7 井区梧桐沟组深层稠油油藏储层渗流机理研究，先期常规水驱对后期注热水或 CO_2 开发影响较小，故对吉 7 井区地层原油粘度大于 150mPa·s 的区域进行常规水驱开发可行性论证。

二、试油试采特征

截至 2013 年 11 月，吉 7 井区梧桐沟组油藏共试油试采 79 井 85 层（不含吉 006 断块），获工业油流 65 井 68 层，其中 $P_3wt_2^2$ 油藏试油试采 44 井 44 层，获工业油流 36 井 36 层，日产油 1.1~10.5t；P_3wt_1 油藏试油试采 32 井 38 层，获工业油流 26 井 29 层，日产油 1.1~12.9t；P_3wt 合试 3 井 3 层，获工业油流 3 井 3 层，日产油 4.4~7.4t（表 2-22）。

表 2-22　吉 7 井区梧桐沟组油藏试油试采情况表

层位	断块	层位	渗透率（mD）	试油试采（口/层）	获工业油流情况		
					井数/层数（口/层）	日产油（t）	平均日产油（t）
$P_3wt_2^2$	吉 7	$P_3wt_2^{2-1}$	46.5	3/3	3/3	1.9~4.2	2.8
		$P_3wt_2^{2-3}$	55.1	4/4	2/2	2.6~3.2	2.9
		$P_3wt_2^{2-2}$、$P_3wt_2^{2-3}$	63.0	2/2	2/2	5.9~6.3	6.1
	吉 8	$P_3wt_2^{2-1}$	63.4	3/3	2/2	1.1~2.8	2.0
		$P_3wt_2^{2-2}$	83.5	4/4	2/2	2.5~5.7	4.1
		$P_3wt_2^{2-3}$	86.7	20/20	18/18	1.2~9.4	4.2
		$P_3wt_2^2$	84.5	3/3	3/3	3.7~10.5	5.8
	吉 003	$P_3wt_2^{2-3}$	115.6	1/1	1/1	5.5	5.5
		$P_3wt_2^{2-2}$、$P_3wt_2^{2-3}$	92.8	1/1	1/1	3.6	3.6
	吉 004	$P_3wt_2^{2-1}$	124.7	1/1	1/1	4.5	4.5
		$P_3wt_2^{2-3}$		1/1	0	0	0
		$P_3wt_2^{2-1}$、$P_3wt_2^{2-3}$	124.7	1/1	1/1	1.4	1.4

层位	断块	层位	渗透率（mD）	试油试采（口/层）	获工业油流情况		
					井数/层数（口/层）	日产油（t）	平均日产油（t）
P_3wt_1	吉7	$P_3wt_1^1$	62.5	6/7	2/2	4.4~10.7	7.8
	吉8	$P_3wt_1^1$	82.6	9/10	9/10	1.1~12.9	6.2
		$P_3wt_1^2$	54.5	5/5	4/4	1.2~4.4	4.0
	吉003	$P_3wt_1^1$	150.0	1/1	1/1	8.1	8.1
		$P_3wt_1^2$	120.0	2/2	2/2	2.0~8.8	5.4
	吉101	$P_3wt_1^2$	40.0	6/8	5/6	1.7~7.7	2.0
	吉103	$P_3wt_1^2$	63.8	3/5	3/4	4.4~6.8	5.7
P_3wt	吉7	P_3wt	63.8	3/3	3/3	4.4~7.4	5.6

通过试油试采情况分析，吉7井区梧桐沟组油藏（不含吉006断块）试油试采具有如下特征：

（1）单井产能差异大，主要受储层有效厚度、物性影响。

试油试采日产油量1.1~12.9t，差异较大。统计吉7井区P_3wt油藏各断块初期单井日产油量与射孔井段内有效厚度的情况，以及吉8断块吉008井注水试验区$P_3wt_2^{2-3}$油藏初期单井日产油量与储层渗透率关系可以得到：油井初期日产油量主要受储层有效厚度和储层物性影响，即油井初期日产油量与储层有效厚度及储层物性皆成正比关系。

（2）压裂改造效果明显。

从试油期间压裂效果统计情况来看，吉7井区$P_3wt_2^2$油藏试油10井17层，其中压裂9井11层，油井压裂前通过挤液破堵、无油嘴观察、抽汲以及抽油机抽油等不同求产方式，都未能获得理想产能，初期日产油量0~0.5t，但压裂后，平均单井日产油量提高至5.4t，平均单井日增油约5.3t。P_3wt_1油藏试油20井30层，其中压裂17井24层，油井压裂前通过挤液破堵、无油嘴观察、抽汲等不同求产方式，都未能获得理想产能，初期日产油量0~1.1t，但压裂后，平均单井日产油量提高至5.5t，平均单井日增油约5.4t。压裂改造效果明显。

从试采期间压裂效果统计情况来看，$P_3wt_2^2$油藏试采34井38层，压裂20井20层，油井压裂前通过3~4mm油嘴试采、无油嘴排液试采、抽油生产等试采方式，平均单井日产液量0.2t，平均单井日产油量0.2t，含水0，压裂后，平均单井日产液量5.8t，平均单井日产油量5.3t，含水8.6%，平均单井日增油可达到5.1t。P_3wt_1油藏试采17井20层，压裂15井16层，油井压裂前采用无油嘴试产均不出，压裂后，平均单井日产液量7.3t，平均单井日产油量5.7t，含水21.9%，平均单井日增油可达到5.7t。压裂改造效果明显。

从吉008井注水试验区试采情况来看，初期采油井均未压裂投产，采油井射孔后均不出，经过螺杆泵转抽后，获得一定产能，初期日产油量分布在1.9~9.4t，初期平均单井日产液量4.9t，日产油量4.4t，含水8.9%，但是仍有8口井初期日产油量小于平均水平，占总井数的66.7%。从开发历程来看，初期液量、油量递减较大，经过同步注水开发，见效后液量、油量稳中有升，目前平均日产油4.0t，含水40%，但是仍有6口井日产油量低于4.0t。

（3）油井自喷能力较弱，应以抽油生产方式投产。

吉7井区$P_3wt_2^2$油藏试油试采29口井，其中8口井具有自喷能力，占总井数的27.6%，自喷期 14~252 天，平均 98 天。转抽前日产油 0.1~5.4t，平均日产油 1.9t，转抽后日产油 1.1~6.3t，平均日产油 3.6t，转抽效果较明显。

P_3wt_1 油藏试油试采 11 口井，5 口井具有自喷能力，占总井数的 45.5%，自喷期 21~49 天，平均 33 天。转抽前日产油 0.1~4.5t，平均日产油 1.8t，转抽后日产油 1.8~13.2t，平均日产油 6.7t，转抽效果较明显。

由于油井初期能自喷的井数少，且自喷期较短，自喷能力弱，停喷后依靠抽油生产，转抽效果好，油井投产方式定为抽油生产。

三、注水开发区生产特征

1. 吉 008 注水试验区

为了认识深层、原油性质偏稠油藏注水开发的可行性，为后期整体开发确定合理开发方式，2011 年编写了《吉 7 井区梧桐沟组油藏注水试验方案》，在 50℃地面平均原油黏度 2000mPa·s 左右的吉 8 断块吉 008 井区域采用 150m 井距反七点井网开展注水开发试验。7 注 12 采共 19 口井，于 2011 年 9 月同步投产投注。考虑注采对应关系及注水试验效果，试验区目的层为 $P_3wt_2^{2-3}$，油井射孔均未压裂投产。

投产初期单井日产油 1.9~9.4t，平均日产油 4.4t，含水 9%，注水开发 27 个月，目前单井日产油 0.5~9.5t，平均日产油 4.0t，含水 40%。截至 2013 年 11 月底，12 口采油井累计产油 31121t。

2. 吉 006 断块

吉 006 断块原油黏度是吉 7 井区梧桐沟组油藏各断块中最低的，50℃地面平均原油黏度为 400mPa·s 左右，作为优先开发区块，采用 210m 井距反七点井网进行注水开发，实施 $P_3wt_2^{2-1}$、$P_3wt_2^{2-3}$、$P_3wt_1^1$、$P_3wt_1^2$ 四套层系井网，2012 年 7 月完成调整实施意见。部署总井数 124 口，其中采油井 82 口、注水井 42 口。截至 2013 年 11 月底，已完钻总井数 101 口，其中投产采油井 58 口、待投采油井 2 口、投注水井 40 口、待投注水井 1 口。

从吉 006 断块生产情况来看，初期单井日产油 5.0~6.8t，平均日产油 5.4t，含水 9%，第一年平均单井日产油量 5.0t，目前单井日产油 3.1~4.8t，平均日产油 4.2t，含水 21%（表 2-23）。

表 2-23 吉 006 断块梧桐沟组油藏生产情况表

层位	采油井（口）	注水井（口）	地面原油黏度（mPa·s）	初期单井日产量（三个月）			目前单井日产量			累计产油量（t）	第一年平均单井产油	
				液（t）	油（t）	含水（%）	液（t）	油（t）	含水（%）		单井日产量（t）	单井累计产量（t）
$P_3wt_2^{2-1}$	19	8	332.7	5.7	5.1	11	5.0	4.8	11	20368	5.1	1605
$P_3wt_2^{2-3}$	23	20	308.6	6.4	6.0	6	6.0	4.4	26	49993	5.0	1659
$P_3wt_1^1$	3	4	385.9	5.0	4.3	14	4.0	3.1	22	3278	4.2	1422
$P_3wt_1^2$	13	8	248.7	6.8	6.3	7	5.3	4.3	20	21648	5.4	1679
平均			319	6.0	5.4	9	5.1	4.2	21		5.0	1623

吉 006 断块于 2012 年 6 月底开始注水，为了降低水井初期注水井口压力，J6169 井投注前对其进行酸化预处理，酸化用液 151m³，施工压力 1~17MPa，注水井口压力一直保持在 4MPa 左右。目前共投注水井 40 口，合计配注 550m³/d，实注能力 517m³/d，欠注井 4 口（J5072 井、J6087 井、J6147 井、J6321 井），占总井数的 10%，欠注水量 33m³/d，占总配注量的 6.0%，平均干线压力 21.3MPa，注水井口压力 4.7~21.3MPa，平均注水井口压力 13.4MPa。从 4 口欠注井的分布位置和物性来看，4 口井均分布在油藏边部，且渗透率远低于所在层位的平均值（表 2-24），分析认为欠注原因主要受油藏位置及油层物性影响。

从吉 006 断块各油藏平均注水井口压力变化情况（表 2-25）来看，$P_3wt_2^{2-1}$、$P_3wt_2^{2-3}$、$P_3wt_1^1$、$P_3wt_1^2$ 油藏目前注水井口压力较初期注水井口压力分别平均上升了 3.2MPa、3.1MPa、0.7MPa、2.2MPa。虽然目前大部分注水井能够满足配注要求，但是注水井口压力仍有上升的可能，建议对目前欠注水井进行酸化改造。

表 2-24　吉 006 断块梧桐沟组油藏 4 口欠注井欠注原因分析表

层位	平均渗透率（mD）	井号	单井渗透率（mD）	相关油井数（口）	累计注采比	位置
$P_3wt_1^2$	39.9	J5072	12.3	4	0.53	油藏边部
$P_3wt_2^{2-3}$	80.6	J6087	22.6	2	1.80	油藏边部
$P_3wt_2^{2-3}$	80.6	J6147	32.5	2	0.52	油藏边部
$P_3wt_2^{2-1}$	86.5	J6321	41.8	4	0.58	油藏边部

表 2-25　吉 006 断块梧桐沟组油藏注水压力变化统计表

层位	井数（口）	平均单井配注（m³）	平均单井实注（m³）	平均注入压力（MPa）			平均累计注水（m³）	平均累计注水天数（d）
				初期	目前	变化		
$P_3wt_2^{2-1}$	8	20	19.3	8.1	11.3	3.2	1690	93
$P_3wt_2^{2-3}$	19	13.3	12.5	9.9	14.0	3.1	3195	263.9
$P_3wt_1^1$	4	13.8	14	10.8	11.5	0.7	1883	126.3
$P_3wt_1^2$	8	15.6	13.5	10.8	13.1	2.3	2268	180.7
全区平均		15.2	14.3	9.9	12.5	2.6	2259	166

3. 见水见效分类

从油井液量、油量、含水变化来看，可将吉 008 试验区和吉 006 断块注水时间较长的 $P_3wt_2^{2-3}$ 层油井分为四类（表 2-26），其中吉 008 试验区见水见效油井以一类、二类见效为主，占比 83.0%，吉 006 断块见水见效油井以二类、四类见效为主，占比 94.8%。

从注入水水推速度来看，吉 008 试验区和吉 006 断块在几乎相近的注水强度下，吉 008 试验区油井平均见水天数为 130 天左右，平均水推速度为 1.15m/d；吉 006 断块井距较吉 008 试验区大，原油黏度较吉 008 试验区小，受到井距和原油黏度的综合影响，吉 006 断块油井平均见水天数为 263 天左右，平均水推速度为 0.80m/d。

表 2-26　吉 008 试验区、吉 006 断块油井见效分类表

见效类别	表现特征		吉 008 试验区			吉 006 断块		
	相似特征	不同特征	井数（口）	比例（%）	平均注水强度[m³/（d·m）]	井数（口）	比例（%）	平均注水强度[m³/（d·m）]
一类井	液量稳、升；含水稳、升	油量升	4	33	1.02	0	0	1.05
二类井	液量稳、升；含水稳、升	油量稳	6	50		12	63.2	
三类井	液量稳、升；含水稳、升	油量降	2	17		1	5.2	
四类井	含水稳、升	液量降；油量降				6	31.6	

4. 见效特征分析

从采油井见水时间与储层渗透性来看，并没有存在明显关系，见水时间早晚主要受对应注水井实际吸水强度的影响，对应注水井实际吸水强度越大，油井见水时间越早。

四、注水开发效果评价

1. 含水比先快速上升后趋于稳定

从吉 008 试验区含水变化来看，油井见水后，含水快速上升，当含水达到 50% 左右，含水趋于稳定，由于平面上水驱速度存在差异，导致不同注水井的注入水到达采油井存在一定时间差。当新增注水见效方向时，油井动液面上升，对应生产压差减小，原有受效方向受到一定抑制，而且新的见效方向由于处于刚突破状态，对油井贡献的液量中油占主要部分。从纵向上看，由于油井见效后经过提液试采，生产压差增大，剖面矛盾得到一定缓解，原来不出的低渗层得到启动，使得含水稳定。从含水上升率来看，含水上升阶段的阶段含水上升率为 19.7%，含水稳定阶段的阶段含水上升率为 -1.2%。

2. 压力保持程度高

吉 008 试验区原始地层压力 17.1MPa，从每半年一次复压测试资料来看，从 2011 年下半年到 2013 年上半年，油井地层压力分别为 2011 年下半年的 19.9MPa、2012 年上半年的 19.9MPa、2012 年下半年的 20.4MPa 和 2013 年上半年的 20.5MPa，压力保持程度为 119%。

从油井沉没度来看，注水见效前油井沉没度为 49~394m，平均为 172m，注水见效后油井沉没度为 86~1396m，平均为 589m，沉没度平均上升 417m（表 2-27）。

表 2-27 吉 008 试验区梧桐沟组 $P_3wt_2^{2-3}$ 油藏油井注水见效前后沉没度对比表

井号	注水见效前				注水见效后				沉没度变化（m）
	日产液（t）	日产油（t）	含水（%）	沉没度（m）	日产液（t）	日产油（t）	含水（%）	沉没度（m）	
J1362	3.4	3.2	6	49	4.7	3.1	33	306	257
J1364	2.3	2.2	5	80	2.3	0.7	68	267	187
J1383	9.6	9.3	3	394	2.1	0.1	94	1396	1002
J1401	5.5	5	9		4.6	3.1	33		
J1402	5.2	5	5	192	4.3	2.7	37	1395	1203
J1404	9.2	8.6	7	93	12.8	8.3	35	299	206
J1405	2.1	2	6	49	1.8	1.5	16	195	146
J1423	2.1	2	5	60	3.3	2	39	271	211
J1424	3.8	3.6	5	185	7.8	1.7	78	291	106
J1442	1.9	1.8	5	71	2.3	1.4	40	86	15
J1444	2.8	2.7	3	349	2.1	1.6	29	1042	693
吉 008	7.5	6.9	8	372	10	6	85	936	564
平均	4.6	4.4	6	172	4.8	2.7	45	589	417

　　吉 006 断块同步注水开发，累计注采比为 0.8。2013 年上半年，吉 006 断块共取得油井地层压力资料 14 井次，从地层压力资料上看，目前地层压力为 19.3MPa，压力保持程度为 97.0%，其中 $P_3wt_2^{2-1}$ 和 $P_3wt_2^{2-3}$ 油藏压力保持程度分别为 94.4%、97.5%，$P_3wt_1^1$ 和 $P_3wt_1^2$ 油藏压力保持程度均为 98.5%（表 2-28）。

表 2-28 吉 006 断块梧桐沟组油藏地层压力保持程度统计表

层位	原始地层压力（MPa）	总井数（口）	测试井数（口）	测试比例（%）	目前地层压力（MPa）	压力保持程度（MPa）
$P_3wt_2^{2-1}$	19.7	19	5	26.3	18.6	94.4
$P_3wt_2^{2-3}$	20.0	23	5	21.7	19.5	97.5
$P_3wt_1^1$	20.1	3	2	66.7	19.8	98.5
$P_3wt_1^2$	19.6	13	2	15.4	19.3	98.5
全区	19.9	58.0	14.0	24.1	19.3	97.0

3. 剖面动用程度高

　　从历年的产吸剖面来看，动用程度均较高。吉 008 试验区平均厚度动用程度从 2011 年的 70.9% 上升至 2013 年的 75.0%，其中吸水剖面厚度动用程度从 2011 年的 67.4% 上升到 2013 年的 73.4%，产液剖面厚度动用程度为 78.2%；吉 006 断块平均厚度动用程度从 2012 年的 63.2% 上升到 2013 年的 73.7%，其中吸水剖面厚度动用程度从 2012 年的 58.8% 上升到 2013 年的 71.2%，产液剖面厚度动用程度从 2012 年的 75.9% 上升到 2013 年的 85.0%。

4. 平面见效方向多，注水利用率高

　　吉 008 试验区在含水 30% 左右开展了示踪剂监测，从井间示踪剂监测结果来看，12 口采油井中有 10 口采油井见到注入示踪剂，占油井总数的 83.3%，从见剂方向来看，单

向见剂井数 3 口，占比 25.0%，双向见剂井数 5 口，占比 41.0%，三向见剂井数 2 口，占比 17%，未见剂井 2 口，占比 17%（表 2-29）。

表 2-29　吉 008 试验区梧桐沟组 $P_3wt_2{}^{2-3}$ 油藏示踪剂见剂方向分类表

见剂方向（个）	井数（口）	井号	比例（%）
单向	3	J1383、J1424、J1442	25
双向	5	J1362、J1364、J1423、J1424、J1444	41
三向	2	J1404、吉 008	17
未见剂	2	J1401、J1405	17

7 井组示踪剂单井回采率介于 0.0012%~0.0413%，平均单井回采率为 0.0130%，井组累计回采率介于 0.0100%~0.1059%，平均累计回采率为 0.0445%（表 2-30），单井回采率和井组累计回采率均相对较低，说明绝大部分示踪剂随注入水有效驱油，并未通过主流通道大量产出，表明注水利用率较高，无效或低效循环水量较少。

表 2-30　吉 008 试验区梧桐沟组 $P_3wt_2{}^{2-3}$ 油藏各井组示踪剂回采率表

井组	井号	单井回采率（%）	累计回采率（%）	级差	突进系数	变异系数	评价结果
J1363	J1362	0.0148	0.1059	7.78	2.02	0.58	差异较大
	J1364	0.0150					
	J1383	0.0046					
	吉 008	0.0256					
	J1402	0.0357					
	J1404	0.0103					
J1382	J1362	0.0025	0.0126	3.06	1.81	0.58	差异较大
	J1402	0.0025					
	吉 008	0.0076					
J1385	J1364	0.0085	0.0652	9.46	2.45	0.86	差异较大
	吉 008	0.0399					
	J1404	0.0125					
	J1424	0.0042					
J1403	J1404	0.0018	0.0100	3.79	1.88	0.53	差异中等
	J1423	0.0012					
	J1424	0.0023					
	吉 008	0.0047					
J1422	J1402	0.0229	0.0317	2.60	1.44	0.44	差异较小
	J1442	0.0088					
J1425	J1404	0.0170	0.0209	4.32	1.62	0.62	差异较大
	J1444	0.0039					
J1443	J1444	0.0023	0.0655	18.35	1.90	0.73	差异较大
	J1423	0.0413					
	J1402	0.0217					

5. 见效后液量、油量稳中有升，递减减小

选取吉 7 井区未注水且生产时间超过 1 年的 5 口老井（J1010 井、J1011 井、J1014 井、吉 002 井、吉 006 井）进行对比分析，从开采曲线可以看出，衰竭式生产，油井产量递减快，月递减率为 9.2%，年水平自然递减为 37.5%。

从吉 008 试验区综合开采曲线可以看出，注水开发 27 个月，第 1~6 个月，由于油井处于陆续新投阶段，日产油量呈上升趋势，第 5 个月油井普遍见水，并出现快速上升趋势，第 6~11 个月，油井液量下降、含水快速上升至 44%，油量下降，平均月递减率为 9.3%，折算年递减率为 43.2%。第 12 个月，油井见到注水效果，液量上升，含水稳中有降，油量上升，年水平自然递减率为 -12.3%，注水见到明显效果。

从吉 006 断块 $P_3wt_2^{2-3}$ 油藏综合开采曲线可以看出，注水见效前，产液量、产油量下降，含水略有上升，年水平自然递减为 40.0%，阶段含水上升率为 12%；注水见效后，产液量、产油量稳中有升，含水略有上升，年水平自然递减为 -4.8%，阶段含水上升率为 11%，注水初见成效。

6. 预测采收率较高

从含水率与采出程度关系曲线来看，吉 006 断块 $P_3wt_2^{2-3}$ 油藏实际曲线运行在 22%~25% 之间，预测吉 006 断块 $P_3wt_2^{2-3}$ 油藏水驱采收率可达 22%。从吉 008 试验区数模预测结果来看，吉 008 试验区预测水驱采收率为 13.4%。后期可通过分注、调剖、调驱等手段改善平、剖面矛盾，提高动用程度及波及体积，水驱采收率仍有提高的空间。

通过综合评价吉 7 井区吉 008 试验区、吉 006 断块注水开发效果可以得到以下认识：

（1）同步注水有利于保持地层能量，减缓递减，吉 008 试验区压力保持程度为 119%，吉 006 断块压力保持程度为 97%；

（2）平面上见效方向多，纵向上剖面动用程度在 75% 左右，注水利用率高；

（3）从吉 008 试验区目前的生产效果分析，对该区地面原油黏度为 2000mPa·s 左右的区域采取常规注水开发可获得较好的效果。

综上所述，吉 7 井区块梧桐沟组油藏注水开发是可行的。

第三章　稠油油藏注水开发乳化驱油理论

随着全球常规石油储量的减少，非常规油气资源已成为满足世界能源需求的替代方法之一。这些非常规资源可能以重油。沥青或油砂储层的形式出现。热采 EOR 技术在稠油开采中取得了良好的效果，但由于热损失巨大，薄油层、深油层等不利条件使其无法应用。目前开展的注水开发由于油水黏度差异大，导致黏性指进、早期见水，超过见水点后油产量急剧减少。而多个现场注水开发稠油的先导试验表明，乳化是稠油开采过程中提高采收率的关键因素。

稠油在开采之前与地下水并不形成乳化原油，而是在外部机械作用下（开采和泵送中）形成了 W/O 型乳化原油，有时还会产生 O/W/O 型的情况，而且这种乳化原油是相当稳定的，尤其是稠油的沥青质、胶质含量比较高时，使乳化原油更加稳定，因为沥青质、胶质以及油中微细固体颗粒都是天然的乳化剂，这些乳化剂吸附在油水界面膜上，使膜的强度提高，从而增加乳化原油的稳定性。早在 1976 年 Johnson 就提出无论是就地将原油乳化形成乳状液还是外部注入乳状液都可以有效提高驱替液的波及系数，从而可以用于开发黏度较大的稠油。现场应用中迫切需要进一步提高这一类水驱稠油油藏的采收率。本章就国内外原油乳化研究现状、注水微乳液微观驱油机理及渗流实验、各种油水乳状液提高采收率方法进行介绍。

第一节　国内外原油乳化研究现状

近年来，人们对研究稠油驱油机理的兴趣日益浓厚，通过对孔隙尺度级驱替来评估这些方法的性能。地下的油层中储存着油、气、水，在油气开采的过程中，地下油水在一定的流速下同时流动，可以自然形成乳状液（emulsion）。为了提高采收率，人们向地下注入一些化学剂，化学剂与油水相遇，也可以形成乳状液。乳状液在多孔介质中的流动是相当复杂的，其一是因为乳状液本身是一种不稳定的复杂的流体，其二是多孔介质又是一种具有复杂几何结构的介质，所以研究乳状液的渗流是一项具有挑战性的工作。近年来，为了了解乳状液的渗流特征，国内外学者进行了一系列的研究。研究的焦点集中在乳状液通过多孔介质时流变性的变化，即流动特点是牛顿型的还是非牛顿型，影响流变的因素，诸如乳化量、分散相液滴的直径、孔隙结构、运动速度等也都是研究的关键。

乳状液的形成被许多作者报道（Johnson，1976；Kumar 等，2012；Pei 等，2012）。表面活性剂溶液以水包油乳液的形式乳化油，从而堵塞孔喉，将表面活性剂转移到未浸润的区域（乳化和截留）（Bryan、Kantzas，2009），或者易于与表面活性剂流一起生产（乳化和夹带）。由于与重油本身相比黏度较低（Lui 等，2006）。核磁共振数据的低场 NMR

解释表明，由于含水率降低，通过形成水包油或油包水乳状液形成的夹带更有效（Bryan、Kantzas，2009）。这些观察都是在线性岩心驱替系统中进行的，该系统的流动路径有限，使得这种二维系统中观察到采收率偏乐观（Bryan 等，2013）。

一、乳状液的定义

乳状液是一种多相分散体系，它是一种液体以极小的液滴形式分散在另一种与其不相混溶的液体中所构成的，分散相粒子直径一般在 0.1~50μm 之间。一般都是乳白色、不透明的体系，属于热力学不稳定的多相分散体系，有一定的动力稳定性，在界面电性质和聚结不稳定性等方面与胶体分散体系极为相似。在乳状液中一切不溶于水的有机液体（如苯、原油等）统称为"油"。乳状液可分为两大类，油/水（O/W）型即水包油型，分散相为油，分散介质为水。水/油（W/O）型即油包水型，分散相为水，分散介质为油。

二、乳状液的流变性

流变性质指物质在外力作用下的变形和流动的性质。黏度即为流变性质。黏度就是性质黏稠的程度，它表示流体在流动时内摩擦的大小。因为流动时在液体内形成速度梯度，故产生流动阻力，反映此阻力大小的切力和切变速度有关。实验证明，纯液体和大多数低分子溶液在层流条件下的切应力与切变速度成正比，即：

$$\tau = \eta \frac{\mathrm{d}y}{\mathrm{d}x} = \eta\gamma \qquad (3\text{-}1)$$

式（3-1）就是著名的牛顿公式。式中的比例常数 η 称为液体的黏度，τ 为切应力，$\frac{\mathrm{d}y}{\mathrm{d}x}$ 和 γ 为切变速度。凡符合牛顿公式的流体称为牛顿流体，反之则称为非牛顿流体。非牛顿流体的切应力与剪切速率间无正比关系。

牛顿流体：以切变速度与切应力 τ 作图，可得流变曲线，它表示了体系的流变特性。牛顿流体的 γ—τ 关系为直线，且通过原点。即在任意小的外力作用下，液体就能发生流动。

塑性体：塑性体也称宾汉体，大致说其流变曲线也是直线，但不经过原点，而是与切力轴交在 τ_y 处。这类流体，当外加切应力较小时它不流动，只发生弹性变性，而一旦切应力超过某一限度时，体系的变形就是永久的，表现出可塑性，故称其为塑性体。使塑性体开始流动所需加的临界切应力，即为屈服值。塑性体流变曲线的直线部分可表示为：

$$\tau - \tau_y = \eta_{塑}\gamma \qquad (\tau > \tau_y) \qquad (3\text{-}2)$$

对于塑性体流变曲线的解释是，当悬浮液浓度达到质点相互接触时，就形成三维空间结构，τ_y 就是此结构强弱的反映。只有当外加切应力超过 τ_y 后，才能拆散结构使体系流动。所以 τ_y 相当于使液体开始流动所必须多消耗的力。由于结构的拆散和重新形成总是同时发生的，所以在流动中，可以达到拆散速度等于恢复速度的平衡态，即总的来看结构拆散的平均程度保持不变，因此体系有一个近似的稳定的塑性黏度。

假塑体：假塑体无屈服值，其流变曲线通过原点，表观黏度随切力增加而下降，也即搅得越快，显得越稀。其流变曲线为一凹向切力轴的曲线。假塑体也是一种常见的非牛顿流体。大多数高分子溶液和乳状液都属于此类。对于这种流体，其 γ—τ 关系可用指数定律或称幂律模型表示：

$$\tau = K\gamma^n \tag{3-3}$$

对于一定性质的流体，在一定的流速范围内，K 和 n 都为一定值，是与液体性质有的关的经验常数，K 是液体稠度的量度，K 越大，液体越黏稠，n 小于 1，为假塑体。n 是非牛顿的量度。n 与 1 相差越多，则非牛顿行为越显著。假塑体的形成原因有二，首先这类体系倘若有结构也必然很弱，故 τ_y 几乎为 0。在流动中结构不易恢复，故表观黏度总是随切速增加而减小。另外这类体系也可能无结构，表观黏度的减小是不对称质点在速度梯度场中定向的结果。

胀流体或剪切增稠：胀流体的流变曲线也通过原点，但与假塑体相反，其流变曲线为一凸向切力轴的曲线。胀流体的表观黏度随切速增加而变大，也就是说，这类体系搅得越快，显得越稠。胀流体的流变特征也可以用幂律模型描述，即 $n > 1$ 时的情景。凡流变性符合式（3-3）的流体又称为幂律流体。对式（3-3）取对数后得：

$$\lg\tau = \lg K + n\lg\gamma \tag{3-4}$$

在双对数坐标系中，式（3-4）为一截距等于 $\lg K$，斜率为 n 的直线。

影响油 / 水乳状液流变性的因素很多，如乳化量、分散相液滴的大小、表面活性剂的性质及浓度、搅拌条件等。分散相的体积分数大于 40%，表现为假塑性或剪切变稀性，即表观黏度随着剪切速率的增加而降低，在剪切速率与剪切力的双对数图上表现为斜率不等于 1 的直线，且随着体积分数的增加，斜率偏离增大。而分散相的体积分数小于 40% 则表现为牛顿型，剪切速率与剪切力为一条斜率为 1 的直线。

三、乳状液渗流研究现状

从文献调研来看，有关乳状液渗流特征的认识是建立在岩心流动实验的基础上。McAuiffe（1973）用砂岩岩心进行水包油乳状液流动实验，通过实验得出，水包油乳状液可以有效地降低岩石的渗透率，特别是当乳状液中的分散相液滴大于孔喉平均直径时，效果很明显。H.Soo 和 C.J.Radke（1984）提出，油 / 水乳状液中分散相液滴就像固体颗粒一样，可以被卡在孔喉处，因而引起渗透率的降低。提出不仅大液滴的油 / 水乳状液可以堵塞孔喉，小于孔喉直径的乳状液的小液滴也可以引起堵塞。Kokal 提出可以将水包油乳状液的流动与油和水两相同时在多孔介质中的流动进行比较。当油和水同在孔隙介质中流动时，油以细小的分散相存在于水中，油和水同时占据相同的流动通道。在正常的油水流动中，油滴很大时就会被小喉道卡住。因此在水包油乳状液流动中，油滴通过比它小的孔喉时也会受阻。油 / 水乳状液通过多孔介质时会引起渗透率降低已被室内实验和现场应用得到证实（L.Romero，J.L.Zrtitt，A.Marin，1996），乳状液的这种堵塞机理可以改变注水井的注水剖面，封堵高渗层，提高驱油效率和采收率。

一些研究表明，乳状液通过多孔介质的渗流可以表现为牛顿型，也可以表现为非牛顿型，其流变性取决于乳状液的组成成分、分散相占乳状液的体积分数（即乳化量）、分散相液滴的大小、表面活性剂类型等。通常认为乳化量（油）小于 50% 的乳状液是牛顿型，而将乳化量大于 50% 的认为是非牛顿型。但也有人提出，以乳化量 33% 为界，小于该值的乳状液其流变性为牛顿型，大于该值的乳状液为非牛顿型。因此仅用乳化量判断流变性是不够的，应该考虑分散相液滴的大小等因素。乳状液在多孔介质中的流变性与通过多孔介质前用黏度计测得的流变性基本一致，只是剪切速率随剪切力的变化速率有所差异，变化的机理仍不十分明确。

目前，认为油/水乳状液在多孔介质中流动时可以降低岩心的渗透率，主要是乳状液液滴堵塞于孔隙中引起。油/水乳状液分散相液滴卡在孔隙中的机理主要有：（1）大液滴卡在小于自身直径的孔隙中，也称变形捕获（straining capture）；（2）液滴直径小于孔喉直径的滞留在砂粒表面上，也称拦截捕获（interception capture）或机械滞留（mechanical retention）；（3）液滴聚并（droplets coalescence）。

虽然乳状液渗流研究取得了一些成果，但是在一些方面的研究仍很少，诸如油/水乳状液分散相液滴在孔隙中如何运动，流入与流出的乳状液液滴有无变化，变化规律是什么，液滴卡住后如何变形，堵塞如何解开等问题的研究仍很薄弱。

为了理解乳状液在孔隙介质的渗流规律以及乳状液通过孔隙介质提高原油采收率的机理，许多学者进行了大量的研究，发现无论是就地将原油乳化形成乳状液还是外部注入乳状液都可以有效提高原油采收率，现将研究成果总结如下。

Cartmill 为了研究乳状液在地下岩石中渗流的情况，用稳定的水包油乳状液进行了一系列的实验。他发现在孔隙介质中，非均质性较强的地方，乳化液滴被大量捕集；而且在渗透率比较低的区域前端，乳化液滴的捕集量较大，使孔隙介质的渗透率降低了。Cartmill 分析认为孔隙介质渗透率下降是由毛管阻力和静电引力而引起的。

McAuliffe 在实验室研究了乳状液在孔隙介质中渗流的情况。实验结果表明，水包油乳状液可以堵塞大孔道，使流体渗入小孔道，提高波及体积，从而提高采收率。实验中他用碱水配制了乳状液，形成的乳状液其粒径大小各不相同。岩心注入乳状液后，渗透率降低，降低的程度和乳状液液滴大小与砂岩初始渗透率的比值有关。并且，当孔隙介质中注入乳状液后，再次测量岩心的渗透率，岩心渗透率保持降低以后的值不变。他用水包油乳状液对于一系列具有不同渗透率的岩心进行实验，结果发现具有高渗透率的岩心其渗透率降低得严重，而且低渗透率岩心的渗透率降低较小。在乳状液渗流实验中，他观察到水包油乳状液能更有效地驱替岩心中的原油。他假设，如果注入岩心中的乳状液可以首先进入岩心的渗透率较大的区域，那么乳状液会在岩心渗透率较大的区域中限制水的流动，这样会导致驱替流体被迫流入岩心渗透率较小的区域，这样就有了提高波及体积的效果。建议为了能有效地提高乳状液的波及体积，所用乳状液液滴大小应该稍大于岩心孔隙喉道的大小。乳状液中的液滴一旦被卡堵在孔隙喉道中，只有在较大的压力作用下，才能使之克服毛管阻力而通过孔喉。根据假设，进行了提高采收率的现场驱油实验。结果显示，注入水包油乳状液以后，从注入井到产出井之间高渗区域被油滴堵塞，使得油藏的非均质性得到改善，水油比降低，注入水的波及体积大幅度提高，采收率明显上升。

FarouqAli 等研究了水的 pH 值对于形成乳状液的类型的影响。他们分别用低 pH 值（pH=2）和高 pH 值（pH=10）的水制备出了稳定的油包水乳状液和水包油乳状液。在岩心驱替实验中，通过注入这些乳状液来驱替稠油。将实验结果与酸驱、碱驱进行了对比，发现乳状液驱替具有更高的采收率。另外，实验发现油包水乳状液的驱油效果比水包油乳状液要好。D'Elia-S 和 Ferrer-G 也报道了类似的通过调整 pH 值来产生稳定乳状液的结论。在他们的研究中，稳定的油包水乳状液是通过混合重油、成品油和低 pH 值的水制成的，并没有使用任何商业表面活性剂。成品油的加入只是简单地为了降低混合物的黏度。之后该乳状液被注入岩心以驱替稠油，结果表明采收率高达 75%。

Radke 和 Sometro 建议在碱水驱过程中可以采用乳状液代替聚合物来改善流度比。他们指出，用乳状液提高采收率的优势在于其对于温度和碱的浓度不敏感，而且从现场施工成本方面考虑，相较于聚合物，乳状液的成本较低，因为乳状液容易在具有一定酸值的原油中形成。同时他们还进行了乳状液在均质岩心和非均质岩心中的驱油实验，实验结果表明乳状液可以有效提高原油采油率。

Soo 和 Radke 研究了稳定的水包油乳状液在孔隙介质中的流动机理和规律。他们指出，稳定的水包油乳状液在孔隙介质中的渗流不同于一般的连续单相黏性液体的流动，它是遵从分散相乳化液滴在孔隙介质中被捕集的机理。这种乳化捕集的机理是和传统的深层过滤过程类似。他们解释说，乳状液的注入会降低孔隙介质的渗透率，因为乳化液滴会被堵在孔隙介质细小的孔喉中，滞留的乳化液滴会卡堵在比自身小的孔隙介质的孔隙中，这被称为卡堵捕集。并且捕集还发生在孔隙介质的表面以及凹坑或狭窄的孔隙之中，这被称之为附着捕集。他们得出的结论表明孔隙介质渗透率的下降由两个因素来控制：滞留乳化液滴的体积以及这些乳化液滴限制液体流动的有效性。随着乳状液中的乳化液滴粒径的增大，乳化液滴的滞留量也随之增加，因为较大的乳化液滴具有较大的捕集概率。然而在同样体积滞留的情况下，较小的乳化液滴能够更有效地限制流体流动。

王凤琴在国内首先对从外部注入乳状液提高油田采收率方面做了比较系统全面的研究，通过实验发现了乳状液在多孔介质中流动时，乳状液自身的性能会发生变化，表现出非常明显的不均一性，同时提出乳状液封堵高渗孔道的三种机理。对于乳状液提高采收率的机理做了总结，认为乳状液的封堵作用及较强的洗油能力是其能提高采收率的关键。这些观点与李刚、匡佩琪等对于乳状液驱油的研究结果具有的相似之处。

Schmidt 等提出了用一种水包油乳状液进行驱替的采油过程。这种过程之所以能增加驱油效果，是通过乳化液滴的卡堵捕集来改善微观流度控制，或者通过局部渗透率的降低而产生的，并不是通过油水黏度比的改进而造成的。

Mendoza 等发现无论是对水包油乳状液还是对油包水乳状液，原油采收率都对注入速度比较敏感。驱替速度影响微观流度变化的程度，微观流度的变化依赖于乳化液滴的大小、乳状液的类型以及乳状液的流变行为。

Islam 和 FarouqAli（1987）研究了乳状液堵塞的机理以及它们控制流度的有效性。原油的最终采收率和油区厚度与水区厚度的比值有关。然而，对于高油水区渗透率比值的情况，原油的采收率与底水区厚度关系不大。对于高黏度的原油，靠乳状液驱油的方法和用常规水驱的方法得到原油采收率相比，驱油效率提高了很多。

Fiori 和 FarouqAli（1991）建议用溶剂来调整乳状液的性质来增加驱替效率和采收率。调整过的乳状液被注入岩心中，最终采收率可上升到70%。对于重油，水驱提高采收率较低以及用热采难以奏效的油层，仔细设计油包水型乳状液对于提高采收率是十分有效的。

产生乳状液不仅依靠表面活性剂，其他一些表面活性剂物质，如固体颗粒或原油中的极性组分（如沥青质、有机酸和碱等）同样可以产生相对稳定的乳状液。1999—2006年，Bragg 申请了纳米粒子被用作稳定剂以产生稳定的乳状液用于提高采收率的专利。在他们的专利中，亲水和亲油固体粒子被分别用来生成水包油乳状液和油包水乳状液。低黏度的水包油乳状液可以从地下油藏或原油输送管道中提高油的产出量。而高黏度的油包水乳状液可以用来作为驱替液将地层中的原油驱替出来，或者产生堵塞使得地层中的液流转向。在岩心驱替实验中，一种由亲油纳米粒子稳定的、包含58%水和42%稠油的油包水乳状液被用作驱替液以采出同类稠油，注入1PV后其采收率接近100%，近似为活塞式驱油。在 Bragg 专利的基础上，Kaminsky 等在实验室评价和油藏模拟之后进行了一个成功的油包水乳状液开采稠油的现场试验。最近 Fu 和 Mamora 提出利用使用过的机器润滑油作为替代品来生产油包水乳状液以提高稠油采收率。由于存在天然的烟尘粒子、较低的界面张力和较高的酸度，用过的机器润滑油能很容易和水形成油包水乳状液。含水量为 50%~60% 的油包水乳状液的黏度可达几百到几千毫帕秒，使其成为驱替具有相似黏度稠油很好的驱替液替代品。

第二节　稠油注水微观驱油机理

本节调研外文文献对水湿微观模型的渗吸机理的研究，以及时间、黏度比和注水率对渗吸速率的影响。

一、实验过程

相关文献中使用的原油来自 Court pool（萨斯喀彻温省中西部）。通过混合原油和石脑油制备了 11 种模型油。原油的质量分数从 0 到 100% 不等。油样的黏度在 1.4~2830.2mPa·s 的范围内，密度在 0.7958~0.9675g/cm³ 的范围内，均在 23℃ 下测量。制备了 3 种水样：蒸馏水、NaCl（2%）溶液、CaCl$_2$（2%）和 NaCl（2%）溶液。水样的黏度分别为 0.9mPa·s、0.9mPa·s 和 1.0mPa·s。测量了油—水—水湿玻璃体系的接触角和不同油水体系的界面张力。结果表明，不同油水体系的数值相近。这表明，对于该油水体系，不同盐度或二价阳离子的存在与流体 IFT 值或岩石润湿性的可能变化没有明显的关系。最后，根据黏度比，选择黏度分别为 10.0mPa·s、85.8mPa·s 和 505.0mPa·s 的 3 个油样用于本实验中。选用蒸馏水作为水相。水相的颜色采用水溶性染料：亚甲基蓝，染成蓝色。本研究中忽略了染料对实验体系的界面特性和润湿性的影响。选取的样品确定油对水的黏度比分别为 11.1、95.3 和 561.1。所有测量和试验均在室温 23℃ 下进行。

研究中使用的透明微模型是由蚀刻玻璃制成，并作为多孔介质。该微模型的模式由孔体、孔喉和固体基质组成。微模型的多孔区域长 23.0cm、宽 7.1cm。微模型的一个孔隙体积为 0.822cm³。每次实验前，微模型都要经过特殊程序处理，使其具有强烈的水湿性。首先，用甲苯、丙酮和蒸馏水对微模型进行清洗。然后，用盐酸溶液（体积分数 15%）处理，包括在该溶液中浸泡至少 2 小时。然后，用蒸馏水和丙酮冲洗，然后将其抽空。最后，在 150℃ 的烘箱中加热至少 1 小时。

在试验开始时，首先用蒸馏水对处理过的微模型进行真空饱和。然后将选定的油样以低速 100μL/h 注入微模型中，直到达到不可还原的水饱和度。其次，微模型被允许沉淀一天。随后，使用注射泵将蓝色的水注入微模型中，开始进行注水。泵的注入速度可以调整为恒定或可变。监测微模型进口和出口之间的压差。由于微模型比较脆弱，因此压差保持在 2.7kPa 以下（压力梯度 <38kPa/m）。

二、时间和原油黏度的影响

图 3-1 显示了采收率和时间平方根之间的相关性。图中的所有曲线，注水速度为 10μL/h（前缘速度为 0.0672m/d），只有针对突破后的数据进行比较，每条采收率曲线相对于时间的平方根是线性的（在实验误差内）。自吸速率与采收率的导数成正比，也与时

间平方根的倒数成正比。这证实了水突破后，在低注水速度下的产油量主要是由于自吸作用。

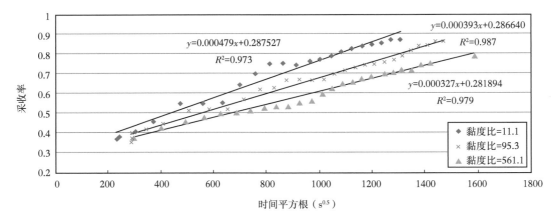

图 3-1　采收率与时间的平方根关系图

当使用与采收率和时间平方根有关的一阶方程时，截距 b 对于实验用的三种油黏度都非常相似。斜率衡量得是突破后产油量随时间的变化。图 3-2 绘制了斜率与原油黏度的关系图，表明斜率随着原油黏度的增加而减小。换句话说，当对黏度较高的原油进行注水开发时，在相同的速度下，注入单位孔隙体积的水对应产油量会减少（即在含水率较高的情况下产出流体）。图 3-2 可能指示了可注水的流体黏度的潜在上限。但是，从图中可以明显看出，斜率与原油黏度之间的关系是非线性的。当黏度增加 50 倍（11~561mPa·s）时，斜率只下降了 1.5 倍。因此，在突破后的原油生产中，原油采收率与系统中的黏性力（原油黏度）没有直接关系。

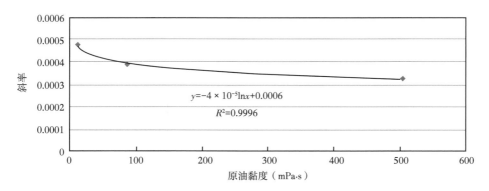

图 3-2　图 3-1 中每条曲线的斜率关系图

在以前的研究中，黏度比对裂缝储层中自吸的影响有一些研究。用一些不同的相关性结合油水的黏度来评价它们对自吸的影响，这些相关性表明，自吸速率与油和水的黏度之间有一定的关系。图 3-3 显示了不同情况下获得一定采收率所需时间（注入的 PV数）。对应的注水速率为 10μL/h。表明，采收率低于 0.7 时，原油黏度与自吸所需时间之间存在确定的关系。该实验表明，渗透率随原油的黏度变化而变化，而这种关系与黏度是非线性的。

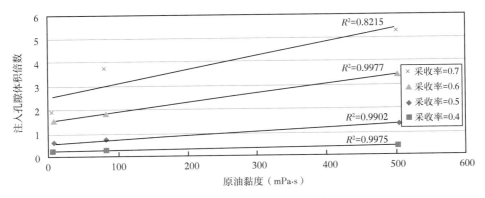

图 3-3　自吸时间与油黏度关系

三、注水速度的影响

在调研的这项水驱稠油实验研究中，设定 10μL/h、100μL/h、500μL/h 和 1000μL/h 为注水速度（折算流速分别为 0.0672m/d、0.672m/d、3.36m/d 和 6.72m/d）。相应的毛管数分别为 $3.05×10^{-8}$、$3.05×10^{-7}$、$1.52×10^{-6}$ 和 $3.05×10^{-6}$，说明至少在常规油气理解范围内，水驱处于毛管主导流动的机制。图 3-4 显示了同一油样在不同注水速率下的产油情况。在注入 6PV 的水后，较慢的注水速率导致油的采收率较高。值得注意的是，对于 10μL/h 的最低注入速率，采收率甚至超过了 0.8。图 3-4 绘制了注水孔隙体积倍数与原油采收率的关系。对于这种油水的黏度比，从 10 增加到 100μL/h（增加 10 倍）只是稍微降低了最终的可采油量。为了加快原油生产，选取中等速度可能仍然有利。

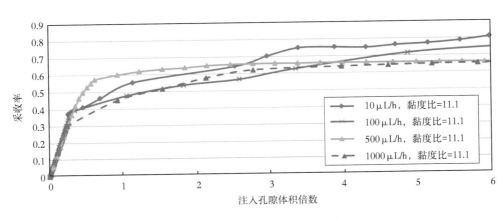

图 3-4　不同注水速率下的采收率

图 3-5 显示了较低注水速率时的结果。所有曲线上都有个平衡段，这在最低注入速率的情况下尤其明显。这些稳定期表明，采收率以阶梯方式增加，在高注入率下（图 3-4）采收率显得更加渐进。在水突破后，其斜率显著下降，表明大部分注入的水只是通过预先形成的水道损失了。这些曲线的表现与低注入率的曲线有很大不同。在非混相驱油体系中，毛管力始终存在。在低注水率下，时间尺度要长得多，毛管力的影响可能会变得更加显著，然而，低注水速率意味着较长的运行时间，这可能导致不具吸引力的经济效益。

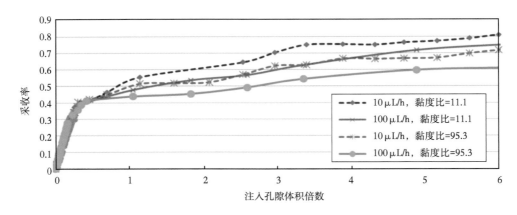

图 3-5　低注入速率的采收率曲线

在微观驱替实验过程中，必须保持低压降，以维持微模型的完整性。因此当压差超过上限设定值时，泵将停止。此时，系统将被关闭。直到压力下降，只有手动重新启动泵。关闭期间的生产响应如图 3-6 所示。五角星显示的是关闭期发生的时间。对于 1000μL/h 的情况，曲线上有一个水平台阶，表明封闭期很长。黏度比 95.3 的情况下，有 5 个闭合期才会出现水突破。黏度比为 561.1 时，在水突破前有 8 个短闭合期。这些时间段在曲线上并不清晰，因为它们只有几分钟的时间。在 1000μL/h 的情况下，在重新注入后就出现了大量的原油生产。对于另外 2 种情况，五角星后的增量采油量并不明显，因为闭合期非常短。图 3-6 中的虚线是在 1000μL/h 的情况下没有关闭期的采收率预测。如果预测值准确，那么由于停产而导致的增量采收率应该是 0.11。这表明，关井期可以显著提高原油采收率。这证明了在该水湿微观模型中液体的毛管重新分布。短暂的关闭时间不能提供足够的时间来进行任何重大的再循环。因此，毛管驱动的流体再分布的好处只在长时间关闭的油田中才能看到。图 3-6 描述了不同的油水黏度比，在不同注入速率下的原油增量。随着原油黏度的增加，这种重新分布的影响会减小。当注入速度足够低，毛管自吸作用就明显了。

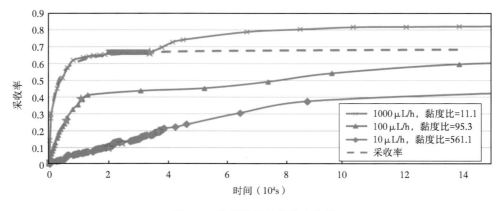

图 3-6　关闭期间的采收率曲线

图 3-7 显示了注入速率下降的三种情况生产响应。图中，原油黏度为 10.0mPa·s，五角星表示切换到 10μL/h 低速率的时间点。注入速率从 1000μL/h 降到 10μL/h 时，该

点为切换到低注入速率时，当关闭期结束后采收率骤然增加，此时注入速率降低了100倍，毛管力的影响变得更加明显。对于从100μL/h降到10μL/h和从500μL/h降到10μL/h的情况，每条曲线上都有一个以上的平台台阶，这意味着每种情况下有一个以上的采收率增加阶段。速率降低时间点和提高采收率的时间点之间有一个延迟，这意味着系统需要时间来做反应切换到低速率。与图3-6相比，在转为低速率的情况，生产响应意味着与关井期的趋势基本相同；本质上，下降注入速率使液体的毛管重新分布有了时间。

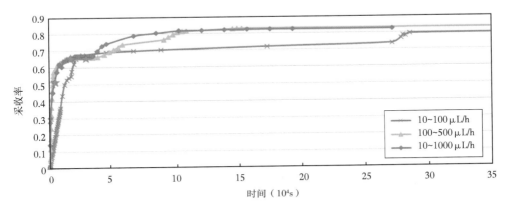

图 3-7　切换到低注入速率（黏度比为 11.1）后的生产响应

　　高注入率导致实际的采油时间短。但是，要想在突破后获得给定的最终采收率，需要大量的注入水。特别是在后期，注水过程表现得像水循环。低注入率可获得相对较高的驱油效率，但相应需要较长的生产时间。停产期和改用低注入率可以显著利于采油。重新注水或降低注入速率后，出现了采收率增加阶段。在关井期没有产油，切换到低注入速率后有很长的低产油期。所有的速率方案都有利有弊。为了获得较高的采收率和较好的经济性，应优化注水速率。

　　后续的自吸及包括自乳化驱油机理研究采用孔隙尺度可视化进一步观察。

四、自吸与自乳化驱油机理

　　孔隙级机制包括膜增厚、断裂、补油和乳化。在这样的孔隙级模型中观察到水突破前的水指进和水吸入。水突破后的自吸方向大致垂直于水通道。图3-8为突破时的油水分布图。该图中，油的黏度为85.8mPa·s，注水速率为10μL/h。红色区域被油占据，蓝色区域为水区域，蓝色阴影区域为水路。注入水很快就冲破了微观模型，留下了很大的未清洗区域，特别是在高注入速率和高黏度比的情况下，水指进现象会更加严重。与轻油油藏注水相比，稠油水驱突破时采出程度低。由于黏性指进控制了这一过程，通常忽略了水突破前的吸水作用，即使对于这种相对均匀的模型，这种现象在剩余油富集储层中也很明显。水已经通过阻力最小的路径往前突进，即使在驱扫区也留下了相对较高的比值。大面积的旁路区是后期自吸的主要目标。

　　图3-8的虚线矩形中所示的位置为图3-9，水突破后立即自吸的方向垂直于水道。水道已经从矩形的左侧移动到了区域的中心，水会移动到模型的顶部，并沿着顶部的一排孔隙找到一条路径。在黏性力的支配下，水会沿着这些相同的路径继续前进，也

许会沿着水道剥离原油。图 3-9 中，观察到水也已经远离了已形成的低阻力通路，并进入该模型的其他一些区域。这些区域以前不包括连续的水通道，可能是由于毛管的吸入。

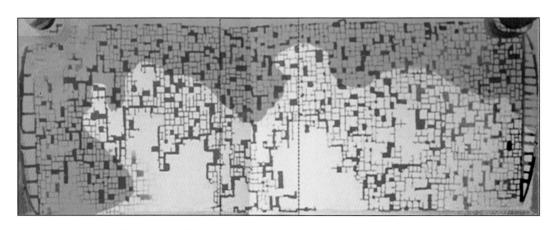

图 3-8　水指进示意图（黏度比为 95.3，注入速率为 10μL/h）

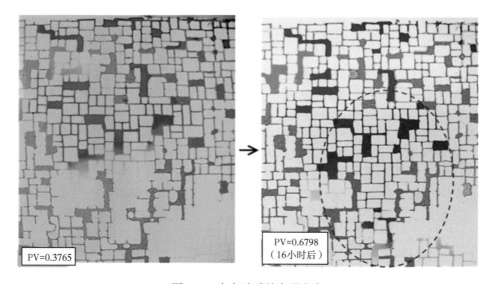

图 3-9　水突破后的自吸方向

　　图 3-10 是一系列图片，这些图片是从微模型的同一部位拍摄的。图中油的黏度为 85.8mPa·s，注水速率为 10μL/h。在实心圈出的对应区域，圆圈的左上方有一个大孔。在最初的注水过程中，包含了旁路的油。随着水膜的增厚，该孔隙内的含油饱和度也随之降低。在同一个圆圈里，左上方还有一个比较大的孔隙。在该孔隙中，水从一个小孔喉部流入其他孔喉部。然而，大部分的毛孔都被绕过去了。仅有接近水膜的壁作为水路。随着时间的推移，孔壁边缘的水膜似乎变得更厚，并且孔中的含油饱和度下降，这是通过水膜的增厚来产油。在实心圈定区域的底部，水膜增厚，然后水充满了底部孔隙的右侧，油被排出。然而，水在这个时候突然断开，留下一个被困住的单一油团。

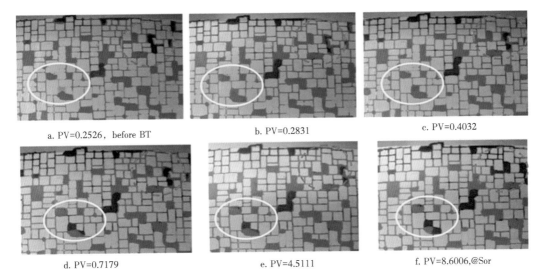

a. PV=0.2526，before BT   b. PV=0.2831   c. PV=0.4032

d. PV=0.7179   e. PV=4.5111   f. PV=8.6006,@Sor

图 3-10　水膜增厚、断裂和原油回灌的示意图（黏度比为 95.3，注入速率为 10μL/h）

在红色虚线圈出的区域，右侧有一个长长的孔洞。这个孔洞在水路上，因为它是在水突破时连接注入口和生产口的关键节点，在图 3-10a 中，该孔道几乎被水占据。然而，注入 0.2831PV 水（图 3-10b）后，原油流进了该孔隙，原油占据的面积增加。随着注入的继续（图 3-10c、d），当油从这些孔隙中被移出时，油量再次减少。随后（图 3-10e），油的面积再次增加了，图 3-10f 中减少到零。该孔中油的面积一遍又一遍先是减少，然后又增加。这就是油重新饱和或重新充满的过程。这些实验观察结果与之前 Dong 等的研究结果是一致的。他们指出，油补充的机制似乎对油开采很重要。水道中的阻力非常小，所以水驱在突破后趋向于循环。原油回灌可以增加水道中的阻力，从而阻止含水率的增加，有利于原油开采。

在稠油注水开发过程中会出现如图 3-11 所示的油包水乳状液。乳状液往往聚集在大孔中，尽管它们同时存在于大孔和小孔中。实际上，在这个实验研究中，每一个试验都有乳化现象发生。在一些试验中，乳化现象很严重。乳化的过程很复杂。需要进一步调查，以弄清乳化的机理及其对水驱性能的影响。Vittoratos 等在阿拉斯加稠油驱油中观察到了乳状液的存在，在对稠油驱油产出液体进行 NMR 研究时也观察到了 W/O 型乳状液，即使在没有添加表面活性剂的情况下，也会形成这些乳状液。这表明了这种置换的不稳定性，即使在浸润过程中，水也会强行进入一些大孔的中心，随后，油膜将封堵这些水，由于连续油相的黏度，乳液保持稳定。图 3-11b 示意性地表示了这些乳状液如何在注水过程中提高采收率。从理论上讲，乳状液比油本身的黏度更大，这可能会导致一些孔隙的堵塞，并使流体从波及带进一步重新分布。

图 3-12 显示了使用 Abrams 计算的毛管数。采收率增量和毛管数量之间的关系不是单调的。Mai 将这一现象归结为油黏度高，超出了 Abrams 所测的范围。图 3-12 中，只针对最低的原油黏度（10.0mPa·s）观察到采收率和毛管数之间的预期关系。而较高黏度的油，随着毛管数的增加（较高的速率），由于水的不利影响，油的采收率实际下降了。在这些系统中，只有当毛管数值较低的情况下才能看到提高的采收率，这表明毛管力有助于增油。因此，在稠油系统中，基于毛管数的方法来理解采收率应该集中在毛管力的好处上。

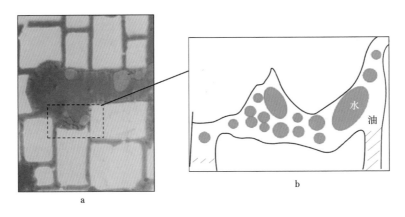

图 3-11　水 / 油型乳状液

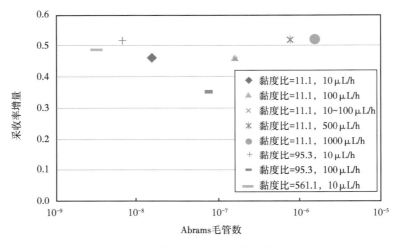

图 3-12　采收率增量与毛管数的关系

　　稠油注水时，由于水指进现象，水会迅速冲破微观模型。在水突破后，毛管力变大，应降低注水速度，以提高注水效率。注入速率对自吸速率的影响是复杂的。当注入速率较低时，水驱效率更高，大量的原油不连续产出，采收率呈阶梯式增加。关井期和转换到低注入速率有利于产油。在低速注水的情况下，水垂直于水道进入原油区域。

　　自吸作用的主要机理是水膜的增厚、断裂和油的回灌。每项实验中都存在乳化现象，有些试验中乳化现象严重。

　　原油采收率是黏性力与毛管力的函数，对不同黏度的原油存在着不同的趋势。当黏度比变得不利时，毛管力实际上有助于采油，而采油量与毛管数成反比。

　　稠油注水开发过程中必须要寻找采油速度与最终采收率的平衡。毛管力驱动的机制，如水膜增厚和油再灌注等，都是相对缓慢的过程，所以还应该研究原位乳化的影响。水突破后成功的关键是为了调动在水突破后仍能有效驱替周边原油，这可以通过乳化和自吸的某种组合以及其他改善策略来实现。研究者提出了循环注水开采的操作策略是，尽量在初始阶段通过低注水量获得较高采收率；此后将注水速率提高到较高的水平，但要低于岩石破裂极限；在含水率超标时逐渐降低注水量；反复增加和减少注水量；当含水很高时，关闭注水井。关井或降低注水率的原因是为自吸和流体再分配提供时间。这种策略可以实现高效注水和高采收率。

第三节　乳化液微观渗流实验

上述微观研究中观察到水驱稠油驱油机理之一是自乳化液及自吸作用。在此对乳状液的渗流进一步阐述。乳状液在多孔介质中流动时的流变特征及分散相液滴的运动特征是大多数学者的工作重点，但一般对乳状液的渗流过程观察和分析较少。多孔介质中乳状液的流动受很多因素影响。本节将描述乳状液的性质如稳定性、乳化量、液滴大小的分布、油水的界面性质及孔隙结构对乳状液在多孔介质中流动的影响。

一、乳状液稳定性

乳状液是热力学不稳定体系，有本能的趋向要分成两相。这种趋势是由于当某一相分散到另一相，表面积增加了，导致体系自由能的增加。任意一个油水系统，通过表面面积减少和分散相油滴的聚并都要减小这个自由能。但是，明显的能够稳定一段时间的乳状液可以用稳定剂或乳化剂达到。

从相关文献中看出，有关乳状液渗流的实验都是在饱和水或饱和盐水的岩心中进行，那么在这种条件下乳状液是否稳定就很难说了。配制的稳定的乳状液进入多孔介质后，与介质中的流体、固体等接触，会不会发生变化，如何变化，需要研究。

在这种实验中观察到，当乳状液进入模型后，由于模型中存在大量的水，乳状液和水发生反应，乳状液的连续相与水混合，此时乳状液尤其是乳状液前缘，已不是进入模型前稳定的乳状液，是稀释的乳状液，由于连续相浓度增加，导致乳状液分层，水夹带，着油滴进行流动，同时分散相液滴（油）则絮凝和聚并形成大的油滴，因此，在实验中可观察到油、水两相连续流、油滴分散在水中被水夹带流动、局部水驱油等流动现象，而不是单纯的乳状液的流动现象，所以为了更清楚地了解稳定乳状液的渗流，实验流程做了相应改变。这种不稳定的乳状液流动现象在 McAuliffe（1973）的实验中也表现出来，只是他们用肉眼无法看到而已。

从测量结果看，乳状液在多孔介质中的流动均降低了水相渗透率，乳状液滴直径大的乳状液降低渗透率的幅度更大一些。实际上，当 1μm 液滴的乳状液进入岩心流动时，乳状液就开始和水发生混合，并且破乳，产生一些大的液滴，正是这些大的液滴对渗透率的降低起到了至关重要的作用。乳状液稀释之后，乳状液的液滴分布已经和注入岩心之前的分布不同，很不稳定，有聚并和分层的现象，因此导致堵塞效果变差。单纯注乳状液进行流动实验，影响因素较为简单，乳状液的流动特征更为明显。因此在研究分析乳状液的渗流规律时，应该用乳状液直接饱和岩样进行流动实验。

二、乳化量

乳化量指分散相在乳状液中的体积分数。乳化量对流变性影响很大。有几项研究已报道了等温条件下不同乳化量的剪切速度与剪切力的关系。水包油乳状液乳化量小于 50% 时为牛顿流体，而乳化量更高时，则为非牛顿流体。

Uzoigwe 和 marsden 认为，对于稀的水包油乳状液，分散相液滴与液滴的排斥力大于吸引力，而对于高浓度的乳状液，排斥力降低，吸引力增大，导致絮凝及聚并。在低剪切速率下，这些聚集像一个大油滴，黏度较高。当剪切速率提高，聚集分解，黏度也下降，乳状液中分散相液滴聚并的解体导致了假塑性。相反，对于稳定的低乳化量的乳状液，颗粒远远地分开，乳状液对于网络的反映犹如连续相的牛顿流体，因此黏度不受剪切速率的控制。F.Khambharatuna 所用的乳状液的乳化量分别是 29%、55% 和 31%，通过多孔介质时的流变性均为非牛顿性。由此看来，乳化量对乳状液流变性的影响还值得做进一步的探讨。

　　一般水包油型乳状液在相当宽的剪切速率范围内具有幂律特性，属于剪切变稀型（Pilehvari A，1988；H.A.巴勒斯，1992；于大森，黄延章，陈权，1992；绳德强，1996）。关于乳状液流变机理的研究并不多见，于大森（1992）等曾利用流变镜观测了不同剪切速率下剪切场内不同位置处原油/水乳状液分散相的形态，经对比认为，当剪切速率较低时，乳状液分散相多聚集成大片团块状，这时乳状液具有较高的表观黏度，剪切速率增高时分散相聚集成的团块被解聚，这时乳状液的表观黏度下降。当剪切速率更大时，乳状液分散相在剪切场的作用下沿流线方向被拉长，呈条状向排列，乳状液滴在高剪切场中的这种形态与排列，势必使剪切流动过程中的能耗减小，内摩擦减小，表观黏度变小。

　　在用微观模型进行乳状液流动实验时，发现流速低时乳状液的分散相液滴浆在一起呈团块状，当流速增大时，团块解聚，成单个液滴，同时沿着流线呈现拉长状，与于大森在流变镜下观测的一样，所以这也就不难理解乳状液在多孔介质中流动时其流变性不会发生变化，与流变仪测的流变性质一样。

三、乳状液分散相液滴的大小

　　所有的乳状液都具有某一一平均值的分散相液滴大小的分布。液滴的平均大小和液滴的分布影响乳状液的流变性。乳状液的液滴大小和油的性质、盐的浓度、油水的表面性质、活性剂的性质、搅拌速度、多孔介质性质有密切关系。Mcauliffe 通过改变水相中 NaOH 的浓度研究水包油型液滴的分布及其大小的改变。NaOH 浓度较高时，产生出的液滴较小。搅拌速度高、搅拌时间长的乳状液比搅拌时间短、搅拌速度低的乳状液液滴小。乳状液的分散相液滴一方面影响乳状液在孔隙介质中的流动，另一方面也影响流变性。

　　Soo（1984）用不同液滴的乳状液在水湿的 ottawa 未固结砂中做了实验。结果表明小液滴的乳状液比大液滴的乳状液降低渗透率的幅度小。实验中所用的乳状液都是 0.5% 乳化量，乳状液的液滴直径分别为 2.1μm、3.1μm、4.5μm 和 6.1μm，岩样初始的渗透率 K 是 1170mD。小液滴的乳状液（如液滴直径为 2.1μm、3.1μm）进入多孔介质后，随着注入体积的增加，降低渗透率的作用越来越小，注入体积达到 0.05 倍孔隙体积的流体后，再继续注入，几乎对渗透率无影响。他提出，乳状液进入多孔介质后，一开始是被卡在较小的孔喉中，随着注入的增多，越来越多的小孔喉被卡住，出于流动不畅，后续进入的乳状液改动流向，进入大的孔隙。小液滴的乳状液对大孔喉的介质来说，不如大液滴的堵塞作用那么强，所以大液滴的乳状液，不仅堵塞了小液滴不能通过的孔喉，而且也堵塞小液滴能通过的大孔喉，因而大液滴的乳状液降低渗透率的能力强。

　　乳状液在渗流过程中，堵塞作用是绝对的，堵塞可以发生在任何直径小于液滴的孔隙处。一旦堵塞，整个堵塞孔喉中含有大大、小小的液滴都不会流动，不会有大液滴被卡住，小液滴继续流动的现象，后续进入的乳状液则寻找另外的通道。乳状液在孔隙中流动时，由于液滴大小的不同，它们的动能就不同，表现在流动速度上有所不同。所以在同一压降下，小液滴的动能小，流动速率较大，而大液滴的动能大，流动速率慢。因此在用达西公式计算渗透率时难免就会出现大液滴的乳状液比小液滴的乳状液降低渗透率的作用明显，因而也就不难解释 Soo 的实验结果。

四、多孔介质孔隙结构的影响

孔隙结构指岩石所具有的孔隙和喉道的几何形状、大小、分布及连通状况。由于孔隙结构对驱油效率、注水开发等有重要的影响，许多学者对此进行了大量的研究，在微观孔隙结构的形态研究方面提出许多微观孔隙结构非均质类型，如并联孔道、H 形孔道，大孔隙群包围小孔隙群及小孔隙群包围大孔隙群等对这些非均质孔隙类型。还有许多学者力求将孔隙结构的非均质性用数学表达式描述，以建立孔隙结构非均质性与驱油效率的相关关系，如利用毛管压力曲线取得各种参数以及由此派生出的一些参数，但它们也不能准确地表征具有实际意义的孔隙结构非均质程度，因此也还是采用显微镜下研究为主。

多孔介质孔隙结构对乳状液流动的影响在国内外文献中很少见到报道。有些学者从平均孔喉半径与乳状液分散相液滴的大小比值研究乳状液在多孔介质中的堵塞机理及其对流动的影响。不同的孔隙结构对乳状液的流变性是有影响的。实验中观察到，孔道的粗糙程度、沿流动方向孔道的方向变化对乳状液在孔道中的流动影响很大。孔道越粗糙，滞留在孔隙边缘的乳状液液滴越多，流速也越小，孔喉的配位数越大，流动越困难，流速越慢。

渗透率与多数孔隙结构参数如平均喉道半径、排驱压力等之间的正相关性都比较明显，故用渗透率探讨孔隙结构对乳状液流变性的影响可以说明一定问题。无论是在砂岩模型还是在光刻玻璃模型中，流变曲线互不平行，渗透率大的模型乳状液通过时其流变曲线的斜率小，而渗透率小的模型乳状液通过时流变曲线的斜率大。

在假塑体中，流变参数 n 的大小，反映了非牛顿性的强弱。n 与 1 相差越大，非牛顿性越强。流变参数变化的机理在于乳状液本身的结构及其在多孔介质中流动时的变化。实验中观察到，在高渗透率模型中，乳状液表现出较强的非牛顿性是出于在较高的流速下，乳状液滴成为不对称状，沿着流动方向被拉长并且在速度梯度场中定向排列，由此而导致了非牛顿性强的特点。在低渗透率模型中，由于流速仍然较慢，加之喉道狭窄，乳状液滴变形的空间有限，所以非牛顿性较弱。

微观模型驱油实验表明，水驱后进行乳状液驱油，可减少各类残余油饱和度。乳状液的堵塞作用可使绕流形成的残余油减少；通过侧向挤油或者"刮油"降低边缘及角隅残余油饱和度，可提高驱油效率。乳状液的驱油效果与乳状液流速、黏度、分散相浓度、表面张力、孔隙结构等有关。

第四节　油／水乳状液与提高采收率方法

微乳液超低界面张力驱是在水驱油机理研究的基础上于 20 世纪 70 年代发展起来的。出于水驱油总是存在油水界面张力，致使水不能完全排驱与其接触的油，为此，以降低界面张力为目的，曾研究过活性水驱，但界面张力降低有限，且活性剂吸附损失大，此法未得到矿场应用，被后期提出的胶束溶液所代替。胶束溶液具有两亲性质，可以消除与油和水的界面张力，但其活性剂用量大，成本高，矿场很难采用，因对其相态性质和排驱机理进行研究的基础上，进一步提出了微乳液驱油。微乳液的活性剂用量比胶束少，可以达到超低的界面张力条件。现在超低张力驱已成为一种最有效地提高采收率而费用相对较小的提高采收率技术。

随着提高采收率技术的发展，各种化学剂如碱、酸、表面活性剂、聚合物等越来越多地被注入地下油层，这些化学剂与地层中原油相遇，在一定条件下发生乳化，形成各种乳状液。室内及现场实践表明，乳状液在提高采收率技术方面发挥着越来越重要的作用。乳状液作为油气田开发过程中的堵水调剖堵剂已被人们所熟知。然而它能否作为驱油剂？驱油机理是什么？人们了解得并不多。通过微观模型的驱油实验，模拟和研究利用乳状液进行三次采油的过程，对乳状液的微观驱油机理进行有益探索，以期有助于采用化学方法大幅度提高采收率技术的研究和应用。

应用油/水乳状液改善水驱效果的想法早在30年前就提出了，相继通过室内实验和现场试验，证实了这种想法。Mcauliffe通过实验认为，采用水包油乳状液驱替比采用单一的水驱采油，驱油效率提高近10%。据Fiori和FarouqAli用油/水乳状液驱代替二次采油，采收率有很大的提高。Decket和Flock也发现，在气驱过程中注入一些乳状液段塞，可以改善气驱效率。孙仁远通过实验发现，对于高含水的油藏，水驱后再用超声乳状液进行驱替，采收率可提高11.9%。利用乳状液的物理堵塞作用而形成的稠化油选择性堵水技术已于20世纪90年代初期在我国辽河油田得到成功使用。根据大量的文献，在现有工艺技术及经济条件下，目前采用乳化溶剂提高原油采收率的方法和原理主要有：流度控制、减小原油黏度、原油就地乳化及减小油水间的界面张力，在不同的条件下这些因素相对重要性不同。

（1）流度控制。

渗透率与黏度之比称为流度，油水的流度之比称为流度比，流度比是影响水驱油过程、采收率的非常重要的参数，也是影响排驱过程中黏性指进和舌进的重要参数。高的纵向渗透率差和油水黏度差，即流度比大于1的情况下，就会出现严重的指进和舌进现象，出现绕流和前缘突破。前缘突破后，在生产井和注水井之间构成一条低阻抗的流道，水主要进入这一流道。若注水速度一定，必将降低其他层的注水量。这时，大部分水仅无效地穿过油层，而没有起到排驱剂的作用，在阻抗较高的油层内，尽管存在原始油带，但因进入该层的水减少，油的产出量也减少，结果油井产水率迅速上升。早期的专利和文献中将乳状液具有较高的黏度作为控制流度的重点，但是水包油乳状液的黏度与水相比意义不大。实际上，乳状液滴在孔隙中的堵塞作用或许是降低流度的一个重要机理。

（2）减小原油黏度。

注入的乳状液与原油接触时，乳状液可能变得不稳定并分层，从乳状液中分解出的溶剂直接与原油接触并很可能与原油混合，这将大大降低驱替前缘的原油黏度。

（3）就地乳化提高原油的流动性能。

原油在可动的表面活性剂溶剂中溶解并乳化，并基于该机理而可动。一般在较高的流速下才有可能乳化，因此在近井地带才可能发生。

（4）减小油水间的界面张力。

在驱替的流体中加入乳化剂，能够显著地减小油水间的界面张力。但是对于稠油，减小表面张力使驱替效率增加得很少。

第四章　吉 7 井区稠油自乳化驱油机理研究

吉 7 井区水驱稠油油藏平均渗透率为 85mD，渗透率变异系数为 0.6，温度为 55℃，地面原油黏度为 100.5~10027.0mPa·s，从常规认识考虑稠油水驱是不利的流度比，在吉 7 油藏条件下，水驱会产生严重的黏性指进或舌进，排驱前缘不稳定，波及效率低。但是从 2011 年 9 月至今，吉 7 稠油油藏生产井油水分流率稳定，驱油效率高，预计采收率将远高于其他同类注水开发稠油油藏。

通常注水开发普通稠油油藏的采收率比常规油田至少低 10%，针对目前吉 7 稠油油藏水驱开发效果，发现稠油与注入水形成就地乳状液使其具备一定的提高采收率作用，亟须开展稠油水驱机理的深入研究。

第一节　稠油自乳化基础实验研究

在两种互不相溶的液体中加入适当的乳化剂，通过搅拌，使一种液体以微粒状均匀分散于另一种液体中而形成高度分散乳状液的过程，简称乳化。除了外部的搅拌作用外，乳状液的形成还需要一定量的乳化剂，乳化剂在油水界面形成稳定的界面膜，以阻碍分散相的聚并，促使乳状液的形成。由于分散相的颗粒小，表面积大，分散相与分散介质之间存在着很大的相界面，系统的界面能也高，从热力学角度来看乳状液是不稳定的系统。乳状液的稳定可以理解为所配制的乳状液在一定条件和时期，不改变类型、不破坏。界面膜的稳定性，也就是乳状液的稳定性和许多因素有关，主要包括原油中的重质极性物质（沥青、胶质和蜡等）、固体物质（黏土、垢和腐蚀产物）、温度、液滴尺寸和分布、pH 值、盐水的组成等。

为了探明吉 7 油藏稠油乳化成因，这里分别从物理成因和化学成因两个方面入手，对影响乳液形成的各种因素进行分析，系统评价了各因素对乳化程度和稳定性、乳液类型、乳液液滴尺寸及分布和乳液黏度及流变性的影响，厘清了乳液形成和性质的主要影响因素。

一、吉 7 油藏流体特征

吉 7 油藏原油属于普通稠油，选取 J1423 井脱水脱气原油进行流变性测试，黏度—剪切速率及剪切力—剪切速率关系曲线如图 4-1 所示。J1423 井原油黏度随剪切速率增加变化不大，有小幅度下降。对剪切力—剪切速率关系曲线使用幂律模型进行回归，得到幂律指数为 0.98196，接近牛顿流体特性。同时由黏温关系曲线（图 4-2）可知，原油对温度敏感，转折温度在 50℃左右。

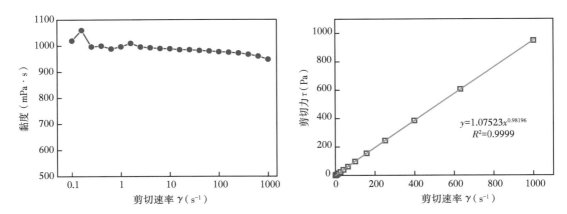

图 4-1　J1423 原油黏度—剪切速率及剪切力—剪切速率关系曲线

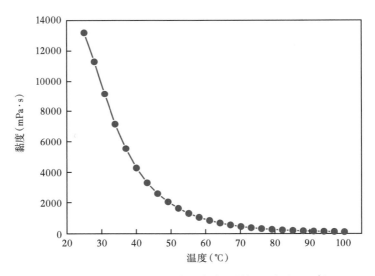

图 4-2　J1423 原油黏温关系曲线（剪切速率为 10s^{-1}）

吉 7 油藏原油四组分分离结果见表 4-1。该原油胶质含量高达 37.56%，沥青质含量很少，只有 5.70%。

表 4-1　J1423 井原油四组分含量

井名	四组分含量（%）			
	饱和烃	芳香烃	胶质	沥青质
J1423	28.68	28.06	37.56	5.70

由表 4-2 可知，吉 7 油藏稠油及其各组分碳元素的含量由高到低为饱和烃、芳香烃、稠油、胶质和沥青质。对于稠油，碳含量一般在 83%~87% 之间，氢含量一般在 10%~12% 之间。不同结构烃类的通式为：

烷烃：C_nH_{2n+2}；

环烷烃：$C_nH_{2n+2-2R_N}$（式中 R_N 为分子式中的环烷数）；

芳香烃：$C_nH_{2n-6R_A}$（式中 R_A 为分子中的芳香环数）。

由通式可见，分子中如含有环状结构，其氢碳原子数比（N_H/N_C）就下降，尤其是含有多环芳香结构时，氢碳原子数比则更小。氢碳原子数比可以很好地表征分子中所有环状结构尤其是芳香环结构的多少。从表 4-2 看，吉 7 油藏稠油及其组分氢碳原子数比由小到大的顺序为：沥青质、胶质、原油、芳香烃和饱和烃。说明沥青质中所含环状结构最多，其次是胶质和芳香烃，饱和烃的氢碳原子数比最大，说明所含环状结构最少。

吉 7 油藏稠油及其各组分硫含量顺序是：沥青质＞原油＞胶质，氮含量顺序为：沥青质＞胶质＞原油＞芳香烃，氧含量顺序为：沥青质＞胶质＞原油＞芳香烃＞饱和烃。所以稠油中的 S、N、O 化合物主要集中在沥青质中，其次是胶质、芳香烃、饱和烃。这也说明了沥青质和胶质所含的杂环结构较多。

表 4-2　吉 7 油藏原油及四组分元素组成

样品名称	含量（%）					N_H/N_C
	C	H	N	S	O	
原油	85.43	13.15	0.92	0.08	0.42	1.85
饱和烃	85.81	14.12	—	—	0.07	1.97
芳香烃	85.52	13.77	0.43		0.28	1.93
胶质	84.62	11.19	1.29	0.11	2.79	1.59
沥青质	83.70	8.77	2.08	0.14	5.31	1.26

由表 4-3 可知，吉 7 油藏稠油及其各组分分子量的顺序是：沥青质＞胶质＞稠油＞芳香烃＞饱和烃。

表 4-3　吉 7 油藏原油及四组分分子量

样品名称	原油	饱和烃	芳香烃	胶质	沥青质
重均相对分子质量（g/mol）	3137	946	1873	6612	9016

胶质、沥青质分子含有可形成氢键的羟基、胺基、羧基、羰基等官能团，因此稠油中胶质分子之间、沥青质分子之间及二者相互之间有强烈的氢键作用，在红外光谱图上，胶质、沥青质在 4000~3000cm^{-1} 之间均显示出土丘状峰，这是缔合状态（即形成了氢键的羟基或胺基）的吸收峰（图 4-3、表 4-4、表 4-5）。所以稠油中的胶质、沥青质具有很强的极性。

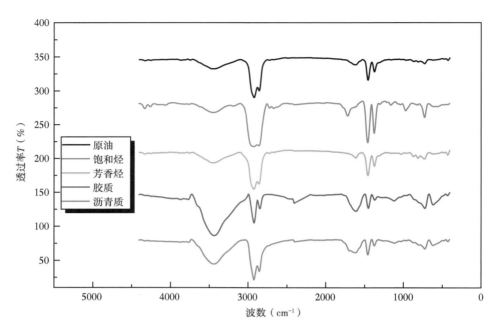

图 4-3 吉 7 油藏原油及四组分红外光谱图

表 4-4 原油四组分红外光谱特征吸收峰归属

饱和烃波数 （cm⁻¹）	芳香烃波数 （cm⁻¹）	胶质波数 （cm⁻¹）	沥青质波数 （cm⁻¹）	归属	可能的官能团
3700~3253 （弱）	3700~3100 （中等）	3726~3000 （宽，强）	3700~3100 （宽，强）	νOH，νNH	—OH，—COOH，NH₂
3083~2757 （强）	3099~2750 （强）	2994~2780 （强）	3016~2740 （强）	νCH	CH₃，CH₂
1841~1533 （弱）	1666~1571 （弱）	1737~1494 （强）	1789~1492 （强）	νC=O，νC=C， βNH	COOH，COOR，芳香环， 杂环，NHR
1461 （强）	1459 （中等）	1448 （弱）	1455 （弱）	δ（σ）CH₂	—CH₂—
1373 （强）	1371 （弱）	1374 （弱）	1369 （弱）	δCH₃	—CH₃
1031 （弱）	1024 （弱）	986 （弱）	1027 （弱）	νC—O，νC—N	R—OH，Ar—O—R， RCH₂—NH₂
725 （弱）	736 （弱）	728 （弱）	719 （弱）	ρCH₂	—CH₂—

地层水总矿化度为 12227.96mg/L，水型为 NaHCO₃，pH 值为 6.49。注入水总矿化度为 3461.38mg/L，水型为 Na₂SO₄ 型，pH 值为 7.38。

110

表 4-5　地层水与注入水离子组成

水样	离子含量（mg/L）						总矿化度（mg/L）
	HCO_3^-	Cl^-	SO_4^{2-}	Ca^{2+}	Mg^{2+}	Na^++K^+	
地层水	806.98	6728.59	31.28	68.34	15.07	4577.71	12227.96
注入水	114.45	1965.35	49.39	5.7	31.31	1295.19	3461.39

二、物理成因及影响因素研究

原油自乳化能力受搅拌速度、搅拌时间、乳化温度、原油黏度、流动距离、流动速率、含水率等的影响。通过室内实验，对吉 7 油藏 J1423 井原油进行了各方面影响因素研究。实验方法主要是：（1）乳化程度及乳液稳定性测试；（2）乳状液滴尺寸与分布；（3）乳状液黏度测试；（4）乳状液流变性测试。

1.搅拌速率的影响

当搅拌速率大于 100r/min 后，油水均可完全乳化。并且随着搅拌速率的增加，析水率降低，乳液稳定性增加。这可能是因为随着搅拌速率越大，形成的乳液液滴在油相中分散越均匀，尺寸越小，不易碰撞聚并进而析出。在搅拌速率为 100~2000r/min 范围内形成的乳液均为 W/O 型。由于显微镜放大倍数的限制，没有观察到 2000r/min 下形成的乳液液滴。对获取的显微图片进行粒径统计，结果如图 4-4 所示。可以看出，随着搅拌速率的增加，乳状液滴尺寸减小，分布更均匀，主要分布在 1~7μm（图 4-5）。

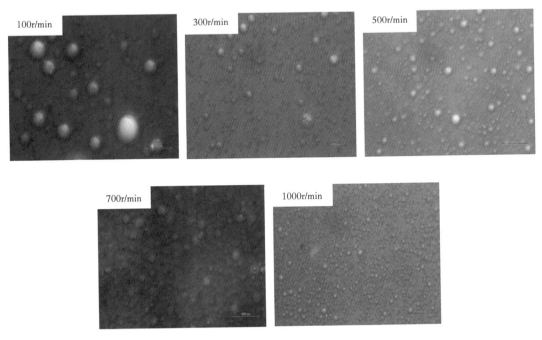

图 4-4　不同搅拌速率下乳液显微图片

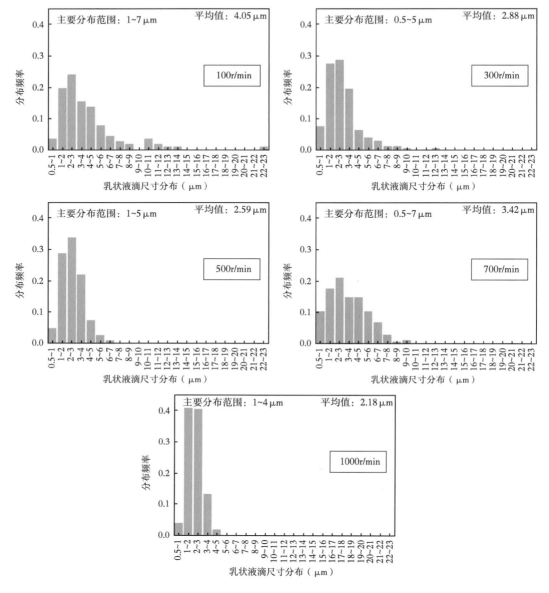

图 4-5 不同搅拌速率下乳液粒径统计

形成的乳液黏度在 2085~2807mPa·s 之间,是原油黏度的 2.10~2.83 倍(图 4-6a)。随着搅拌速率的增加,乳液黏度呈现出先上升后下降的趋势,在 500r/min 时有最大值 2807mPa·s。这可能是因为搅拌速率增加使得水相更均匀地分散在油相中,乳状液滴更密集,液滴之间的摩擦力使得乳液黏度增大,而随着剪切速率进一步增加,剪切稀释性使得乳状液黏度略有降低。同时由图 4-6b 可以看出,除了搅拌速率 100r/min 的乳液因为稳定性差,乳液黏度随着时间的推移呈现出明显下降的趋势外,其他搅拌速率下的乳液黏度随着时间推移变化不大,黏度保留率较高,这也从侧面反映出了乳液的稳定性。

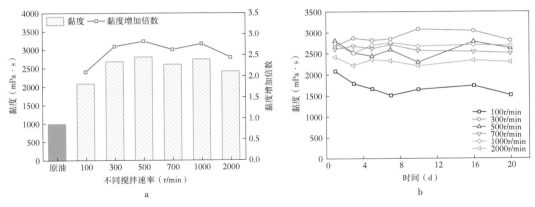

图 4-6　不同搅拌速率下乳液黏度对比

如图 4-7 所示，随着剪切速率增加，不同搅拌速率下形成的乳液黏度均呈下降趋势，属于假塑性流体。搅拌速率在 300~700r/min 之间时，剪切速率对乳液黏度影响较大；搅拌速率过小（100r/min）或过大（＞1000r/min）时，剪切速率对乳液黏度影响相对较弱。

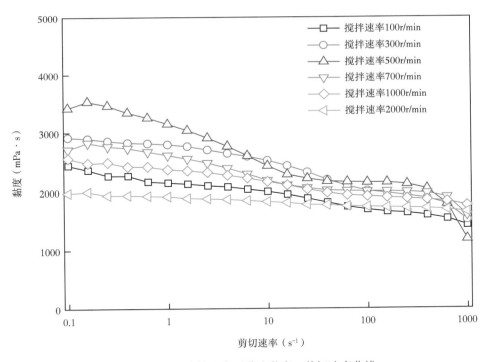

图 4-7　不同搅拌速率下乳液黏度—剪切速率曲线

根据图 4-8 剪切速率与剪切应力关系曲线回归得到的流变参数见表 4-6。由结果可以看出，随着搅拌速率增加，稠度系数先增加后减小，幂律指数先减小后增加，搅拌速率在 500r/min 时稠度系数最大，假塑性即剪切变稀特性最明显。剪切速率大于 1000r/min 后，幂律指数大于 0.95，更接近牛顿流体。

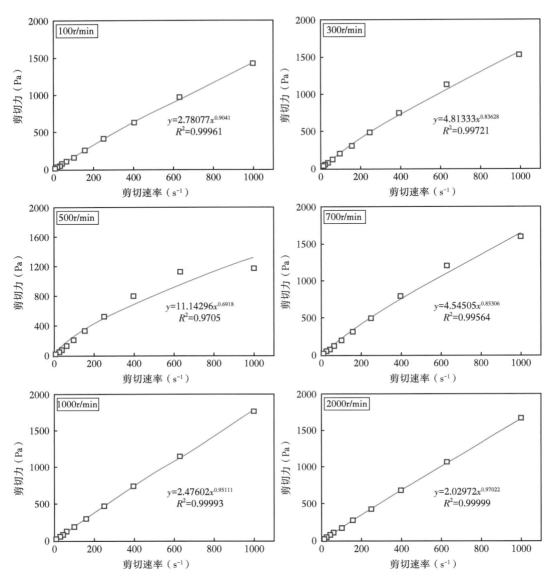

图 4-8 不同搅拌速率下乳液剪切应力—剪切速率曲线

表 4-6 不同搅拌速率下乳液幂律模型流变参数

搅拌速率（r/min）	幂律系数 K	幂律指数 n	R^2
100	2.78077	0.90410	0.99961
300	4.81333	0.83628	0.99721
500	11.14296	0.69180	0.97050
700	4.54505	0.85306	0.99564
1000	2.47602	0.95111	0.99993
2000	2.02972	0.97022	0.99999

2. 搅拌时间的影响

固定搅拌速率为 1000r/min，在不同的搅拌时间下（1min、5min、10min、30min、60min、120min）配制好乳液，进行乳化程度及乳液稳定性、乳状液滴尺寸与分布、乳状液黏度及流变性测试。搅拌时间大于 5min 后，油水均可完全乳化。随着搅拌时间的增加，析水率降低，乳液稳定性增强。随着搅拌时间的增加，乳状液滴尺寸减小，分布更均匀。随着搅拌时间从 1min 增加至 60min，乳状液液滴主要分布范围从 1~10μm 缩小至 1~4μm，平均粒径从 5.55μm 减小至 2.18μm。形成的乳液黏度在 2160~3840mPa·s 之间，是原油黏度的 2.18~3.87 倍。搅拌时间低于 30min 时形成的乳液因为稳定性较差，黏度随着时间的推移出现一定下降，搅拌时间为 1min 的乳液黏度下降趋势最明显，其他搅拌时间下的乳液黏度随着时间推移变化不大，黏度保留率较高。随着搅拌时间的增加，稠度系数先增加后减小，搅拌时间在 10min 时稠度系数最大，黏度最大。幂律指数随搅拌时间增加总体上也呈增加趋势，搅拌时间低于 30min 时，乳液剪切变稀特性较为明显。搅拌时间为 120min 时，幂律指数大于 0.96，最接近牛顿流体。

3. 温度的影响

当固定搅拌速率为（1000r/min）和搅拌时间（60min）时，在不同温度（40℃、50℃、60℃、70℃、80℃、90℃）下配制好乳液，进行乳化程度及乳液稳定性、乳状液滴尺寸与分布、乳状液黏度及流变性测试。温度在 40~90℃ 之间时油水均可完全乳化。随着温度的增加，乳液析水率增加，乳液稳定性减弱。乳化温度高于 70℃ 后，乳液稳定性大大减弱，因为：（1）温度升高加剧了液滴的布朗运动，使液滴碰撞频率增加，加剧了液滴的聚合速度；（2）界面膜黏度变小，强度变低，易于破裂；（3）内相颗粒体积膨胀，使界面膜变薄，机械强度降低；（4）沥青质、胶质在原油中的溶解度增加，减弱了由这些乳化剂构成的界面膜的机械强度；（5）原油的黏度低，水滴易于沉降。

在乳化温度为 40~90℃ 范围内形成的乳液均为 W/O 型。总体上，随着乳化温度的增加，乳状液滴尺寸减小，分布更均匀。这主要是因为温度升高，原油黏度降低，水相在油相中的分散阻力变小。不同乳化温度下乳状液的黏度是原油黏度的 2.29~4.16 倍，并且随着温度的增加，乳液黏度增加倍数增加。同时随着时间的推移，乳化温度大于 70℃ 的乳液由于稳定性较差，黏度有一定程度下降。乳化温度不高于 60℃ 时，乳液稳定使得黏度随时间的推移变化不大，保留率较高。

随着剪切速率增加，不同乳化温度下形成的乳液黏度总体上均呈下降趋势，属于假塑性流体。乳化温度越低，剪切速率对乳液黏度影响越明显。当温度不高于 60℃ 时，乳液在低剪切速率（0.1~0.3s^{-1}）下表现出一定剪切增稠的特征。当温度在 70~90℃ 之间时，乳液黏度基本不受剪切速率变化的影响。随着温度的增加，乳液稠度系数减小，幂律指数增加。温度较低时，乳液的剪切变稀特性较为明显，随着温度升高，乳液更接近牛顿流体特性。

4. 原油黏度的影响

当固定搅拌速率（1000r/min）和搅拌时间（60min）时，研究不同黏度原油的乳化程度。由结果可以看出，原油黏度在 1456~7040mPa·s 之间均可完全乳化。随着原油黏度的增加，形成乳液析水率降低，乳液稳定性增强。

原油黏度在 1456~7040mPa·s 之间形成的乳液均为 W/O 型。对获取的显微图片进行粒径统计，所有乳液液滴尺寸均分布在 0.25~2μm 之间，平均值在 0.381~1.362μm 之间。但是随着原油黏度的增加，乳状液滴大小和分布并无明显变化规律，这是因为乳液性质除了与原油黏度有关外，还与原油自身组分性质有关。JD3385 井油形成的乳液粒径分布最均匀，尺寸最小；J9427 井油形成的乳液粒径分布范围最宽，尺寸最大。不同黏度原油形成乳液的黏度是原油黏度的 2.55~3.71 倍，并且随着原油黏度的增加，乳液黏度增加倍数呈下降趋势。

随着剪切速率增加，不同黏度原油黏度均变化不大，趋近于牛顿流体特性，而其形成的乳液随黏度均呈下降趋势，属于假塑性流体。高剪切速率下，乳液黏度接近甚至低于原油黏度。不同黏度原油的幂律指数在 0.94238~0.97805 之间，接近 1，而形成乳液后其幂律指数大大降低，在 0.38859~0.72018 之间，剪切稀释性大大增强。

5. 流动距离的影响

采用不同长度的岩心或填砂管分别在不加回压和加回压 17.9MPa（建立油藏压力）两种情况下进行水驱（表 4-7），研究不同流动距离下油水的乳化情况，具体实验步骤如下：

（1）采用 40~70 目的石英砂进行填砂，填完砂称填砂管干重，随后饱和地层水，测渗透率并称湿重，根据干湿重之差计算填砂管孔隙度；或对岩心烘干称干重，抽真空饱和水称湿重，计算孔隙度并测定水测渗透率。

（2）以 0.2mL/min 的速度饱和油，直至填砂管或岩心出口端不再出水，根据出水量计算原始含油饱和度。

（3）以 1.15m/d 注入速度进行水驱，直至岩心出口端含水 98%，收集不同阶段的出口端采出液，进行显微镜观察和黏度测试，分析乳液形成情况。

表 4-7　实验用岩心 / 填砂管基本参数

是否加回压	模拟流动距离	岩心 / 填砂管规格	渗透率（mD）	孔隙度（%）	原始含油饱和度（%）
不加回压	8cm	ϕ3.8cm × 8cm	65.86	11.77	56.22
	30cm	4cm × 4cm × 30cm	82.76	12.55	65.65
	50cm	ϕ2.5cm × 50cm	89.35	24.87	76.89
	100cm	ϕ2.5cm × 100cm	81.02	24.66	72.16
	150cm	ϕ2.5cm × 150cm	77.04	24.59	75.54
加回压 17.9MPa	8cm	ϕ3.8cm × 8cm	76.86	11.75	66.45
	30cm	4cm × 4cm × 30cm	81.54	10.67	59.95
	100cm	ϕ2.5cm × 100cm	70.12	23.34	71.67

1）不加回压

不加回压的部分产出液图片如图 4-9 所示。在所有的产出液中均没有观察到水相分散在油相中，同时由图 4-10 的黏度测试结果也可以看出，产出液黏度基本和原油黏度一致，无明显增加趋势，这说明在不加回压的情况下，油水在 8~150cm 之间的流动距离内均没有很好的乳化。

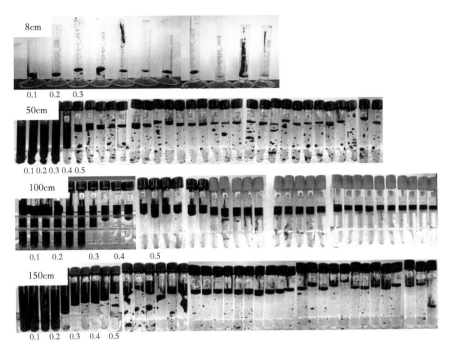

图 4-9 部分产出液图片（不加回压）

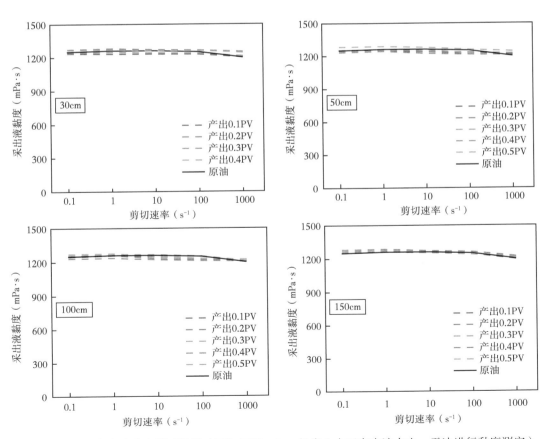

图 4-10 部分产出液黏度测试结果（不加回压，8cm 长岩心由于产出液太少，无法进行黏度测定）

2）加回压

加回压的部分产出液微观图片如图 4-11 所示。在原油黏度较高的情况下，由于回压阀的结构限制，8cm 短岩心实验收集到的产出液只有水，无法判断油水乳化情况。由实验结果可以看出，加回压的情况下油水在 30cm 的流动距离后就能很好乳化，并且流动距离越长，形成的乳液液滴越密集，黏度越高。产出液黏度在低剪切速率下明显高于原油黏度，由于形成乳液的稳定性差和剪切稀释性强，高剪切速率下乳液黏度低于原油黏度（图 4-12）。

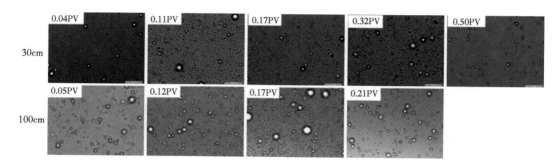

图 4-11　部分产出液微观图片（加回压）

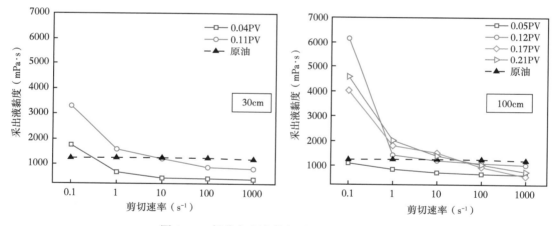

图 4-12　部分产出液黏度测试结果（加回压）

6. 流动速率的影响

采用相同长度的岩心或填砂管分别在不加回压和加回压（17.9MPa）两种情况下进行水驱（表 4-8），研究不同流动速度下油水的乳化情况，实验条件和实验仪器与流动距离的影响相同，具体实验步骤如下：

（1）采用 40~70 目的石英砂进行填砂，填完砂称填砂管干重，随后饱和地层水，测渗透率并称湿重，根据干湿重之差计算填砂管孔隙度；对岩心烘干称干重，抽真空饱和水称湿重，计算孔隙度并测定水测渗透率。

（2）以 0.2mL/min 的速度饱和油，直至填砂管或岩心出口端不再出水，根据出水量计算原始含油饱和度；

（3）以设定的注入速度进行水驱，直至岩心出口端含水 98%，收集不同阶段的出口端采出液，进行显微镜观察和黏度测试，分析乳液形成情况。

表 4-8　实验用岩心 / 填砂管基本参数

是否加回压	流动速度（m/d）	岩心 / 填砂管规格	渗透率（mD）	孔隙度（%）	原始含油饱和度（%）
不加回压	1.15	ϕ2.5cm×100cm	81.02	24.66	72.14
	2.30	ϕ2.5cm×100cm	79.42	23.71	74.68
加回压17.9MPa	0.57	4cm×4cm×30cm	82.75	14.58	63.56
	1.15	4cm×4cm×30cm	78.36	10.67	59.95
	2.30	4cm×4cm×30cm	88.48	12.60	68.87
	3.45	4cm×4cm×30cm	80.84	12.79	67.77

1）不加回压

不加回压的部分产出液微观图片如图 4-13 所示。在注入速度为 1.15m/d 时未观察到乳液的形成，而当注入速度达到 2.30m/d 时，产出液中形成了明显的 W/O 型乳液。同时由图 4-14 的黏度测试结果也可以看出，注入速度为 1.15m/d 时，产出液黏度基本和原油黏度一致，无明显增加趋势，而当注入速度达到 2.30m/d 时，产出液黏度在低剪切速率下明显高于原油黏度。这说明，在 100cm 的流动距离下，注入速度达到 2.30m/d，油水即可乳化。

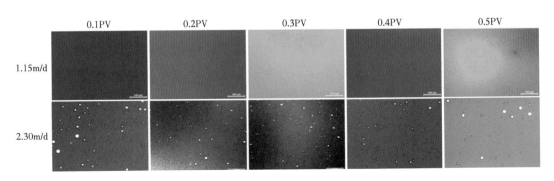

图 4-13　不同注入速度下部分产出液微观图片对比（不加回压）

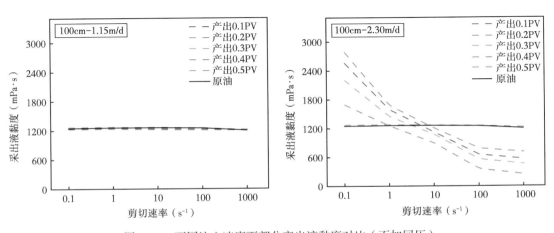

图 4-14　不同注入速度下部分产出液黏度对比（不加回压）

2）加回压

在加回压的情况下，对于 30cm 长岩心，注入速度在 0.57~3.45m/d 范围内，油水在岩心中均能很好的乳化。随着注入速度增加，油水在岩心中的剪切越剧烈，水相在油相中的分散更密集。并且随着注入速度越大，产出液黏度也越高。

在本实验中，当注入速度达到 3.45m/d 时，由于注入速度过大，注入水沿岩心表面与密封胶皮套之间的缝隙窜流，没有在岩心内部形成很好的乳化。

7. 含水率的影响

固定搅拌速率（1000r/min）和搅拌时间（60min），在不同的含水下（10%、20%、30%、40%、50%、60%、70%、80%、90%）配制好乳液，进行乳化程度及乳液稳定性、乳状液滴尺寸与分布、乳状液黏度及流变性测试。当含水不高于 60% 时，油水均可完全乳化。当含水低于 80% 时，乳化程度 86% 以上，而含水达到 90% 时，乳化程度很低，只有 36%。随着含水率的增加，乳液析水率增加，稳定性变弱（图 4-15）。总的来说，含水在 40% 以下的乳液稳定性较好，含水在 70% 以上形成的乳液稳定性很差。这是因为随着含水率的增加，油相中的乳液液滴（水相）越来越多，液滴分散密集，很容易碰撞聚并，沉降析出，导致乳液稳定性下降。

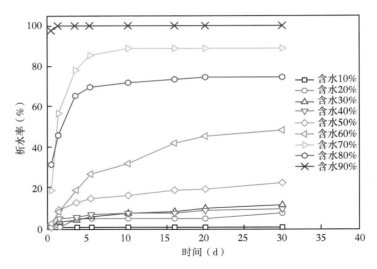

图 4-15　不同含水下乳液析水率随时间的变化

在含水为 10%~90% 范围内形成的乳液均为 W/O 型。随着含水的增加，乳状液滴尺寸增加，分布范围更广。随着含水从 20% 增加至 90%，乳状液液滴主要分布范围从 1~5μm 扩大至 1~15μm，平均粒径从 2.60μm 增加至 6.43μm。

不同含水下乳状液的黏度如图 4-16a 所示，形成的乳液黏度在 1534~5123mPa·s 之间，是原油黏度的 1.55~5.17 倍。随着含水的增加，乳液黏度呈现出先增加后下降的趋势，在含水为 70% 时有最大值 5123mPa·s。这是因为含水越高，更多的水相分散在油相中，乳状液滴越密集，液滴之前的摩擦力使得乳液黏度增大。而当含水大于 70% 后，油水并未完全乳化，含水为 80%、90% 时形成乳液的实际含水分别为 68.8%、32.4%，所以黏度下降。同时由图 4-16b 可以看出，含水大于 40% 时形成的乳液因为稳定性较差，黏度随着时间的推移均出现不同程度的下降，含水不高于 40% 的乳液黏度随着时间推移变化不大，黏度保留率较高。

从乳液微观结构和黏度变化均可以看出，吉7油藏稠油在含水高达90%时仍然为W/O型乳状液，没有发生相转变，违背了最大相体积理论。与其他油田原油类比发现，大庆油田高含蜡原油、胜利油田稠油和渤海油田稠油在含水60%及以下均发生了相转变，特别是渤海部分稠油在含水为20%~30%即发生了相转变，相变点低，这也是吉7油藏稠油水驱开发效率高于普通稠油的关键原因之一，即高相变点乳液的形成使水驱可以保持稳定的排驱前缘，不发生窜流，驱油示意对比图如图4-17所示。

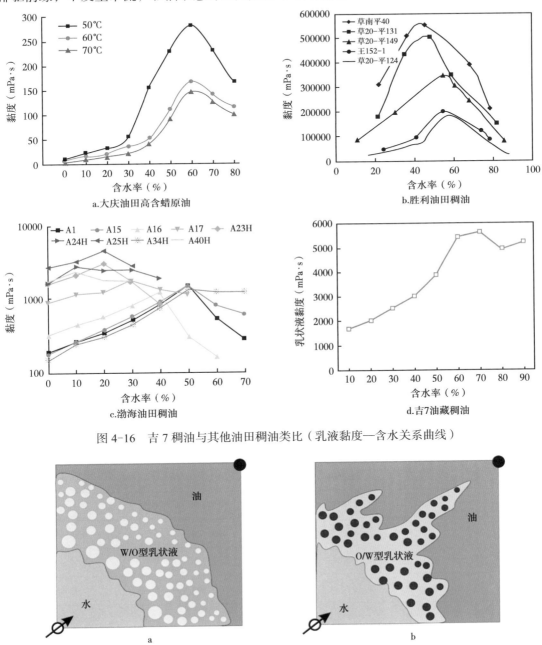

图 4-16　吉 7 稠油与其他油田稠油类比（乳液黏度—含水关系曲线）

图 4-17　（a）高相变点乳液和（b）低相变点乳液驱油示意图

由图 4-18 可以看出，随着剪切速率增加，不同含水下形成的乳液黏度均呈下降趋势，属于假塑性流体。含水不大于 40% 时，剪切速率对乳液黏度影响较小；含水超过 40% 时，乳液黏度随剪切速率的增加迅速下降，这种现象在较低（0.1~10s⁻¹）和较高（250~1000s⁻¹）剪切速率下表现得更为明显。

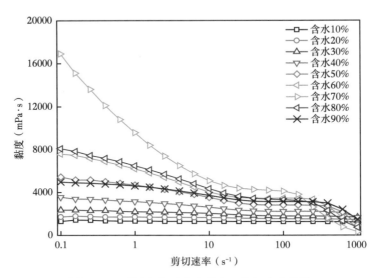

图 4-18　不同含水下乳液黏度—剪切速率曲线

根据图 4-19 剪切速率与剪切应力关系曲线回归得到的流变参数见表 4-9。由结果可以看出，随着含水的增加，稠度系数先增加后减小，在含水 70% 时稠度系数最大，与黏度变化趋势一致。幂律指数随含水增加总体上呈减小趋势，含水等于或低于 30% 时，乳液幂律指数大于 0.95，较接近牛顿流体。含水大于 40% 后，乳液剪切变稀特性明显，幂律指数在含水 70% 时有最小值。

表 4-9　不同含水下乳液幂律模型流变参数

含水（%）	K	n	R^2
10	1.42287	0.97920	0.99998
20	1.79086	0.96681	0.99996
30	2.27603	0.95509	0.99986
40	6.23710	0.81358	0.99089
50	6.83666	0.82720	0.99245
60	7.42873	0.83766	0.99297
70	13.57942	0.71803	0.97686
80	9.62059	0.77002	0.98847
90	7.57251	0.82856	0.99275

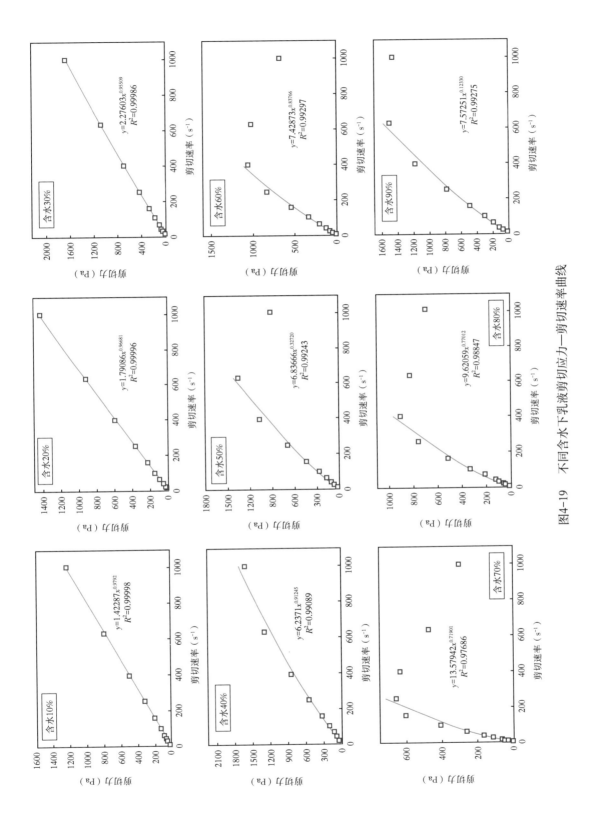

图4-19　不同含水下乳液剪切应力—剪切速率曲线

由图 4-20 可以看出，当含水小于 60% 时，油水完全乳化，初始只有乳液相；当含水大于 60% 后，随着含水的增加，初始形成的乳液体积越小，剩余的水相越多。随着时间的推移，水相体积不断增加，乳液相体积逐渐减小，油相体积变化不大，只有小幅度上升。乳液含水在 40% 以下，相体积的变化表现的不明显，乳液含水高于 40% 后，水相和乳液相的体积变化很明显。

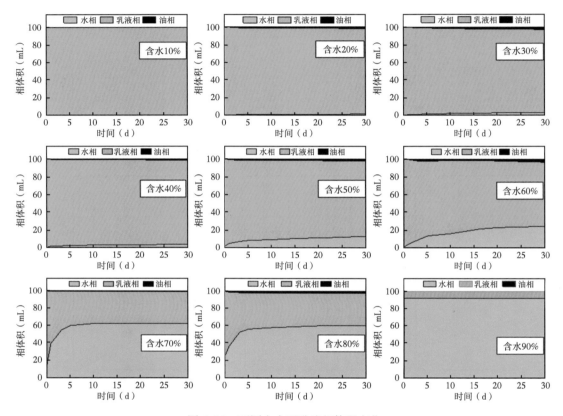

图 4-20　不同含水下乳液相体积变化

三、化学成因及影响因素研究

1. 原油组成的影响

以煤油为基础油，分别向其中加入不同量的蜡、饱和烃、芳香烃、胶质、沥青质和石油酸，配制成一系列浓度为 0.1%、0.3%、0.5%、0.7%、0.9% 的模拟油。

对同一组分的模拟油来说，随着组分浓度增大，乳液稳定性均增加。对于浓度为 0.9% 的蜡、饱和烃、芳香烃、胶质、沥青质和石油酸模拟油来说，乳液析油 / 水率达到 70% 时的用时分别为 3min、2.5min、15min、75min 和 100min。石油酸浓度大于 0.5% 后才观察到乳液稳定性大幅增加，而沥青质浓度为 0.1% 时形成的乳液稳定性就大大增强。但总的来说，原油单组分稳定乳液作用：石油酸＞沥青质＞胶质＞（饱和烃 ≈ 芳香烃）＞蜡。

从乳液微观结构上看：除了蜡以外，原油活性组分的加入均使得水相可以更好地分散到油相中，对乳液的形成起到重要的作用。对于同一组分，随着浓度的增加，形成的乳液液滴越密集越小。对饱和烃和芳香烃，当浓度超过 0.7% 时，乳液液滴之间距离显著减小，分散较为密集；而对胶质、沥青质和石油酸，在浓度为 0.1% 时，乳液液滴分散就比较密集。

对沥青质和石油酸来说，随着浓度的增加，液滴大小分布越均匀，平均粒径越小。对胶质来说，浓度超过 0.7% 后形成的乳液粒径增加，均匀性变差。对于同一浓度的原油各组分来说，形成的乳液粒径大小整体趋势为：石油酸＜沥青质＜胶质＜饱和烃＜芳香烃。

对于饱和烃和芳香烃，随着组分含量增加，形成的乳液黏度先增加后降低，在浓度为 0.7% 时有最大值。对于沥青质，随着含量增加，形成的乳液黏度先增加后降低，在浓度为 0.5% 时有最大值。对于胶质和石油酸，随着含量增加，形成的乳液黏度逐渐增加。石油酸模拟油形成的乳液黏度远远大于其他组分模拟油。同时结合稳定性和显微镜观察可以判断，吉 7 油藏原油中的石油酸对乳液的形成和稳定具有非常重要的作用。

综上所述，单独组分对乳化的有利作用：石油酸＞沥青质＞胶质＞饱和烃＞芳香烃＞蜡。

2. 矿化度的影响

固定搅拌速率（1000r/min），用蒸馏水将地层水分别稀释成不同矿化度的水（2000mg/L、4000mg/L、6000mg/L、8000mg/L、12000mg/L），配制好乳液，进行乳化程度及乳液稳定性、乳状液滴尺寸与分布、乳状液黏度及流变性测试。

在矿化度为 200~12000mg/L 范围内，油水均可完全乳化。随着矿化度的增加，乳液析水率增加，稳定性变弱，形成的乳液均为 W/O 型。随着矿化度的增加，乳状液滴尺寸增加，分布范围更广。随着矿化度从 2000mg/L 增加至 12000mg/L，乳状液液滴主要分布范围从 0.5~4μm 扩大至 1~15μm，平均粒径从 2.38μm 增加至 6.15μm。形成的乳液黏度在 2077~2327mPa·s 之间，是原油黏度的 2.09~2.35 倍。随着矿化度的增加，乳液黏度呈现出略微下降的趋势，在矿化度 2000mg/L 时有最大值 2327mPa·s。在矿化度 2000~12000mg/L 之间形成的乳液，其黏度随着时间的推移均变化不大，黏度保留率较高。

随着剪切速率增加，不同矿化度下形成的乳液黏度均呈下降趋势，属于假塑性流体。剪切速率低于 $200s^{-1}$，矿化度越低乳状液黏度越大；剪切速率高于 $200s^{-1}$，矿化度越高乳状液黏度越大。高剪切速率下，矿化度对乳状液黏度的影响减弱。随着矿化度的增加，稠度系数整体上呈减小趋势，与黏度变化趋势一致，幂律指数呈增加趋势。这表示矿化度越低，乳液的剪切变稀特性越明显。

3. pH 值的影响

固定搅拌速率（1000r/min），用一定浓度的 NaOH 或者 HCl 溶液将地层水的 pH 值调整至 5、6、7、8、9、10，分别配制好乳液，进行乳化程度及乳液稳定性、乳状液滴尺寸与分布、乳状液黏度及流变性测试。

pH 值在 5.17~10.20 范围内，油水均可完全乳化。pH 值为中性时，乳状液析水速度最快，稳定性最差；偏酸性或碱性环境，乳状液稳定性均会增强。形成的乳液均为 W/O 型。pH 值为 7 时，乳状液滴尺寸最大（9.06μm），分布最不均匀。酸性和碱性环境中乳状液粒径大小及分布相差不大。形成的乳液黏度在 2139~3015mPa·s 之间，是原油黏度的 2.16~3.04 倍。随着 pH 值的增加，乳液黏度呈现出下降的趋势，在 pH 值为 5.17 时有最大值 3015mPa·s。在实验 pH 值范围内形成的乳液，其黏度随着时间的推移均变化不大，黏度保留率较高。

随着剪切速率增加，不同 pH 值下形成的乳液黏度整体均呈下降趋势，属于假塑性流体。剪切速率较低时，酸性环境形成的乳状液黏度较大；剪切速率较高时，中性或碱性环境形成的乳状液黏度较大。碱性环境中，当剪切速率高于 $100s^{-1}$ 时，剪切速率对乳状液黏度的影响减弱。酸性环境下，乳液剪切变稀特性更明显。碱性环境下，乳液更接近牛顿流体特性。

4. 黏土矿物类型的影响

固定搅拌速率（1000r/min），分别向地层水中加入一定量325目的高岭石、蒙皂石、绿泥石和伊利石（含量固定为0.5%），配制好乳液，进行乳化程度及乳液稳定性、乳状液滴尺寸与分布、乳状液黏度及流变性测试。

统计了加入不同黏土矿物后油水的乳化程度，结果表明油水均可完全乳化。蒙皂石加入后，乳状液析水速度减慢，乳液稳定性增强，而其他三种黏土矿物加入后，乳液析水速度均有不同程度增加，稳定性减弱。形成的乳液均为 W/O 型。加入不同黏土矿物后，乳状液的粒径分布都比较集中，高岭石和蒙皂石的均匀程度好于绿泥石和伊利石。

加入不同类型黏土矿物后形成的乳状液黏度，蒙皂石的加入使得乳液黏度大幅上升，由 3047mPa·s 增加至 4812mPa·s，黏度增加倍数由 3.07 增加至 4.86 倍。相比之下，其他三种黏土矿物的加入对乳液黏度影响不大。加入不同类型黏土矿物后，黏度随着时间的推移均变化不大，黏度保留率较高。

随着剪切速率增加，加入不同黏土矿物后形成的乳液黏度整体均呈下降趋势，属于假塑性流体。不同类型黏土矿物的加入使得乳液的幂律系数 K 均有不同程度的增加，而对幂律指数 n 的影响不大。

5. 黏土矿物尺寸的影响

固定搅拌速率（1000r/min），分别向地层水中加入0.5%不同尺寸的蒙皂石（45μm、18μm、6.5μm、5μm、2.6μm），配制好乳液，进行乳化程度及乳液稳定性、乳状液滴尺寸与分布、乳状液黏度及流变性测试。

统计了加入不同黏土矿物后油水的乳化程度，结果表明油水均可完全乳化。不同尺寸的蒙皂石均使乳状液析水速度减慢，乳液稳定性增强。随着蒙皂石尺寸减小，其对乳液的稳定作用先减弱后增强，在较大尺寸和较小尺寸时对乳液稳定性最有利。当蒙皂石尺寸较大时，主要分布在乳液液滴之间形成相互作用的三维网络结构，从而有效阻止乳液的聚并；当蒙皂石尺寸较小时，主要在乳液滴表面形成紧密排布的界面膜，界面膜的空间位阻作用减弱了乳液液滴间的碰撞聚并，同时蒙皂石颗粒吸附在液滴表面使液滴表面电荷相同，增加了乳液液滴之间的静电斥力，这两种因素共同作用提高了乳液的稳定性。

形成的乳液均为 W/O 型。添加不同尺寸黏土矿物后乳液平均粒径在 1.296~1.809μm 之间，总体上相差不大。在最大尺寸 45μm 和最小尺寸 2.6μm 时，乳状液粒径相对较小，分布较为均匀，与乳液稳定性趋势一致。

不同尺寸蒙皂石的加入均使得乳液黏度有不同程度的上升，最大增加 496mPa·s。与乳液稳定性的趋势一致，较大尺寸和较小尺寸的蒙皂石使乳液黏度增加幅度最大。

随着剪切速率增加，加入不同尺寸蒙皂石后形成的乳液黏度整体均呈下降趋势，属于假塑性流体。

6. 黏土矿物含量的影响

将高岭石、蒙皂石、伊利石和绿泥石按照地层黏土矿物的组成比例混合，固定搅拌速率 1000r/min，分别向地层水中加入不同含量（0.05%、0.1%、0.2%、0.5%、1%）的混合黏土，配制好乳液，进行乳化程度及乳液稳定性、乳状液滴尺寸与分布、乳状液黏度及流变性测试。

统计了加入不同含量黏土矿物后油水的乳化程度，结果表明油水均可完全乳化。不同含量的黏土矿物均使乳状液析水速度减慢，乳液稳定性增强。

形成的乳液均为 W/O 型。添加不同含量黏土矿物后乳状液的粒径在 2.518~1.809μm 之间，在黏土矿物含量为 1% 的时候分布最为均匀，粒径尺寸最小。

添加不同含量黏土矿物后，黏土矿物含量大于 0.2% 时，乳液黏度高于不加黏土矿物的乳液。加入不同量黏土矿物后形成的乳液黏度随着剪切速率增加整体均呈下降趋势，属于假塑性流体。不同含量黏土矿物的加入对幂律系数 K 的影响规律性不强，而幂律指数 n 普遍增加，即乳液剪切稀释性减弱。

7. 综合因素的影响

1）天然乳化剂（SARA+ 蜡）的综合影响

以煤油为基础油，向其中加入 0.5% 饱和烃、0.5% 芳香烃、0.7% 胶质、0.1% 沥青质和 0.1% 蜡配制成模拟油进行乳化实验。

一方面，原油四组分和蜡的同时加入使得模拟油乳液的稳定性增强，高于所有单一组分的乳液稳定性。这是因为胶质和芳香烃可被沥青质吸收，吸收了原油中芳烃和胶质的沥青质微粒可充分分散在原油中，很容易吸附到油水界面上，使沥青质具有较强的界面活性。另一方面，饱和烃的加入可使胶质和沥青质在油中溶解度小，界面上的吸附量大，形成更稳定的 W/O 型乳液。总的来说，原油中的天然乳化剂具有较强的协同乳化作用。原油中各种天然乳化剂之间的协同乳化作用使得形成的乳液液滴分布更密集，更均匀，尺寸更小，平均液滴尺寸为 16.52μm。

原油四组分和蜡的同时加入使得模拟油乳液的黏度显著增加，由单一组分的黏度由 1.18~3.95mPa·s 增加至 6.32mPa·s，这也说明了原油中各种天然乳化剂的协同作用更有利于原油的乳化。

2）天然乳化剂和石油酸的综合影响

在原油体系中加入 0.76% 石油酸配制成模拟油进行乳化实验。

原油天然乳化剂和石油酸的同时加入使得模拟油乳液的稳定性增强，高于单独天然乳化剂和石油酸形成乳液的稳定性。这是因为石油酸界面活性强，可以大大降低油水界面张力，有利于界面膜的形成和稳定，而胶质和沥青质等界面活性相对较弱的组分可以吸附在界面膜上，进一步增强界面膜的强度，有利于乳液的稳定。

原油中天然乳化剂和石油酸的协同乳化作用使得形成的乳液液滴分布更密集，更均匀，尺寸更小，平均液滴尺寸为 9.43μm。

原油天然乳化剂和石油酸的同时加入使得模拟油乳液的黏度显著增加，由单一天然乳化剂的黏度 6.32mPa·s 和单一石油酸的黏度从 14.61mPa·s 增加至 20.14mPa·s，这也说明了吉 7 油藏原油中天然乳化剂和石油酸之间协同作用更有利于原油的乳化。

3）天然乳化剂和黏土矿物的综合影响

以煤油为基础油，向其中加入 0.5% 饱和烃、0.5% 芳香烃、0.7% 胶质、0.1% 沥青质和 0.1% 蜡配制成模拟油，同时将一定量的高岭石、蒙皂石、伊利石和绿泥石按照地层黏土矿物的组成比例混合后加入地层水中（含量 0.5%）进行乳化实验。在不添加天然乳化剂的情况下，单独黏土矿物的加入对煤油的乳化无明显促进作用；而在添加天然乳化剂的情况下，黏土矿物的加入对模拟油乳液的稳定性有增强作用，两者表现出一定协同乳化作用。

原油中天然乳化剂和黏土矿物的协同乳化作用使得形成的乳液液滴分布更均匀，尺寸更小。黏土矿物的加入使得乳液液滴平均粒径由 16.52μm 减小至 14.59μm。在原油天然乳化剂存在的情况下，黏土矿物的加入使得乳液的黏度有一定程度的增加，由 6.32mPa·s 增加至 7.28mPa·s，这也说明了吉 7 油藏原油中天然乳化剂和黏土矿物之间的协同作用更有利于原油的乳化。

4）石油酸和黏土矿物的综合影响

以煤油为基础油，向其中加入 0.76% 石油酸配制成模拟油，同时将一定量的高岭石、蒙皂石、伊利石和绿泥石按照地层黏土矿物的组成比例混合后加入地层水中（含量 0.5%）进行乳化实验。

在不添加石油酸的情况下，单独黏土矿物的加入对煤油的乳化无明显促进作用；而在添加石油酸的情况下，黏土矿物的加入对模拟油乳液的稳定性有增强作用，两者表现出一定协同乳化作用。黏土矿物的加入对石油酸模拟油形成乳液的粒径大小及分布影响不大，这说明黏土矿物的乳化促进作用有限。

在石油酸存在的情况下，黏土矿物的加入使得乳液黏度有一定程度的增加，由 14.61mPa·s 增加至 15.28mPa·s，增加幅度不大，这也说明了吉 7 油藏原油中石油酸和黏土矿物之间的协同乳化作用有限。

5）高相变点乳化液形成机理分析

对不同含水下乳状液的形成及性质，以及与其他油田稠油的类比结果可知，吉 7 油藏稠油具备高相变点特征。为了找到影响高相变点的原油组分，对不同原油组分（固定浓度 0.7%）在高含水下的乳化情况进行了进一步实验。

含水为 70% 和 90% 时，各原油组分形成的乳状液均不稳定，油水很快分层。含水 70% 时，饱和烃、芳香烃、胶质形成 O/W 型乳液，沥青质形成 W/O 型乳液，石油酸形成 W/O 型和 O/W 型混合乳液。含水 90% 时，沥青质和石油酸形成 W/O 型和 O/W 型混合乳液。因此，石油酸和沥青质是吉 7 油藏稠油具备高相变点的关键影响组分。石油酸的 HLB 值为 4.21，亲油性远大于亲水性，倾向于形成 W/O 型乳状液。通过石油酸结构测定可知，石油酸主要由单环酸、双环酸、三环酸和芳香酸组成，这些分子结构大小不同，在油水界面的交叉紧密排列使得高含水下形成的 W/O 型乳状液稳定。

此外，环烷酸和芳香酸亲油基之间的协同作用及芳香结构 ππ 堆叠的超分子效应是导致高含水下 W/O 型乳状液形成的重要原因。

四、多因素对乳液性质影响程度对比总结

通过方差分析对乳液稳定性、乳液平均粒径、乳液黏度和流变性受各因素的影响程度进行了排序，见表 4-10。乳液稳定性主要受含水率、温度、剪切时间和剪切强度影响，乳液平均粒径主要受 pH 值、矿化度、含水率和剪切时间影响，乳液黏度主要受含水、黏土矿物类型、温度和剪切时间影响，流变性主要受温度、原油黏度、剪切时间和剪切强度影响。

表 4–10　各因素对乳液性质的方差

乳液稳定性		乳液平均粒径	
影响因素	方差	影响因素	方差
含水率	0.1403	pH 值	2.7176
温度	0.1319	矿化度	1.5708
搅拌速率	0.0586	含水率	1.5565
搅拌时间	0.0551	搅拌时间	1.2074
矿化度	0.0130	搅拌速率	0.4261
pH 值	0.0130	原油黏度	0.1440
黏土矿物类型	0.0019	黏土矿物含量	0.0934
黏土矿物含量	0.0012	黏土矿物类型	0.0479
黏土矿物尺寸	0.0009	温度	0.0314
原油黏度	0.0002	黏土矿物尺寸	0.0307
乳液黏度		乳液流变性	
影响因素	方差	影响因素	方差
含水率	2.1336	乳化温度	0.0138
黏土矿物类型	0.5580	原油黏度	0.0122
温度	0.4303	搅拌时间	0.0118
搅拌时间	0.3899	搅拌速率	0.0085
原油黏度	0.2116	pH 值	0.0080
pH 值	0.0780	含水率	0.0075
黏土矿物含量	0.0737	黏土矿物含量	0.0056
搅拌速率	0.0606	矿化度	0.0023
黏土矿物尺寸	0.0210	黏土矿物尺寸	0.0005
矿化度	0.0075	黏土矿物类型	0.0001

第二节　稠油自乳化体系微观特征

一、乳液与油、水的界面张力

用吉 7 油藏 J1423 井脱水脱气原油和地层水，J1423 井产出乳液。实验温度为 55℃，采用 SVT-20 旋转滴界面张力仪在 55℃下分别测定油水界面张力、乳液水界面张力，转速为 6000r/min，每隔 1min 记录一次，测试时间为 20min。

油—水、乳液—水、乳液—油界面张力测试结果如图 4-21 所示。油—水界面张力为

11mN/m，不同含水乳液—水的界面张力在 13~20mN/m 之间，两者在一个数量级，相差不大，不会对驱油产生较大影响。由于采用旋转滴方法测试，乳液黏度大，导致液滴拉伸程度低于原油，所以测出乳液—水的界面张力略高于油—水界面张力。

因为油包水乳液外相为油相，乳液和油不存在界面，所以界面张力默认为 0。

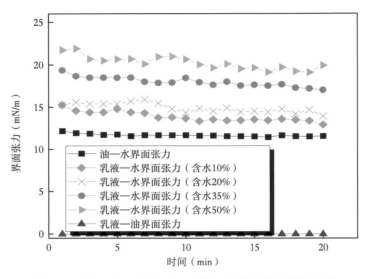

图 4-21　油—水、乳液—水、乳液—油界面张力测试结果

二、乳状液、油与岩石的润湿性

1. 注入水对油—岩石接触角的影响

将天然岩心切片，浸泡在注入水中，置于 55℃ 恒温烘箱中，每隔一段时间取出岩心片，测定岩心片与 J1423 井油的接触角，测试结果如图 4-22 所示。由实验结果可知，随着浸泡时间的延长，油和岩石的润湿角逐渐变小，润湿性由强亲油逐渐变为弱亲油。

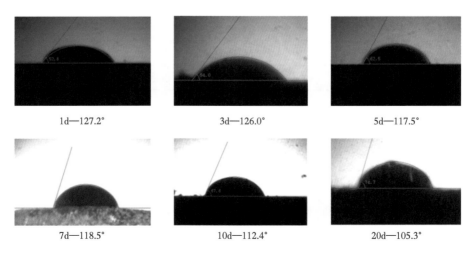

图 4-22　注入水对油—岩石接触角的影响

2. 乳液与岩石润湿性

将驱替后的亲油岩心切片，分别测定油和岩心片、不同含水乳液和岩心片的接触角，实验结果如图 4-23 和图 4-24 所示。由实验结果可知，与油相比，乳液与岩石的接触角更小，并且乳状液含水越高，接触角越小，含水大度 30% 后亲水；乳状液在岩石表面的黏附力比油小，更易被剥离。

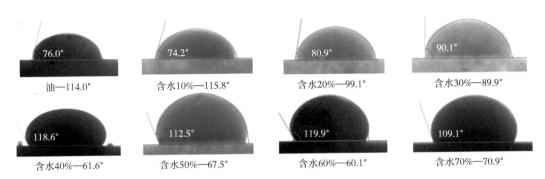

图 4-23　不同含水乳液—岩石接触角示意图

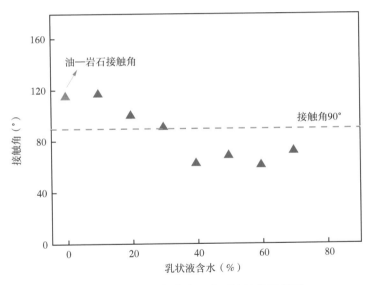

图 4-24　不同含水乳液—岩石接触角示意图

三、可视化实验研究

1. 微观可视化实验

1）实验条件

（1）模型尺寸：25mm×25mm，厚度 0.7mm；

（2）实验温度：55℃；

（3）实验用油：J1423 井地层条件下模拟油（360mPa·s@55℃）；

（4）实验用水：吉 7 油藏地层水和模拟注入水。

2）实验仪器

包括微量泵、超高倍显微摄像机、DM2700M 徕卡显微镜、100mL 注射器、电加热板等，实验装置流程如图 4-25 和图 4-26 所示。

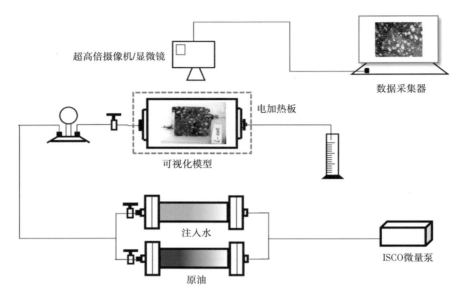

图 4-25　微观可视化实验装置流程图

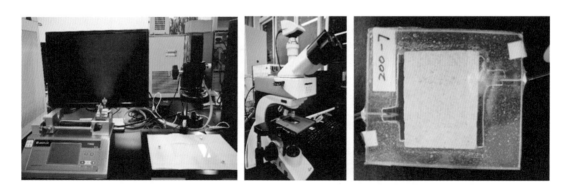

图 4-26　微观可视化实验装置实物图

3）实验步骤

将岩心切薄片，制成微观可视化模型，按流程图连接好装置，依次进行饱和水、饱和油、水驱。在整个过程中利用超高倍摄像机或显微镜记录油水在孔喉中的流动状态以及乳化情况。

4）实验结果

不同阶段整体驱替效果如图 4-27 所示，可以看出水驱后孔喉中的大部分油已经被驱出。在驱替过程中，注入水通过变窄喉道时被拉长、截断成水滴状，进而分散在原油中，形成 W/O 型乳液，如图 4-28 所示。同时在水驱前缘观察到了大片乳液的形成，即形成了乳化前缘（图 4-29）。

图 4-27 不同阶段整体驱替效果图

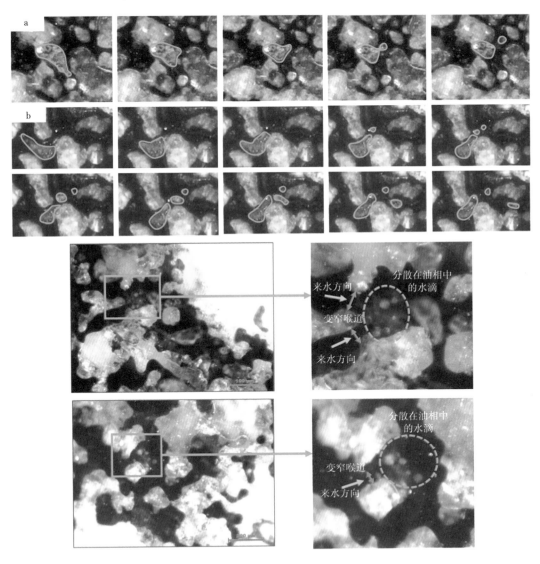

图 4-28 水驱过程中乳液形成过程

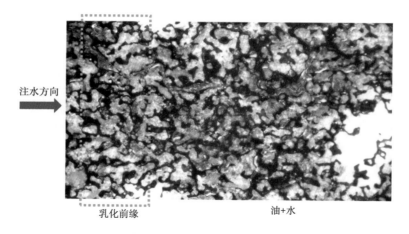

图 4-29 水驱过程中乳化前缘

由此也可以看出，吉 7 油藏原油和水在多孔介质中很容易剪切形成乳液，并且通过前部分静态评价和岩心中乳液的形成实验可知，油水剪切时间越久或流动距离越长，水相在油相中分散越密集，形成的乳液越稳定且黏度越大。

2. 核磁共振实验

1）实验条件

（1）实验温度：55℃；

（2）实验用油：J1423 井脱水脱气油；

（3）实验用水：吉 7 油藏地层水及模拟注入水（重水配制）；

（4）乳液体系：含水 35% 乳液体系（重水配制）；

（5）实验岩心：气测 100mD（尺寸 $\phi 2.5cm \times 6.2cm$）。

2）实验仪器

包括核磁共振仪、高温高压岩心驱替装置、岩心夹持器（规格 $\phi 2.5cm \times 8cm$）、恒压恒速泵、中间容器、六通阀、真空泵、恒温鼓风干燥箱、精密电子天平和游标卡尺等，实验装置流程如图 4-30 所示。

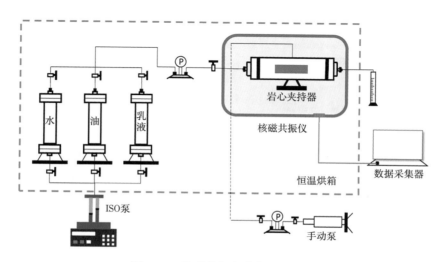

图 4-30 核磁共振实验装置流程图

3）实验步骤

（1）第一组：纯水驱。

①测量岩心长度和直径（表4-11），计算岩心总体积；将岩心干燥并称干重；然后抽真空饱和重水，饱和完称湿重，根据干重湿重差计算岩心孔隙体积和孔隙度。

②以0.1mL/min的速度向岩心中饱和油，直至岩心出口端完全出油，记录驱替出的水量，并计算含油饱和度。

③驱替前进行核磁共振扫描，获得岩心初始含油饱和度分布及T_2谱图。

④直接以0.09mL/min注入速度进行水驱，直至岩心出口端含水达到98%。驱替过中每隔一段时间进行核磁共振扫描，获得T_2谱图和伪彩图。

（2）第二组：模拟就地乳液驱。

步骤①、②、③重复第一组实验。

④以0.09mL/min注入速度先累计注入乳液体系1PV，然后进行后续水驱替，直至岩心出口端含水达到98%。驱替过程中每隔一段时间进行核磁共振扫描，获得T_2谱图和伪彩图。

表4-11 岩心基本参数表

岩心编号	长度（cm）	直径（cm）	水测渗透率（mD）	孔隙体积（cm³）	孔隙度（%）	原始含油体积（cm³）	原始含油饱和度（%）	备注
100-15	6.253	2.545	56.96	6.34	19.94	4.5	70.98	纯水驱
100-11	6.149	2.527	54.57	6.55	21.25	4.6	70.23	就地乳液驱

4）实验结果及讨论

（1）T_2谱图对比。

T_2谱上的信号幅度变化在一定程度上可反映岩心中含油饱和度在驱替过程中的变化趋势，信号幅度的下降代表岩心中含油饱和度的降低。由图4-31对比纯水驱和模拟就地乳液驱过程中T_2谱的变化趋势可知：随着驱替的进行，T_2谱信号幅度均呈不断降低趋势，岩心中的原油被不断驱替出来，而对于乳液驱过程，T_2幅度下降最大，表明了在该过程中原油得到了很好的动用，反映出了乳液对驱油的有利作用。同时驱替前就地乳液驱的T_2谱幅度高于水驱，而驱替结束后乳液驱的T_2谱幅度低于水驱，这也表明就地乳液驱过程中更多的原油被采出。

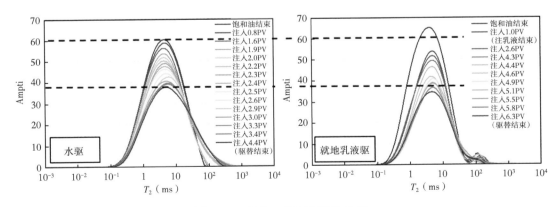

图4-31 水驱、就地乳液驱T_2谱

（2）含油饱和度变化及采收率对比。

以初始含油饱和度为基础，通过不同阶段T_2谱获得的信号量换算得到不同注入PV下

岩心中的含油饱和度，绘制成图4-32，同时计算得到的采收率数据汇总在表4-12中。结果显示，水驱过程含油饱和度平稳缓慢下降，而就地乳液驱过程含油饱和度在注乳液阶段明显下降，下降幅度为0.16，最终剩余油饱和度达到0.35，远低于水驱的0.52。水驱和就地乳液驱的总采收率分别为26.77%和49.78%，就地乳液驱采收率远高于水驱。

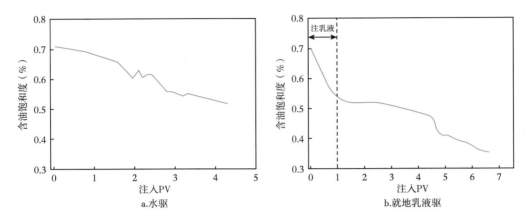

图 4-32　水驱、就地乳液驱过程含油饱和度变化

表 4-12　水驱、就地乳液驱采收率对比

驱替方式	采收率（%）		
	注乳液阶段	（后续）注水阶段	总计
水驱	—	26.77	26.77
就地乳液驱	23.41	26.37	49.78

（3）含油饱和度分布。

相比于纯水驱，就地乳液驱过程含油饱和度的变化比较均匀，驱替结束后，岩心内整体含油饱和度较低，而水驱后岩心部分区域饱和度较高，变化不均匀。这体现出了乳液良好的流度控制能力，类似于"活塞"驱替。

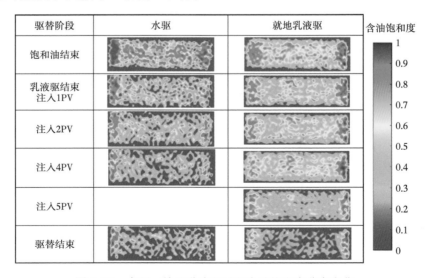

图 4-33　水驱、就地乳液驱过程含油饱和度分布变化

第三节 稠油自乳化体系仿真实验物理模拟研究

吉7油藏稠油水驱过程中由于形成了W/O型乳状液，表现出与常规稠油不同的水驱特征，本节通过单岩心、并联岩心和可视化实验对乳状液的驱油机理以及驱油效率影响因素进行研究，以明确吉7油藏稠油水驱机理及驱油效率。

一、单岩心实验研究

1. 不同黏度（含水）乳状液驱油实验

1）实验条件

（1）实验用油：J1423井脱水脱气油；

（2）实验用水：吉7油藏地层水及模拟注入水；

（3）乳液体系：按照不同油水比例配制含水35%、50%、60%、70%、80%的乳液；

（4）实验岩心：气测渗透率为100mD，规格ϕ3.8cm×8cm；

（5）实验温度：油藏温度55℃。

2）实验仪器

包括多功能岩心驱替装置、岩心夹持器（规格ϕ3.8cm×8cm）、恒压恒速泵、中间容器、六通阀、真空泵、恒温鼓风干燥箱、精密电子天平和游标卡尺等，实验装置流程如图4-34所示。

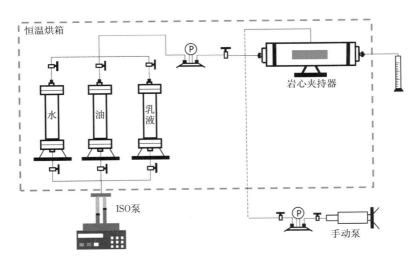

图4-34 单岩心实验装置流程图

3）实验步骤

向岩心中注入配制好的乳液以模拟不同含水情况下的乳液驱油，具体实验步骤如下：

（1）将岩心烘干，测量外观尺寸并称干重，抽真空饱和地层水称湿重，根据干湿重之差计算孔隙度，并测定岩心水测渗透率（表4-13）。

（2）以0.2mL/min的速度饱和油，直至岩心出口端不再出水，根据出水量计算原始含油饱和度（表4-14）。

（3）以1.15m/d的速度先注入1PV配制好的乳液，然后注水驱替，以模拟就地乳液驱，当岩心出口端含水达到98%时停止驱替，记录整个过程中的产液、产油、产水及压力数据。

表 4-13   实验用岩心基本参数

岩心编号	水测渗透率（mD）	孔隙度（%）	原始含油饱和度（%）	乳液含水（%）	乳液黏度（mPa·s）
100-145	61.86	11.83	57.89	35	4693
100-236	62.30	10.79	59.70	50	7616
100-181	70.62	10.72	63.13	60	8331
100-239	71.46	11.17	59.67	70	10270
100-192	63.50	10.94	62.07	80	8256

4）实验结果及讨论

不同黏度（含水）乳液驱油产出液如图4-35所示，注入压力对比如图4-36所示。乳液依赖油水乳化可提高驱替相黏度，进而提高宏观波及效率。不同含水的乳液因为黏度不同，流度控制能力不同；含水越高，乳液黏度越大，含水超过70%后，由于油水未完全乳化，黏度下降；实验中的注入压力也表现出相同的趋势，乳液含水越高，注入压力越大，虽然高含水下乳液稳定性降低，但其注入压力依然增加，流度控制能力较强。

此外，含水为60%乳液和80%乳液的黏度相近，但含水80%的乳液注入压力远高于含水60%的乳液，特别是在后续注水阶段，这可能是因为含水80%乳液的粒径较大，堵塞大孔道造成的。

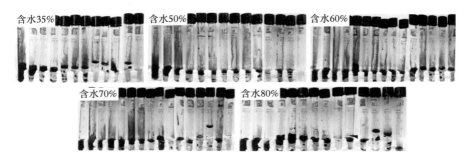

图 4-35   不同黏度（含水）乳液驱油产出液图片

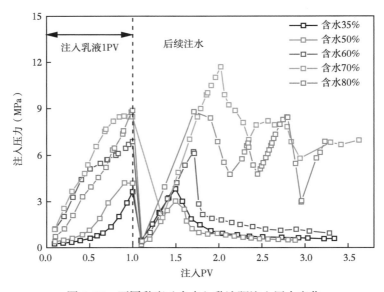

图 4-36   不同黏度（含水）乳液驱注入压力变化

2. 不同液滴尺寸乳状液驱油实验

1）实验条件及实验步骤

将不同矿化度的水和油按3.5∶6.5的比例制备成不同液滴尺寸的乳液。其他实验条件、实验仪器和实验步骤同前文。实验用岩心基本参数见表4-14。

表4-14　实验用岩心基本参数

岩心编号	水测渗透率（mD）	孔隙度（%）	原始含油饱和度（%）	平均孔喉直径（μm）	乳液粒径（μm）
100-235	70.44	10.73	62.44	4.58	2.38
100-139	71.61	10.45	63.47	4.68	3.31
100-10	70.89	10.72	63.81	4.88	4.35
100-1	75.44	10.12	68.28	4.60	4.70
100-21	76.01	10.89	64.52	4.73	6.15

2）实验结果及讨论

乳状液中的分散相液滴可以堵塞大孔隙，让后续驱替液不能进入大孔隙，起到一定的调剖作用。一般来说，乳状液滴粒径越大，其封堵性能越好。

不同液滴尺寸乳状驱过程的注入压力、含水和采收率变化如图4-37至图4-39所示。随着乳状液滴粒径增大，注入压力呈上升趋势，表明大粒径乳状液滴对岩心的封堵能力更强。但不同粒径乳液驱的采收率差别不明显，这可能是因为单岩心非均质性较弱，乳液的封堵作用不能很好地体现出来。

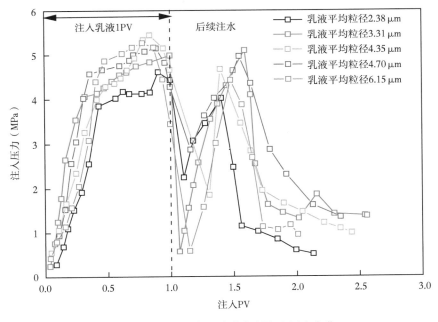

图4-37　不同液滴尺寸乳状驱注入压力变化

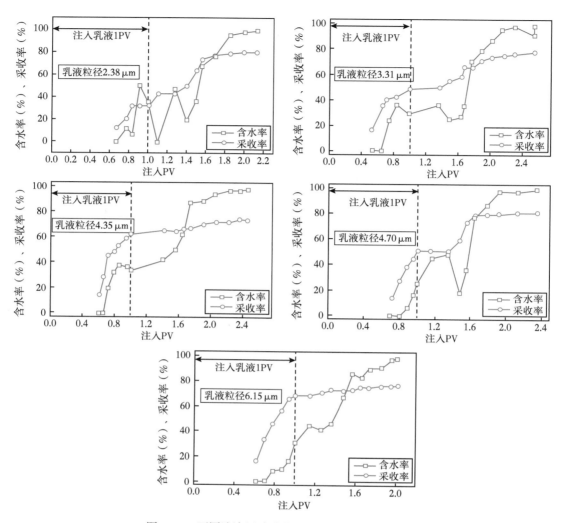

图 4-38 不同液滴尺寸乳状驱含水率和采收率变化

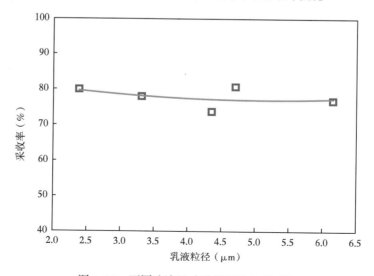

图 4-39 不同液滴尺寸乳状驱采收率对比

3. 不同渗透率岩心乳状液驱油实验

1) 实验条件及实验步骤

按含水 35% 制备乳液，分别选择气测渗透率为 20mD、100mD、200mD、600mD 的岩心进行实验。其他实验条件、实验仪器和实验步骤同前文。实验用岩心基本参数见表 4-15。

表 4-15　实验用岩心基本参数

岩心编号	水测渗透率（mD）	孔隙度（%）	原始含油饱和度（%）
20-19	11.78	7.52	49.35
100-147	67.04	10.62	59.86
200-9	93.60	19.14	64.01
600-1	276.00	19.32	73.49

2) 实验结果及讨论

不同渗透率条件下乳状驱过程的注入压力、含水率和采收率变化如图 4-40 和图 4-41 所示。随着渗透率的增加，总采收率先略有上升，后下降，总体上均较高，渗透率在 200mD

图 4-40　不同渗透率下产出液图片

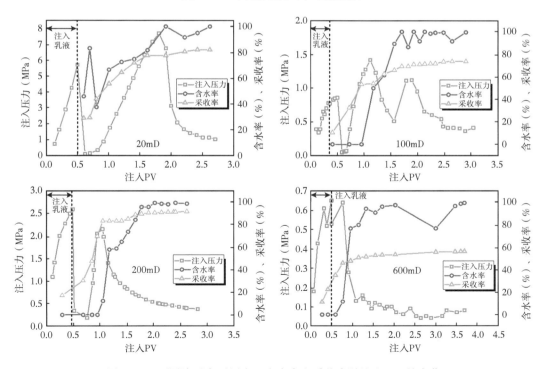

图 4-41　不同渗透率下压力、含水率和采收率随注入 PV 的变化

以下时采收率在 75%~90%；渗透率为 600mD 时采收率最低，只有 59.92%，这可能是因为渗透率较高时乳液在岩心中受到的剪切作用较弱，不稳定，容易破乳，流度控制能力减弱，同时乳液在高渗岩心中更易突破。

渗透率为 200mD 时采收率最高，无水采油期的采收率即达到 70.18%，总采收率达到 92.06%，近似于活塞驱替（图 4-42）。这说明形成的高黏度乳液能够很好地控制稠油水驱过程中的黏性指进现象，表现出了很好的流度控制能力。

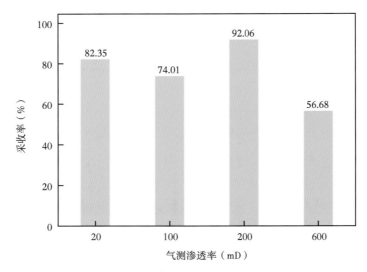

图 4-42　不同渗透率下总采收率对比

4. 不同黏度原油乳状液驱油实验

1）实验条件及实验步骤

选择不同黏度的原油与地层水按含水 35% 制备乳液进行驱替实验，其他实验条件、实验仪器和实验步骤同前文。实验用岩心基本参数见表 4-16。

表 4-16　实验用岩心基本参数

岩心编号	水测渗透率（mD）	孔隙度（%）	原始含油饱和度（%）	井号	原油黏度（55℃）（mPa·s）
100-14	38.86	10.13	67.09	J1423	79.19
100-82	40.28	10.95	66.67	J3426	69.75
100-72	41.18	10.01	56.44	J9427	67.26
100-61	37.69	10.80	62.37	吉 103	47.89

2）实验结果及讨论

不同原油黏度下乳状驱过程的注入压力、含水率和采收率变化如图 4-43 和图 4-44 所示。随着原油黏度的增加，原油和乳液流动阻力加大，驱替压差增加。注乳液阶段产出液含水率保持在较低水平（低于 20%），转注水驱后，由于乳液黏度远大于水的黏度，注入水很快指进突破乳液段塞，含水率迅速上升，很快达到经济极限。同时，随着原油黏度的增加，乳液驱采收率逐渐下降。这可能是因为原油黏度越大，其本身及乳液与水的流度比越大，注入水越容易指进窜流，造成采收率降低。

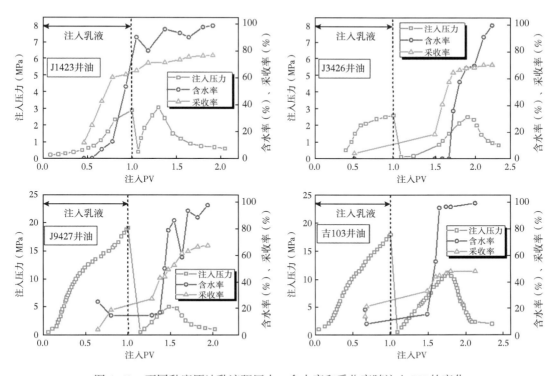

图 4-43　不同黏度原油乳液驱压力、含水率和采收率随注入 PV 的变化

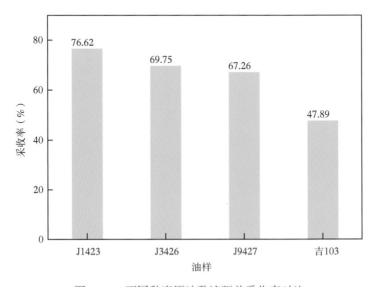

图 4-44　不同黏度原油乳液驱总采收率对比

二、并联岩心实验研究

1. 不同渗透率级差乳状液驱油实验

1）实验条件

（1）实验用油：J1423 井脱水脱气油；

（2）实验用水：吉 7 油藏地层水及模拟注入水；

（3）乳液体系：按照一定油水比例配制含水 35% 的乳液；

（4）实验岩心：气测渗透率为 100mD，规格 φ3.8cm×8cm；

（5）实验温度：油藏温度为 55℃。

2）实验仪器

包括多功能岩心驱替装置、岩心夹持器（规格 φ3.8cm×8cm）、恒压恒速泵、中间容器、六通阀、真空泵、恒温鼓风干燥箱、精密电子天平和游标卡尺等，实验装置流程如图 4-45 所示。

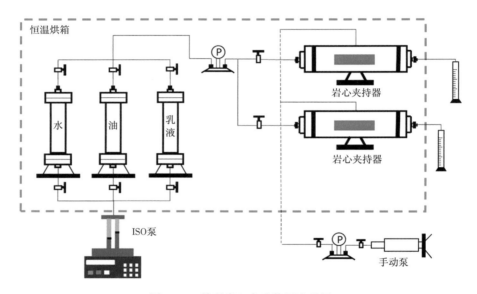

图 4-45　并联岩心实验装置流程图

3）实验步骤

向不同渗透率级差的并联岩心中注入配制好的乳液以模拟就地乳液驱油，具体实验步骤如下：

（1）将岩心烘干，测量外观尺寸并称干重，抽真空饱和水称湿重，根据干湿重之差计算孔隙度，并测定岩心水测渗透率（表 4-17）。

（2）以 0.2mL/min 的速度饱和油，直至岩心出口端不再出水，根据出水量计算原始含油饱和度（表 4-18）。

（3）将不同渗透率的岩心按要求的级差组合，以 1.15m/d 的速度先注入 1PV 配制好的乳液，然后注水驱替，以模拟就地乳液驱，当岩心出口端总含水达到 98% 时停止驱替，记录整个过程中的压力以及高、低渗岩心产液、产油、产水数据。

表 4-17　实验用岩心基本参数

渗透率级差		岩心编号	水测渗透率（mD）	孔隙度（%）	原始含油饱和度（%）
2.05	高渗	150-7	104.37	71.73	71.73
	低渗	70-4	50.77	75.91	75.91
	平均		77.57	73.67	73.67
4.53	高渗	150-2	106.86	75.03	75.03
	低渗	30-1	23.59	83.15	83.15
	平均		65.23	78.38	78.38
6.58	高渗	150-14	107.27	76.22	76.22
	低渗	60-19	16.29	60.96	60.96
	平均		61.78	69.90	69.90
8.10	高渗	150-4	95.43	74.44	74.44
	低渗	20-8	11.78	57.84	57.84
	平均		53.61	68.60	68.60
13.13	高渗	150-10	102.06	76.49	76.49
	低渗	15-2	7.77	49.11	49.11
	平均		54.92	66.88	66.88

4）实验结果及讨论

乳液依赖油水乳化可提高驱替相黏度，进而提高宏观波及效率。不同渗透率级差下高渗、低渗产液百分数对比如图 4-47 所示。随着渗透率级差增大，乳液（含水 35%）的流度控制作用减弱，低渗层产液百分数逐渐降低；当渗透率级差大于 8.10 后，含水 35% 乳液不再能启动低渗层，这时需要更高黏度（即更高含水）的乳液来启动。

不同渗透率级差下压力、含水率和采收率随注入 PV 的变化如图 4-48 所示，最终采收率见表 4-18。随着渗透率级差增大，高渗层和低渗层采收率均逐渐降低，该实验用乳液体系的非均质调控能力有限，级差过大时不能起到提高宏观波及体积的作用，总的采收率呈逐渐下降趋势。

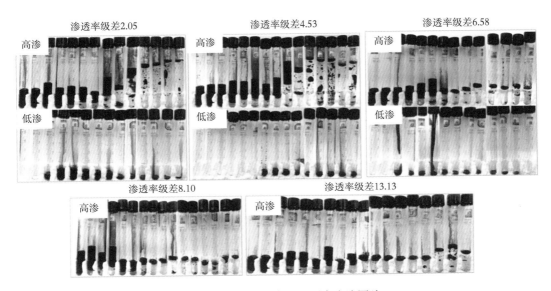

图 4-46　不同渗透率级差下产出液图片

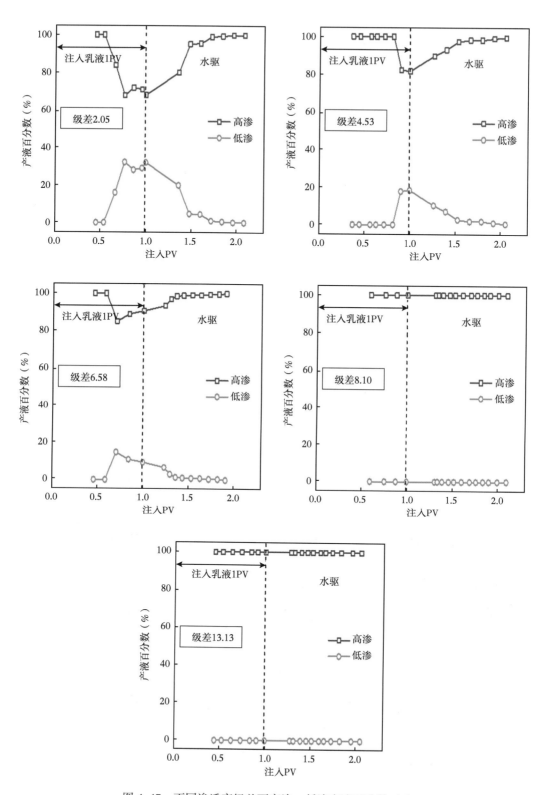

图 4-47　不同渗透率级差下高渗、低渗产液百分数对比

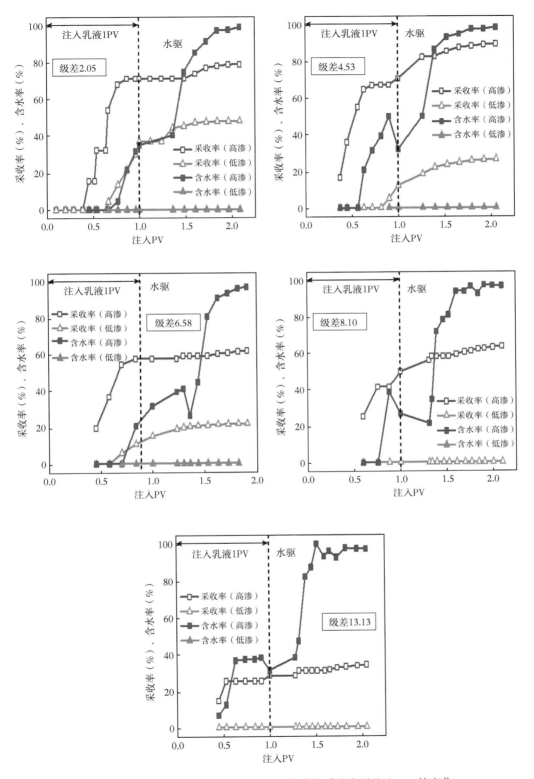

图 4-48　不同渗透率级差下压力、含水率和采收率随注入 PV 的变化

表4-18 不同渗透率级差下采收率对比

渗透率级差	采收率（%）		
	高渗	低渗	总计
2.05	88.02	48.18	68.97
4.53	89.84	26.54	62.15
6.58	61.73	21.73	47.28
8.10	63.51	0.00	44.65
13.13	34.29	0.00	25.45

2. 不同液滴尺寸乳状液驱油实验

1）实验条件及实验步骤

将不同矿化度的水和油按3.5∶6.5的比例制备成不同液滴尺寸的乳液。其他实验条件、实验仪器和实验步骤同前文。实验用岩心基本参数见表4-19。

表4-19 实验用岩心基本参数

渗透率级差	岩心编号		水测渗透率（mD）	孔隙度（%）	原始含油饱和度（%）	平均孔喉直径（μm）	乳液粒径（μm）
2.72	高渗	150-8	91.05	12.64	72.84	4.80	2.38
	低渗	40-5	33.45	11.63	61.15	3.03	
	平均		62.25	12.14	67.26		
2.77	高渗	150-13	90.94	12.66	77.19	4.79	3.31
	低渗	60-18	32.84	8.19	54.95	3.58	
	平均		61.89	10.5	72.12		
2.84	高渗	150-19	94.53	13.14	73.78	4.80	4.35
	低渗	60-25	33.26	8.59	55.42	3.52	
	平均		63.90	11.88	66.54		
2.87	高渗	150-25	90.89	12.82	76.53	4.76	4.70
	低渗	60-12	31.65	8.43	55.29	3.47	
	平均		61.27	11.67	67.79		
2.74	高渗	150-10	102.06	76.49	76.49	5.09	6.15
	低渗	15-2	7.77	49.11	49.11	3.72	
	平均		54.92	66.88	66.88		

2）实验结果及讨论

在渗透率存在差异的岩心中乳状液可以起到较好的封堵作用，改善非均质性，起到调剖且提高波及系数的作用。不同液滴尺寸乳液驱油高、低渗产液百分数如图4-49所示，含水率和采收率如图4-50、图4-51和表4-20所示。结果显示：随着乳状液粒径增大，低渗层产液百分数增加，低渗层被启动的程度越大，同时低渗层的采收率呈逐渐增加趋势，总的采收率也增加。这是因为乳状液粒径是影响乳状液调剖能力的关键因素，当乳状液的粒径大于岩心孔喉半径时，封堵效果较好，因为乳状液颗粒可以通过变形进入半径较大的孔喉，相比于依靠多个乳状液颗粒聚集对孔喉的封堵，封堵强度更高。

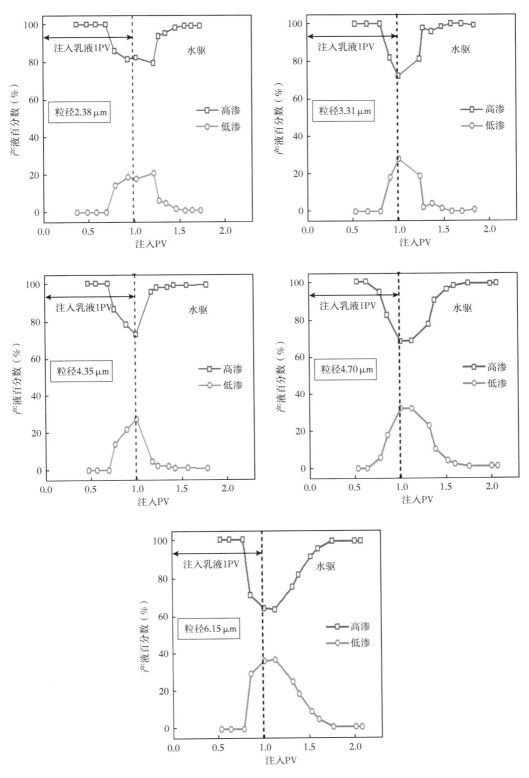

图 4-49　不同液滴尺寸乳液驱油高渗层、低渗层产液百分数对比

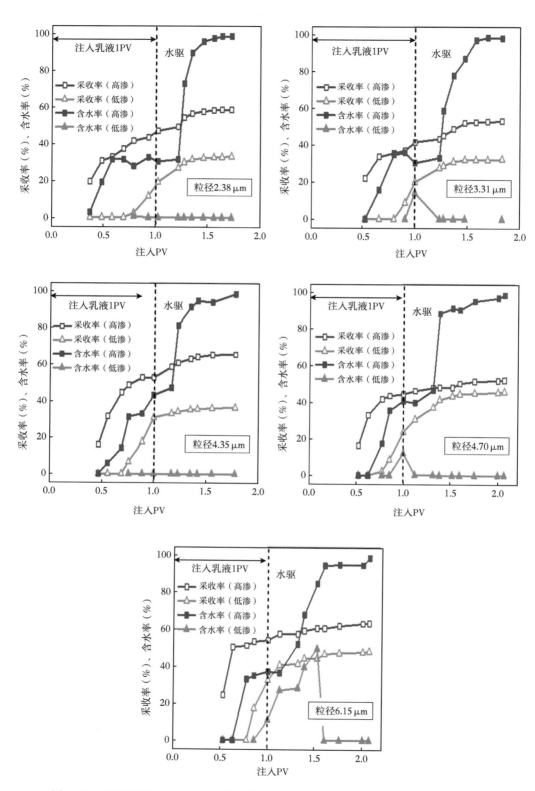

图 4-50 不同液滴尺寸乳液驱油高渗层、低渗层含水率和采收率随注入 PV 的变化

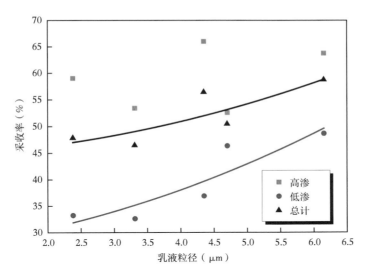

图 4-51　不同液滴尺寸乳液驱油采收率对比

表 4-20　不同液滴尺寸乳液驱油采收率对比

乳液粒径（μm）	采收率（%）		
	高渗	低渗	总计
2.38	59.04	33.23	47.86
3.31	53.41	32.60	46.48
4.35	65.98	36.89	56.42
4.70	52.57	46.34	50.48
6.15	63.74	48.64	58.74

3. 不同黏度乳状液驱油实验

1）实验条件及实验步骤

将原油与地层水按不同比例制备不同含水的乳液（35%、50%、60%、70%、80%）进行驱替实验，其他实验条件、实验仪器和实验步骤同前文。实验用岩心基本参数见表 4-21。

表 4-21　实验用岩心基本参数

渗透率级差	岩心编号		水测渗透率（mD）	孔隙度（%）	原始含油饱和度（%）	乳液含水（%）	乳液黏度（mPa·s）
3.13	高渗	100-4	68.21	11.46	67.22	35	4693
	低渗	60-20	21.81	7.77	59.44		
	平均		45.01	9.6	64.02		
3.05	高渗	100-11	61.9	10.97	69.55	50	7616
	低渗	55-9	20.21	7.97	73.83		
	平均		41.06	9.5	71.30		

渗透率级差		岩心编号	水测渗透率（mD）	孔隙度（%）	原始含油饱和度（%）	乳液含水（%）	乳液黏度（mPa·s）
3.07	高渗	100-8	66.1	11.88	62.56	60	8331
	低渗	60-22	21.55	8.43	68.49		
	平均		43.825	10.14	65.05		
3.03	高渗	100-2	60.81	11.3	64.15	70	10270
	低渗	55-8	20.095	19.94	75.39		
	平均		40.45	15.5	71.21		
3.17	高渗	100-177	69.64	10.1	62.43	80	8256
	低渗	55-8	21.96	11.87	71.29		
	平均		45.80	10.96	67.10		

2）实验结果及讨论

在不同含水率下形成的乳液由于提高了驱替相黏度，均能有效启动低渗层。不同黏度乳液驱油产出液如图4-52所示，高渗层、低渗层产液百分数如图4-53所示。随着含水率的增加，低渗产液百分数逐渐增加，这是因为随着含水率增加，油水乳化形成的乳液黏度增大，流动控制能力增强。当含水率大于60%后，吸水剖面发生反转，驱替后期低渗层产液百分数远大于高渗层。

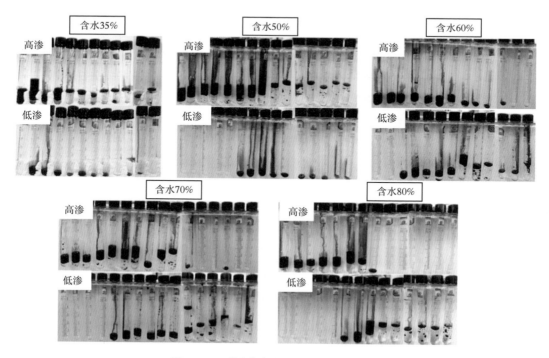

图4-52 不同黏度乳液驱油产出液图片

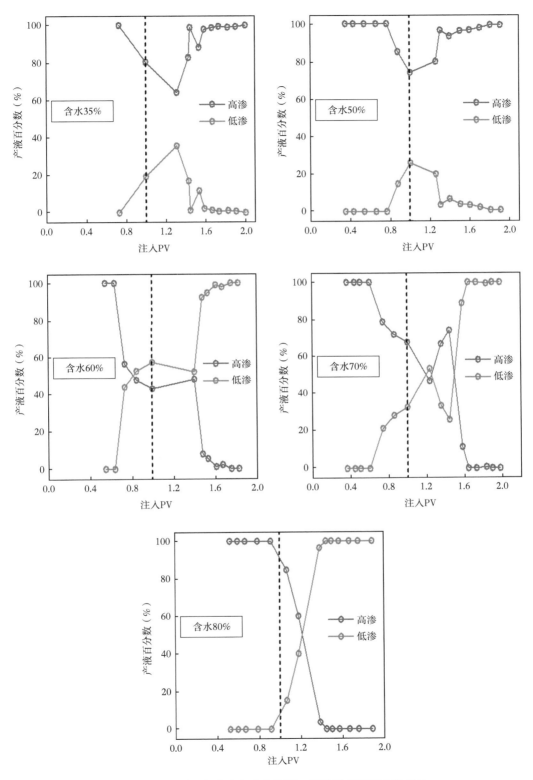

图 4-53　不同黏度乳液驱油高渗层、低渗层产液百分数对比

稠油水驱过程中，注入水优先进入高渗通道驱替其中原油，随着驱替的进行，高渗层含油饱和度降低，含水饱和度增加，形成的乳液黏度也逐渐增大，驱替阻力增加，此时后续注入水进入次高渗层驱替，驱替过程中形成乳液。当驱替阻力大于启动压力后，后续注入水进入低渗层驱替。如此逐级调控，实现稠油水驱过程中的均衡驱替。

三、平板模型实验研究

1. 实验方法

1）实验条件

（1）模型尺寸：200mm×200mm，厚度4mm；

（2）实验温度：55℃；

（3）实验用油：J1423井地层条件下模拟油（360mPa·s@55℃）；

（4）实验用水：吉7油藏地层水和模拟注入水。

2）实验仪器

包括平板模型、恒压恒速泵、中间容器、六通阀、恒温鼓风干燥箱、精密电子天平和游标卡尺等，实验装置流程如图4-54所示。

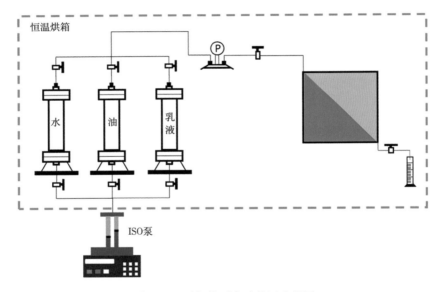

图4-54　平板模型实验装置流程图

3）实验步骤

用粗砂（30~40目）和细砂（60~80目）填制具有非均质性的平板模型，按流程图连接好装置，依次饱和水和油。以0.1mL/min速度进行水驱至含水98%，然后注入乳液，接着再进行水驱，在整个过程中利用摄像机记录整个过程中的油水分布情况。

2. 实验结果及讨论

如图4-55所示，水驱结束后，平面波及系数不到50%，只启动了高渗区；实验中为了模拟水驱过程中就地乳液的形成，注入0.3PV乳液（压力限制），乳液在高渗区形成封堵，后续注入水进入低渗区驱替，扩大了波及系数，波及系数由46.80%上升至73.49%，增加了26.69%（表4-22）。

饱和水结束	饱和油过程	饱和油结束	
水驱过程	水驱结束	乳液驱（后续水驱）结束	

图 4-55　平板模型实验结果

表 4-22　不同阶段波及系数统计

驱替阶段	水驱结束	乳液驱结束	扩大值
波及系数（%）	46.80	73.49	26.69

第四节　吉 7 油藏稠油自乳化体系水驱机理分析

吉 7 油藏稠油水驱主要机理包括：

（1）W/O 型乳液黏度随含水增加而增加，具备较强的流度控制作用，如图 4-56a 所示；

（2）高含水时，乳液被多孔介质截断捕集，产生附加流动阻力，具有调剖作用，如图 4-56b 所示；

（3）乳液较原油与岩石的亲水性更强，微观驱洗能力提高；

（4）W/O 型乳液外相为油相，与油之间不存在界面，具有近混相驱的效果，如图 4-56c 所示。

通过吉庆 7 井区基础实验、微观实验及仿真实验得到以下结论。

（1）吉 7 油藏稠油乳液的形成主要受剪切强度、剪切时间、含水率和原油自身组分性质的影响。单组分对吉 7 油藏稠油乳化的有利作用：石油酸＞沥青质＞胶质＞饱和烃＞芳香烃＞蜡；天然乳化剂和石油酸具有较强的协同乳化作用。乳液稳定性受各因素的影响程度：含水率＞温度＞搅拌速率＞搅拌时间＞矿化度＞ pH 值＞黏土矿物类型＞黏土矿物含量＞黏土矿物尺寸＞原油黏度。含水率和温度降低，搅拌时间和搅拌速率增加，乳状液稳定性均增强。稳定乳状液形成条件：搅拌时间大于 5min，搅拌速率大于 300r/min，含水≤ 40%，温度为 30~60℃，黏土矿物含量为 0.05%~1.0%，pH 值≤ 6.21 或 pH 值≥ 9.25，矿化度为 2000~12000mg/L。

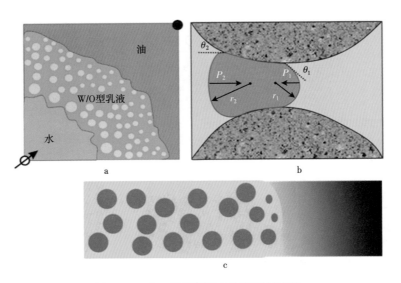

图 4-56　吉 7 油藏稠油水驱机理示意图

（2）含水为 10%~90%，乳液黏度在 1534~5123mPa·s 之间，是原油黏度的 1.55~5.17 倍。受各种因素的影响，含水 35% 乳液黏度增加倍数在 2.10~4.16 之间变化。乳液黏度受各因素的影响程度：含水率＞黏土矿物类型＞温度＞搅拌时间＞原油黏度＞pH 值＞黏土矿物含量＞搅拌速率＞黏土矿物尺寸＞矿化度。搅拌时间和含水增加，乳液黏度先增加后减小；乳化温度增加，乳液黏度增加倍数增加；黏土矿物的加入使乳液黏度有一定程度增加。

（3）吉 7 油藏为乳液平均粒径大小在 0.381~6.15μm 之间；乳液平均粒径受各因素的影响程度：pH 值＞矿化度＞含水率＞搅拌时间＞搅拌速率＞原油黏度＞黏土矿物含量＞黏土矿物类型＞温度＞黏土矿物尺寸；搅拌速率和搅拌时间增加，乳液粒径减小，分布更均匀；含水率和矿化度增加，乳液粒径增大，分布范围更广；中性环境中，乳液粒径最大。

（4）吉 7 油藏稠油黏度随剪切速率变化不大，幂律指数为 0.98196，接近牛顿流体特性，而形成乳液后幂律指数下降，更接近假塑性流体，表现出剪切变稀特性，乳状液的假塑性降低了其在地层中的流动阻力。乳状液流变性受各因素影响程度：温度＞原油黏度＞搅拌时间＞搅拌速率＞pH 值＞含水率＞黏土矿物含量＞矿化度＞黏土矿物尺寸＞黏土矿物类型。搅拌速率增加，剪切稀释性先增强后减弱；随着搅拌时间、乳化温度、矿化度和 pH 值增加，乳液剪切稀释性减弱；含水增加，乳液剪切稀释性增强。

（5）乳状液对油—水界面张力基本无降低作用，吉 7 油藏油—水界面张力在 11mN/m 左右，含水为 10%~50% 的乳液和水的界面张力在 13~20mN/m 之间，两者位于同一数量级。乳液—油之间不存在界面。乳状液的形成可降低油与岩石的接触角，并且乳状液含水越高，接触角越小，乳状液在岩石表面的黏附力比油小，更易被剥离。

（6）油藏压力条件下，流动距离 ≥ 30cm，注入速度为 0.57~3.45m/d，渗透率为 50~500mD，原油黏度为 1456~7040mPa·s，油水在岩心中均能乳化。通过微观可视化模型观察到乳液形成过程：注入水通过变窄喉道时被拉长、截断成液滴状，分散在原油中，形成 W/O 型乳液。注入速度一定程度的增加有利于乳化，但过高的注入速度可能导致油水在地层中接触时间过短，注入水过早窜流，乳化效果不好。

（7）油水乳化形成乳液可显著提高驱替相黏度，同时具备较强的流度控制能力和非均质调控能力。在1456~7040mPa·s范围，原油黏度增加，乳液驱采收率下降；在含水为10%~90%范围，含水越高，乳液黏度越大，流度控制能力越强，低渗区动用增加，采收率越高；一定黏度乳状液的非均质调控能力有限，对于含水35%乳状液，当渗透率级差≥8.10后不再启动低渗层；渗透率级差增大，高、低渗层及总采收率均逐渐降低；在20~600mD范围内，渗透率增加，采收率先略有上升后下降，在200mD时采收率高达92.06%，近似于活塞驱替。此外，乳状液的分散相液滴可以堵塞大孔隙，起到一定的调剖作用。乳状液滴粒径增大，封堵能力增强，对低渗层的动用增加，原油采收率增加。

（8）乳状液通过流度控制、非均质调控和润湿性改善显著提高了稠油水驱效率。相比于纯水驱，天然岩心驱替实验和核磁共振实验获得就地乳液驱的采收率提高幅度分别为19.17%和23.01%。

第五章 吉7井区中深层稠油油藏常温注水油藏工程研究

吉7井区含油面积25.36km²，探明地质储量7205.86×10⁴t，油层埋藏深度1317~1836m。属于受断裂控制的构造油藏，储层为二叠系梧桐沟组砂岩，平均孔隙度为19.53%，平均渗透率为80.8mD。50℃原油黏度为100~10027mPa·s。注水试验区分别是吉008试验区和吉003试验区，进行了两年多的试注水试验初见成效，后续的理论及实验室论证均表明该地区注水开发稠油可行。本章采用油藏工程方法对该地区进行注水提高采收率的方法论证。

第一节 自乳化体系多相渗流规律研究

吉008试验区注水以来，综合含水一直在30%~50%范围内稳定波动，截至2018年12月区块含水41.1%，采出程度16.64%，含水—采出程度关系曲线呈凹形，呈现为一条接近水平的直线。基于现场数据，采用物理模拟和数值模拟方法修正了含水率—采出程度曲线，以期指导后续的油藏工程研究。

一、注水试验区情况

1. 吉008试验区

吉008试验采用了反七点井网，形成了7注12采的注采井组（图5-1），从2011年9

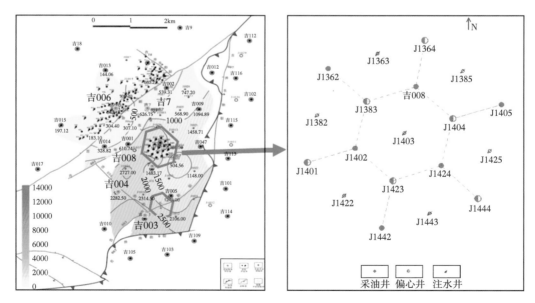

图5-1 吉008注水试验区井网部署

月开始注水，区块综合含水一直在30%~50%范围内稳定波动，截至2018年12月区块含水41.1%。各单井含水也一直比较稳定，目前最高含水49.6%，最低含水32.1%（图5-2至图5-4）。

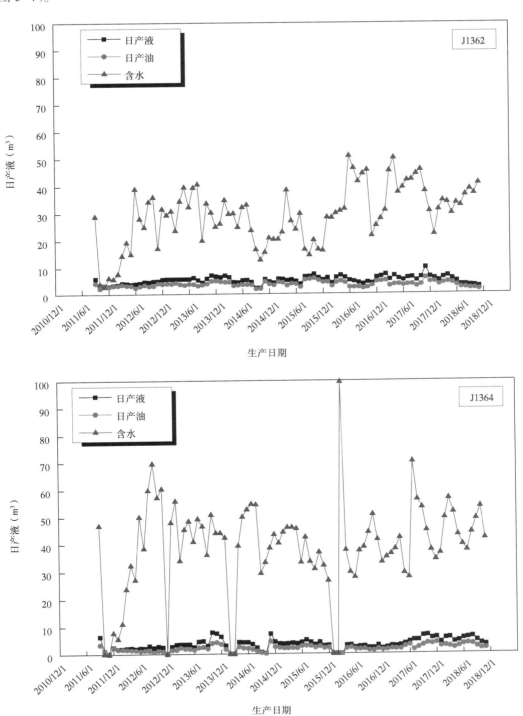

图 5-2 吉 008 试验区单井生产动态曲线

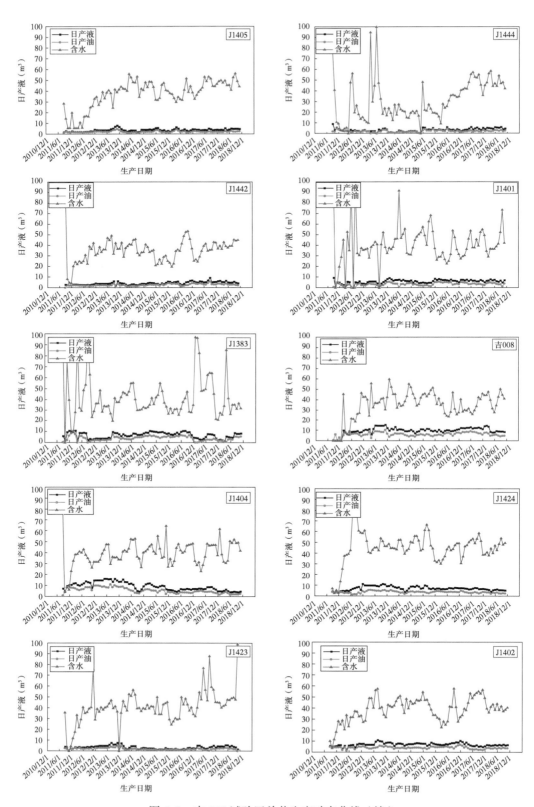

图 5-2　吉 008 试验区单井生产动态曲线（续）

160

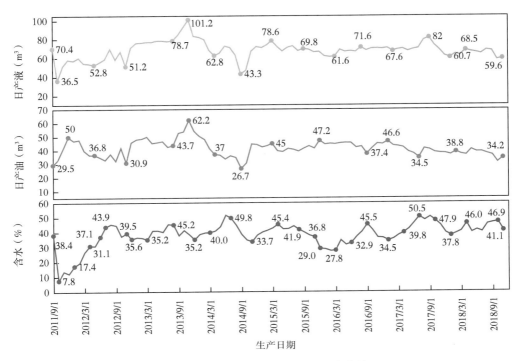

图 5-3 吉 008 注水试验区生产动态曲线

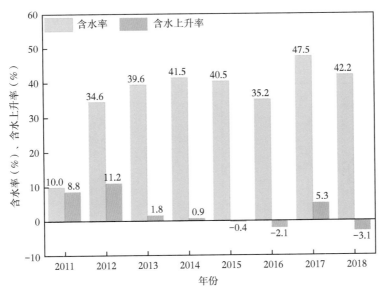

图 5-4 吉 008 注水试验区含水率和含水上升率变化

含水率—采出程度关系曲线如图 5-5 所示,随着采出程度的增加,含水率基本保持不变,在图上呈现为一条接近水平的直线,原油主要在中—低含水阶段产出,截至 2018 年 12 月采出程度已达到 16.64%。

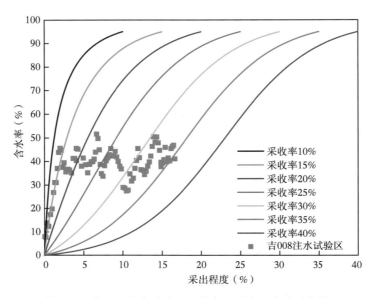

图 5-5　吉 008 注水试验区含水率—采出程度关系曲线

2. 吉 003 试验区

吉 003 试验采用了反七点井网，形成了 3 注 7 采的注采井组（图 5-6），从 2017 年底开始注水，截至目前区块综合含水稳定在 22% 左右，采出程度 1.04%。各单井的综合含水最低为 9.0%，最高为 33.2%（图 5-7 至图 5-9）。

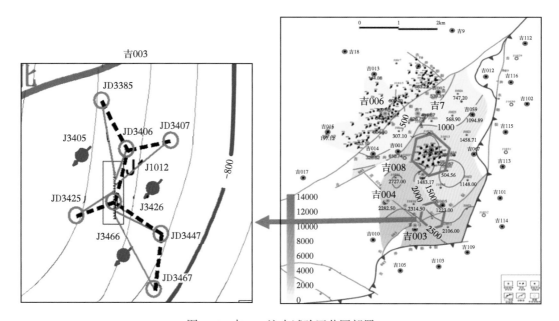

图 5-6　吉 003 注水试验区井网部署

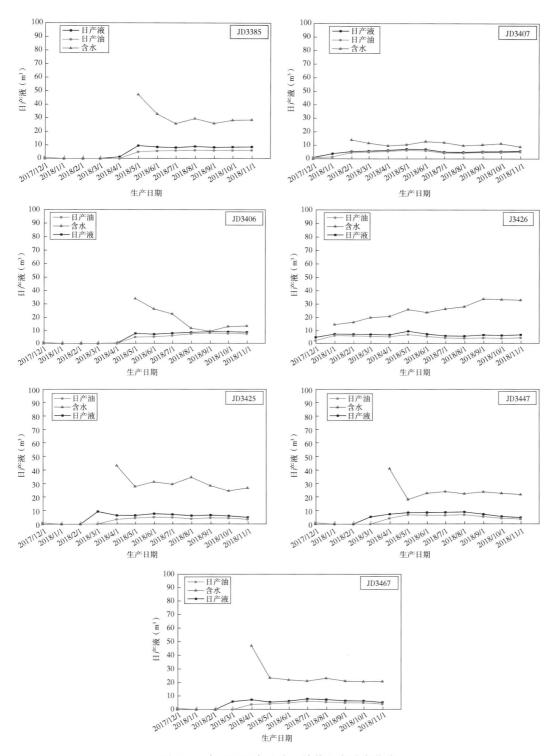

图 5-7 吉 003 注水试验区单井生产动态曲线

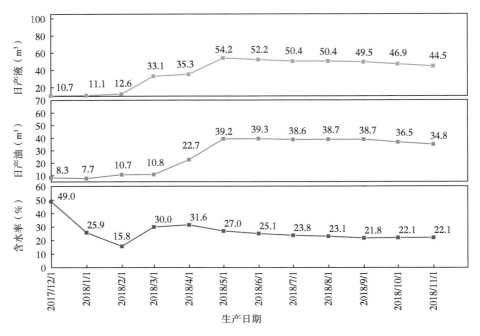

图 5-8　吉 003 注水试验区生产动态曲线

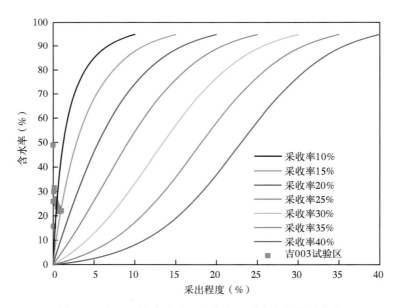

图 5-9　吉 003 注水试验区含水率—采出程度关系曲线

3. 含水率—采出程度曲线

　　稠油注水开发经验理论认为：稠油含水率—采出程度关系曲线呈凸形上升趋势，即见水后含水快速上升至 80% 左右后趋于平缓，含水在 0~80% 之间阶段采出程度很低，主要驱油阶段在无水采油期和高含水期。而吉 008 试验区自 2011 年开发以来，油井见水后含水上升至 40% 左右一直保持稳定，目前采出程度 15%，已达到方案设计水平，采油速度

2.2%，预测采收率 30%，与经验理论存在很大差异。吉 7 井区采油井取样中发现：吉 7 井区与其他区块原油相比，乳化现象非常普遍，且脱水困难，长期放置不易分层。通过调研认为：主要是注入水在地层条件下与原油乳化，对驱油效率产生了较大影响。

实验证明，吉 7 井区稠油遇水极易乳化，乳化后迅速形成油包水乳状液，且不受原油黏度的影响；而且乳状液最高溶水率随黏度增加而减少，黏度小于 1000mPa·s 的油样最高乳状液含水为 60%，黏度为 1000~8000mPa·s 的油样最高乳状液含水为 40%，黏度大于 8000mPa·s 的油样最高乳状液含水 35%，在此范围内乳状液均稳定，只是搅拌时间随着黏度的升高而延长。这一实验结果与取样分析结果一致，也与吉 8 断块含水稳定在 40% 左右、吉 006 断块含水稳定在 60% 左右开发形势相吻合（图 5-10、图 5-11）。

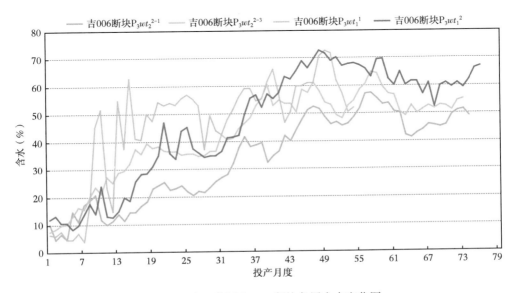

图 5-10　吉 7 井区吉 006 断块各层含水变化图

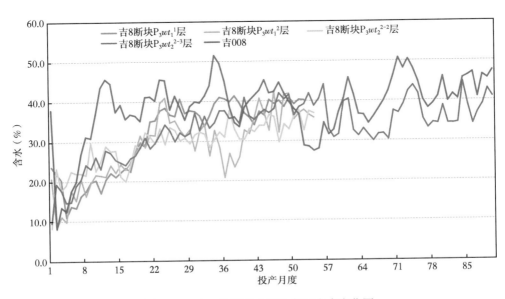

图 5-11　吉 7 井区吉 8 断块各层含水变化图

二、含水率—采出程度关系曲线修正

1. 物理模型方法

为了更好地模拟油藏实际情况，在油藏平均渗透率级差下，建立"水驱乳液驱油"驱替条带（图5-12）。所用岩心基本参数见表5-3-1，实验步骤如下：

（1）将岩心烘干，测量外观尺寸并称干重，抽真空饱和水称湿重，根据干湿重之差计算孔隙度，并测定岩心水测渗透率。

（2）以0.2mL/min的速度饱和油，直至岩心出口端不再出水，根据出水量计算原始含油饱和度。

（3）以1.15m/d的速度分别依次注入：0.25PV含水35%乳液、0.25PV含水50%乳液、0.25PV含水60%乳液、0.25PV含水70%乳液，然后注水驱替，建立"水驱乳液驱油"驱替条带，当岩心出口端总含水达到98%时停止驱替，记录整个过程中的压力以及高渗、低渗岩心产液、产油、产水数据。

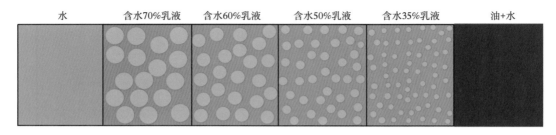

图5-12 "水驱乳液驱油" 驱替条带

表5-1 岩心基本参数

渗透率级差	岩心编号		水测渗透率（mD）	孔隙度（%）	原始含油饱和度（%）	原油
8.27	高渗	100-242	74.56	14.1	71.37	J1423井（黏度＜2000mPa·s）
	低渗	15-3	9.01	7.04	59.72	
	平均		41.79	10.19	67.48	
7.71	高渗	200-4	82.85	18.05	69.86	JD3385井（黏度2000~6000mPa·s）
	低渗	55-61	10.75	14.66	62.48	
	平均		46.8	16.35	66.67	

实验结果如图5-13所示，渗透率级差为8.27和7.71时，组合的乳液段塞能够很好地启动低渗层，扩大水驱波及效率。含水率—采出程度关系曲线如图5-14所示。含水率—采出程度关系曲线依然分为三阶段：低产水阶段—乳液段塞产出阶段—注入水突破阶段。根据物模实验得出，J1423油的最终采收率为47.42%，JD3385井油的最终采收率为35.29%。

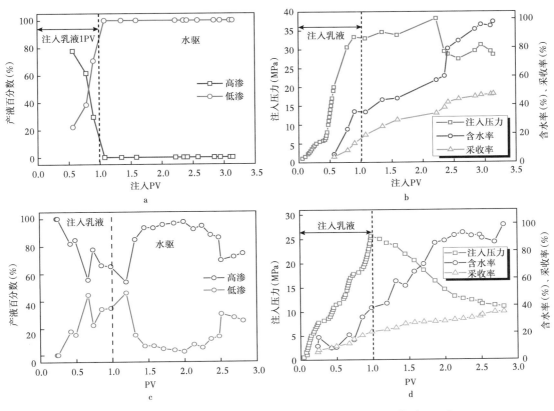

图 5-13 生产动态曲线——J1423 井:（a，b）、JD3385 井:（c，d）

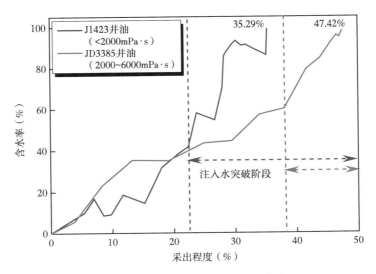

图 5-14 含水率—采出程度关系曲线

2. 数值模拟方法

针对吉 008 试验区，采用数值模拟手段，在对其进行历史拟合的基础上，预测该区块的含水率和采出程度。

乳液生成情况下，水驱过程的机理不同，通过添加乳液生成反应和调整相渗曲线进行生产历史拟合，拟合结果如图5-15所示。在拟合基础上，预测了含水率的变化趋势并修正了含水率—采出程度曲线，如图5-16所示。根据修正后的含水率—采出程度曲线，吉008试验区在含水82.5%时采出程度为70.5%。

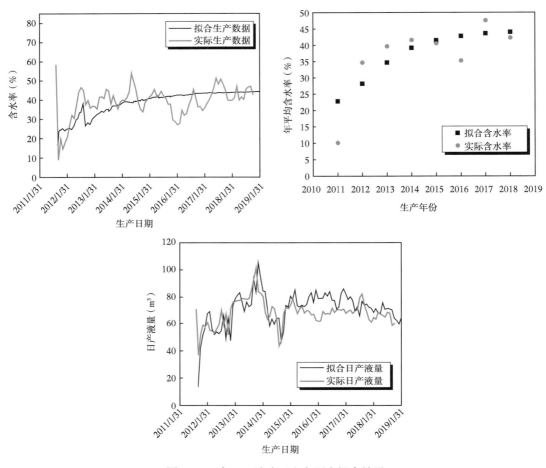

图 5-15　吉 008 试验区生产历史拟合结果

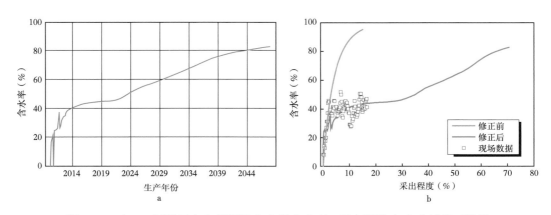

图 5-16　吉 008 试验区含水率预测（a）及含水率—采出程度（b）曲线修正结果

第二节　矢量井网立体开发方式研究

一、矢量化井网的概念

长期以来，油田开发设计和部署的井网都是规则井网，其共同点是不考虑油藏的非均质性，由注水井构成规则的不同形状的水线向油藏的各个方向注水，如四点法井网的注水线的形状是一个规则的菱形，七点法井网的注水线形状则是双构的规则菱形。由于油藏非均质性的客观存在性和规则井网水驱的无方向性（各向同性）的双重作用造成了目前剩余油分布零散的特性，呈现出各向异性，在数学上即为矢量性。目前认为油藏非均质性是造成剩余油分布零散的主要因素，实质上井网的各向同性水驱也起到了相当重要的影响。因此，应该有一种新的且能够与油藏非均质性相适应的井网布置理念，以期改善剩余油分布零散的状况。

为了减轻储层地质矢量和非均质性对开发效果的负面影响，为此提出矢量化井网的概念，矢量化布井网是以沉积的物源方向、河流走向或主渗透率方向、沉积微相、储量分布为基础而部署与之相适应的井网，即同时考虑油层分布、物源方向、河流走向或主渗透率方向、裂缝方向、沉积微相的一种综合布井方式。矢量化井网概念提出的主要是使水驱有明确的方向特性，达到较好的水驱效果，同时以便区别于传统的规则井网概念。油田开发设计应在详细研究地质矢量的基础上，研究确定最佳的矢量井网，以期获得最大的收益。

1. 矢量化井网的物理意义

矢量化井网的物理意义主要包括几个方面：（1）部署井网的矢量性，与数学意义的矢量是一致的。矢量性指方向性，井网中方向性包括油流动主要通道方向、水驱方向和井排方向等。（2）承认储层的方向性特征，第二章中详细分析认识了储层的方向特征。（3）井网部署方向与储层方向特征的有机耦合，如水驱方向与主渗方向一致，水驱效果好。油流动方向与主渗方向一致，流动效率高，油井产量高。（4）与储层特征相匹配的井网，比如非均质性，同一油藏内均质性强的可以部署相对稀井网，而非均质强的区域井网密度和井网形式可以不一致，即可以出现同一油藏井网部署的多样性。

图 5-17　具有主渗方向的矢量井网

这里主要说明矢量化井网与常规井网的不同之处，在井网部署时应打破传统均匀面积井网部署的思路，充分认识储层方向特征，再以传统井网为基础结合储层特征部署井网，目的是最佳控制储层，达到最好的水驱效果。

2. 矢量化井网的实例分析

矢量化井网的关键是符合储层特征的合理井网形式，可能是不均匀井网，可能是不同井型组合的井网。总的目的是使所开发油田达到最佳开发效果。图5-17、图 5-18 给出几种矢量化井网的实例形式，实际开发部署中多种多样，要具体结合油藏特征分析部署。

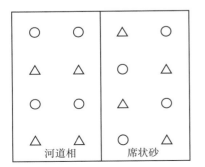

图 5-18　具有不同沉积微相的矢量井网

二、矢量化布井方法

矢量化布井方法是以油藏精细描述为基础，储量或剩余油分布明确的前提下实施的一种优化布井方式。其具体体现以下几方面。

（1）水驱方向与物元方向、河流走向或主渗透率方向一致，对于主渗透率方向明显的一般采用排状注水，注水井排与渗透率方向垂直，可达到较好的水驱效果。但主要主渗方向和非主渗方向驱替均衡，即垂直于主渗方向的井距小于平行于主渗方向的井距；这是矢量化井网部署的基本要求，表现为储层方向特征与井网的方向特征要很好的耦合。

（2）对于有裂缝的油藏，水驱方向与裂缝方向垂直，注水井排与裂缝方向平行为好。这是裂缝性低渗透油藏井网部署的基本要求，否则在裂缝方向部署注水井，注入水很快会沿裂缝串入生产井，出现暴性水淹。油井水淹后一般油井和对应的水井就报废了，这样极大影响开发效果和效益。

（3）不同的沉积微相之间因储层物性差异较大，开发过程中采用不同的布井方式。由于沉积微相差异，其储层渗流特征会产生很大不同，为了很好地控制储层，同时用尽量少的投入开发好油田，需要在不同微相内，针对储层渗流特征部署相应合理井网，包括合理井距、注采井数比以及合理开采技术界限，这样开发有针对性，效果会更好。

（4）为保证高的水驱控制程度，布井的注采对应关系应在流动单元范围内考虑。油藏流体流动受储层非均质性控制，同时也受地层压力变化控制，需要达到理想水驱效果就应该在流动单元内有较好的注采对应，不同流体单元一般流体互不流动，特别是不同含油砂体之间更不会流动，所以部署注采井网时必须认真考虑流动单元和油砂体的分布特点，尽量兼顾有采有注。

（5）根据油藏特点和分布情况选择合适的井型，具体见下一部分相关内容。

（6）以打开油藏程度作为选择井网或井型的第一原则。当油井完成后，任何增产措施只是改善油田开发效果的补充，若能保证有良好的泄油面积，即可控制更多的储量，同时减少措施工作量。

三、矢量井网部署过程中应注意的问题

1. 以储层分布特点部署井网

储层分布特点是影响井网部署的重要因素之一，在实际井网部署时，储层的方向特征是实际存在的且不可改变的，井网部署中产生的井排方向、水驱方向以及压裂裂缝分布等是可以人为控制设计的，在井网设计部署时应该充分考虑储层方向特征，特别是主渗方向特征，使之与人工可控制的方向有机耦合，达到最佳水驱效果和储量控制程度。

2. 以沉积微相特征部署井网

特别注意：不同微相之间存在不渗流带，或不连通，故不同微相间注采对应出现差异。同样高渗带与低渗带在部署注采井网时也应单独考虑。图5-19是某油田的微相图，同一微相内砂体连通时流动存在，但同一微相中间存在其他微相时，相同微相之间不一定连通。图5-20为某油藏沉积微相图，在微相边缘一般存在不渗透边界，在部署注采井网时应该在同微相内考虑注采对应。

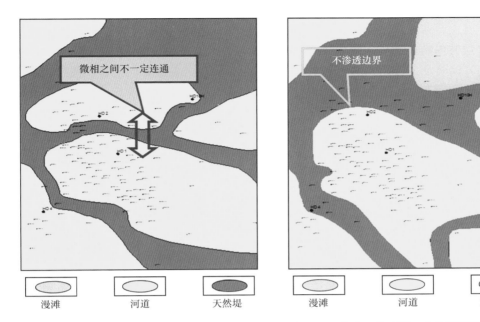

漫滩　　　河道　　　天然堤　　　　　　漫滩　　　河道　　　天然堤

图 5-19　某油田薄砂层 3 砂体沉积微相平面图　　图 5-20　某油田薄砂层 2 砂体沉积微相平面图

图 5-21 为某油藏一层的沉积微相图，主要由河道和席状砂组成，由于微相不同其储层物性差异较大，这样在河道相的井距应该大于席状砂区域的井距。

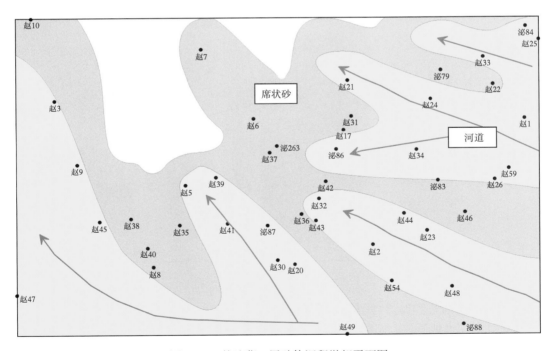

图 5-21　某油藏一层砂体沉积微相平面图

3. 选择合适的井型

现代钻井技术的发展使得有多重不同井型来开发油田，从直井、定向井、水平井到多分支井等，不同井型其特点和优点各不同，在结合油藏形态、特征不同开发阶段时可以在充分认识储层地质和储量或剩余油分布的基础上选择合适的井型。

4. 以储层方向特征部署井网

储层的方向特征是控制井网的重要因素，这包括储层的各类方向，每一种方向都会控制井网的部署和形态等，主渗方向、断层、构造形态、边底水突进模式等在井网部署时都应该认真考虑。

如图 5-22 所示，储层只有两种微相，应以不同微相部署不同类型井网，同时在水下分流道微相内，储层具有方向特征，主渗方向应与河道一致，在该微相内井网要充分考虑储层方向特征与井网方向协调一致，拟达到较好的水驱效果。

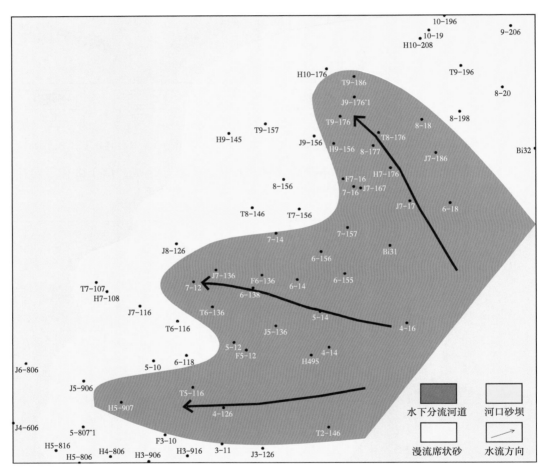

图 5-22　某油藏砂体沉积微相平面图

5. 不同开发阶段和储层类型井网部署要求

由于油田深埋地下，人们的认识是在不断深入的，由于在开发初期对油田的认识还存在许多不确定性，包括储层的分布特征、油水分布特点、储层的非均质特点等，所以在井网设计部署时一般先易后难，先部署钻井有利区域和认识好的区域，或先选择好区域钻一批资料井以便逐步认识储层。开发过程也是一个对储层和储层流体、地下油水分布等逐步深入认识的过程，不同开发阶段认识程度的不断深入，井网部署和井型选择会不断优化。

四、吉 7 井区矢量井网部署思路

按照断块砂层组间油层跨度、隔层发育情况，砂层组油层发育情况、储层物性特征及储量规模吉 7 井区划分为四套开发层系。由于各层之间有稳定的隔层，且油层较厚，分别具有一定的储量规模和丰度，为提高驱油效率，采用同一井场部署四套开发层系实现立体开发模式。

第三节　稠油油藏常温注水开发合理注采政策研究

一、开发层系组合与划分

1. 开发层系划分原则

按照断块砂层组间油层跨度、隔层发育情况、油层发育情况、储层物性、储量丰度、油水分布状态和产量状况划分吉 7 井区梧桐沟组油藏开发层系，原则如下：

（1）油水分布、压力系统和流体性质要基本一致；

（2）具有一定的油层厚度及储量丰度；

（3）层系间油层跨度小于 30m；

（4）层系间有稳定的隔层；

（5）具有一定的生产能力。

2. 开发层系划分结果

平面上分为吉 7 断块、吉 8 断块和吉 101 断块三个单元，不同断块纵向层系划分与组合不尽相同（表 5-2）。

表 5-2　吉 7 井区 P_3wt 油藏 50℃地面原油黏度小于 2000mPa·s 区域开发层系表

断块	层位	储量情况		储层物性		油层跨度（m）	油层厚度（m）	试油试采产量范围（t/d）
		地质储量（10^4t）	储量丰度（10^4t/km^2）	有效渗透率（mD）	变异系数			
吉 7	$P_3wt_2^{2-2}$、$P_3wt_2^{2-3}$	199.28	126.9	72.8	0.62	30.8	14.2	5.0~5.9
	$P_3wt_1^1$	38.24	73.5	62.5	0.76	12.7	7.8	4.4~10.7
吉 8	$P_3wt_2^{2-2}$	446.53	87.7	83.5	0.57	13.9	8.2	0.9~5.7
	$P_3wt_2^{2-3}$	599.54	110.4	86.7	0.62	17.7	10.2	1.2~8.3
	$P_3wt_1^1$	704.04	167.6	82.6	0.64	26.9	15.7	1.6~12.9
	$P_3wt_1^2$	494.75	145.2	54.6	0.72	19.5	13.6	1.2~4.4
吉 101	$P_3wt_1^2$	681.56	192.5	40.0	0.60	30.5	18.9	0.2~6.7

吉 7 断块 $P_3wt_2^{2-1}$ 和 $P_3wt_2^{2-3}$ 油藏单层生产较差，合采生产较好，同时考虑 $P_3wt_2^{2-2}$ 油层跨度较大（52.6m），而 $P_3wt_2^{2-2}$、$P_3wt_2^{2-3}$ 之间油层跨度较小（30.8m），且 $P_3wt_2^{2-2}$、$P_3wt_2^{2-3}$ 油层叠合较厚，具有一定储量规模和丰度；综合分析确定 $P_3wt_2^2$ 开发层系为 $P_3wt_2^{2-2}$、$P_3wt_2^{2-3}$ 合采，$P_3wt_2^{2-1}$ 油藏为接替层。P_3wt_1 油藏仅 $P_3wt_1^1$ 发育油层，油层平均厚度为 7.8m，具有一定的储量规模和丰度，且具有一定生产能力，可作为一套开发层系开发。

吉 8 断块 $P_3wt_2^{2-2}$、$P_3wt_2^{2-3}$、$P_3wt_1^1$、$P_3wt_1^2$ 油层均较厚，分别具有一定的储量规模和丰度，跨度较小（13.9~26.9m），层间有稳定的隔层（0.5~9.6m），且都具有一定生产能力。综合分析确定梧桐沟组 P_3wt 划为 $P_3wt_2^{2-2}$、$P_3wt_2^{2-3}$、$P_3wt_1^1$ 和 $P_3wt_1^2$ 四套开发层系，采用四套井网单独开发，$P_3wt_2^{2-1}$ 油藏作为接替层。

吉 101 断块 $P_3wt_1^2$ 油层较厚，平均为 18.9m，具有一定的储量规模和丰度，但该层生产效果差。原因为：从岩相来看，$P_3wt_1^2$ 岩性以砾岩为主，吉 101 断块物性最差，平均渗透率仅为 35.6mD；从压汞资料来看，油层具有排驱压力高，中值半径小，孔隙结构差的特征，储层类型为中孔隙—微细喉道（表 5-3）。因此综合分析确定该断块暂不开发动用。

表 5–3　吉 7 井区梧桐沟组 P_3wt_1 油藏孔隙结构参数表

断块	毛管压力特征						储层类型
	中值压力（MPa）	中值半径（μm）	排驱压力（MPa）	最大孔喉半径（μm）	平均毛管半径（μm）	非饱和孔隙体积百分数（%）	
吉 7 主体	0.04~5.92 / 1.81	0.04~9.49 / 1.44	0.01~0.58 / 0.07	1.00~70.05 / 22.96	0.20~20.78 / 5.52	8.29~44.67 / 29.43	中孔中—细喉道
吉 101	0.58~19.85 / 4.82	0.04~1.26 / 0.15	0.02~2.88 / 0.42	0.26~11.75 / 3.92	0.07~8.83 / 1.28	5.37~48.83 / 30.80	中孔细—微细喉道

二、井网、井距研究

1. 井网形式

1）最佳油水井数比接近反七点井网采注井数比

确定合理注采井数比通常应用以下公式：

（1）袁士义院士经验公式：$m = \sqrt{J_{\mathrm{w}} / J_{\mathrm{L}}}$

（2）童宪章经验公式：$m \approx \dfrac{2}{J_{\mathrm{L}} / J_{\mathrm{w}} + 1}$

式中　m——油水井数比；

　　　J_{w}——米吸水指数，$\mathrm{m^3/(d \cdot MPa \cdot m)}$；

　　　J_{L}——米采液指数，$\mathrm{m^3/(d \cdot MPa \cdot m)}$。

吉 7 井区油水井数比在 2.0 左右，反映出注水井吸水能力不强，应考虑采用七点法注采井网（表 5-4）。

表 5–4　油水井数比与井网形式的对应关系

方法	层位	米吸水指数 [m³/(d·MPa·m)]	米采液指数 [m³/(d·MPa·m)]	油水井数比	井网方式	注水井	采油井
袁士义	$P_3wt_2^2$	0.33	0.08	2.03	反七点	J1005	吉 7
		0.70	0.14	2.24		J1363	吉 008
		0.81	0.14	2.41		J1385	
		0.46	0.14	1.81		J1403	
童宪章	$P_3wt_2^2$	0.33	0.08	1.61	反七点	J1005	吉 7
		0.70	0.14	1.67		J1363	吉 008
		0.81	0.14	1.71		J1385	
		0.46	0.14	1.53		J1403	

2）在相同条件下，反七点注采系统更容易满足注水要求

对原油性质较稠的油藏，油水黏度比大，反七点井网单井注水强度中等，易满足注水井的配注要求（表 5-5）。

表 5–5　反九点与反七点井网部署单井注水量对比表

方案	层位	含水（%）	产液量（t/d）	原油密度（g/cm³）	地层油体积系数	不同注采比下注水量（m³/d）					区块注水量（m³/d）
						0.8	0.9	1.0	1.1	1.2	
反九点	$P_3wt_2^{2-3}$	0	4.0	0.942	1.072	11.00	12.38	13.76	15.13	16.51	632.73
		20				10.74	12.08	13.42	14.76	16.11	617.38
		40				10.47	11.78	13.09	14.40	15.71	602.04
	$P_3wt_1^1$	0	5.0	0.943	1.045	13.30	14.96	16.62	18.28	19.95	598.41
		20				13.04	14.67	16.30	17.93	19.56	586.73
		40				12.78	14.38	15.97	17.57	19.17	575.05
反七点	$P_3wt_2^{2-3}$	0	4.0	0.942	1.072	7.11	8.00	8.89	9.78	10.67	569.00
		20				6.94	7.81	8.68	9.54	10.41	555.20
		40				6.77	7.61	8.46	9.31	10.15	541.40
	$P_3wt_1^1$	0	5.0	0.943	1.045	9.21	10.36	11.51	12.66	13.81	598.41
		20				9.03	10.15	11.28	12.41	13.54	586.73
		40				8.85	9.95	11.06	12.16	13.27	575.05

3）反七点井网对油层的控制程度高于反九点井网

经统计，反七点井网油水井钻遇油层的厚度和单井平均油层厚度都高于反九点井网，因此反七点井网对油层的控制程度稍好于反九点井网（表 5-6）。

表 5-6 反九点与反七点井网对砂体控制程度对比表

类型	井别	$P_3wt_2^{2-3}$（吉 008 试验区）			$P_3wt_2^{2-3}$（吉 8 断块）		
		油层厚度（m）	井数（口）	单井平均油层厚度（m）	油层厚度（m）	井数（口）	单井平均油层厚度（m）
150m 反九点	水井	68.0	5	13.6	524.6	43	12.2
	油井	198.8	14	14.2	1500.0	120	12.5
150m 反七点	水井	105.7	7	15.1	825.6	64	12.9
	油井	186.0	12	15.5	1637.5	125	13.1

4）数模论证反七点井网盈利最高

建立单井组概念模型，基于吉 8 断块的平均油藏参数，分别进行反五点井网、反九点井网及反七点井网优化研究。设计单井日注水速度为 30t，油价为 90 美元 /bbl 时，各方案模拟预测的各项指标见表 5-7，从单位平方千米投入产出来看，反七点井网总盈利水平最高，从经济角度推荐反七点井网。

表 5-7 不同井网形式优选对比表

井网	单井组储量（t）	井网面积（m²）	井组数（个 /km²）	井组采出油（t）	注水量（t）	生产天数（d）	总产出（万元）	总投入（万元）	总盈利（万元）
反五点	63360	45000	22	12672	149130	6483	94919	26667	68252
反七点	81636	58455	17	20001	189000	6300	116648	30793	85885
反九点	63360	45000	22	16474	134180	5833	125594	53333	72261

综合确定合理井网形式为反七点面积注采井网。

2. 井距论证

目前吉 7 井区梧桐沟组油藏注水开发区域包括吉 7 断块、吉 8 断块，其合理井距确定方法如下。

1）不稳定试井法

根据吉 006 断块、吉 7 断块梧桐沟组油藏不稳定试井解释资料，探测半径为 104.3~262.4m，折算井距为 213~537m。吉 8 断块梧桐沟组油藏不稳定试井解释探测半径为 74.5~280.7m，折算井距为 152~574m（表 5-8）。

表 5-8 吉 7 井区梧桐沟组油藏复压测试资料计算井距表

断块	井次	测井解释渗透率（mD）	试井解释渗透率（mD）	表皮系数	探测半径（m）	折算井距（m）
吉 006	12	19.1~189.0	8.6~907.5	-5.69~0.658	104.3~262.4	213~537
吉 7	1	41.9	269.9	-5.60	244.0	499
吉 8	13	55.6~179.9	2.0~2120.7	-6.15~9.39	74.5~280.7	152~574

2）合理采油速度法

分析吉 008 试验区含水上升率与采油速度的关系，当采油速度在 2.3%~2.6% 之间含水上升率较低。数模研究表明，采油速度为 2.5% 时，采收率最高（表 5-9）。综合分析认为吉 7 井区梧桐沟组油藏合理采油速度为 2.3%~2.5%，对应井距为 147~153m。

表 5-9　不同采油速度开发指标表

采油速度（%）	1.5	2.0	2.3	2.5	2.9
生产天数（d）	3900	4850	4716	4517	2748
采收率（%）	13.9	16.5	17.1	17.6	16.8
井距（m）	204	164	153	147	136

3）经济极限法

应用目前世界上通用的动态评价方法，对吉 7 井区的极限井网密度和合理井网密度进行了计算，按原油销售价格 3229 元/t，代入未开发区梧桐沟组油藏相关地质参数及经济评价参数（表 5-10），计算出反七点法井网经济合理井距为 152~220m（表 5-11）。

表 5-10　经济极限法计算所用参数统计表

参数名称	取值	参数名称	取值
平均井深（m）	1540~1760	原油商品率（%）	0.991
单位钻井成本（元/m）	2933	贷款利率（%）	0.064
单井地面投资（万元）	114.08	销售税率	0.15
单井年均操作费（万元）	30	开发评价年限（a）	15~25
原油价格（元/t）	3229		

表 5-11　拟开发区极限井距和合理井距计算结果表

断块	层位	单井投资（万元）	经济最佳		经济极限		经济合理	
			井网密度（口/km²）	井距（m）	井网密度（口/km²）	井距（m）	井网密度（口/km²）	井距（m）
吉 7	$P_3wt_2^{2-2}$、$P_3wt_2^{2-3}$	630.3	10.61	330	55.30	145	25.51	213
	$P_3wt_1^1$	618.6	9.72	345	51.01	150	23.49	222
吉 8	$P_3wt_2^{2-2}$	565.8	15.41	274	118.69	99	49.84	152
	$P_3wt_2^{2-3}$	577.5	15.15	276	116.82	99	49.04	153
	$P_3wt_1^1$	576.0	15.29	275	117.82	99	49.47	153
	$P_3wt_1^2$	579.0	15.33	274	118.12	99	49.59	153

4）类比法

吉 7 断块原油黏度介于已开发的吉 006 断块与六中区克下组油藏之间，吉 006 断块采用 210m 井距，注水开发效果好，六中区克下组油藏采用 200~250m 井距，两个油藏预计采收率分别为 22.0% 和 20.7%，同时考虑吉 7 断块油层分布几何形态，综合确定吉 7 断块采用 210m 井距。

吉 8 断块原油黏度小于吉 008 试验区，吉 008 试验区采用 150m 井距开发效果好，相同井距，黏度越低，注水开发效果越好，因此吉 8 断块常规注水区域采用 150m 井距（表 5-12）。

表 5-12　已开发油藏井距统计对比表

井区	层系	50℃地面黏度（mPa·s）	渗透率（mD）	油层厚度（m）	井距（m）	预计采收率（%）
吉 7	P_3wt	486.5	55.1~71.1	7.8~14.2		
吉 006	P_3wt	319.0	39.9~80.6	12.0	210	22.0
六中区	T_2k_1	920.0	248.0	13.3	200~250	20.7
吉 008	$P_3wt_2^{2-3}$	1850.0	86.0	13.6	150	13.4
吉 8	P_3wt	1162	54.6~86.7	8.2~15.7		

5）数值模拟法

考虑不同井距生产时间、采收率、盈利等因素，总结出水驱合理井距图版，随着黏度增加，合理井距逐渐减小，井距为 100~150m 时，采收率影响不大，盈利变化大；井距为 150~200m 时，采收率影响大，盈利变化不大。

在确定采用反七点面积注水井网进行布井的前提下，采用 120m、150m 和 180m 不同井距设计方案进行数值模拟对比。通过分析对比，预测期末，虽然 120m 井距的采出程度较高，但是含水率较高；150m 井距采出程度较高，且单井采油量最高，综合分析认为反七点面积注水井网 150m 井距开发效果好（表 5-13）。

表 5-13　反七点面积注水井网不同井距布井方案指标对比表

井距（m）	控制储量（10^4t）	采出程度（%）			单井采油量（t）
		含水 40%	含水 80%	预测期	
120	6.1	4.2	8.0	19.0	6034
150	9.4	4.0	8.6	17.6	8281
180	13.6	3.8	6.6	12.2	8174

综合不稳定试井法、经济极限法、合理采油速度法、类比法和数值模拟法，确定吉 7 断块梧桐沟组油藏采用 210m 井距反七点井网注水开发，吉 8 断块梧桐沟组油藏采用 150m 井距反七点井网注水开发（表 5-14）。

表 5-14　吉 7 井区梧桐沟组油藏不同方法测算井距表

断块	层位	井距（m）				
		不稳定试井法	合理采油速度法	经济极限法	类比法采收率	数值模拟法
吉 7	$P_3wt_2^{2-2}$、$P_3wt_2^{2-3}$	213~537		213	210	
	$P_3wt_1^{1}$			222		
吉 8	$P_3wt_2^{2-2}$	152~574	147~153	152	150	150
	$P_3wt_2^{2-3}$			153		
	$P_3wt_1^{1}$			153		
	$P_3wt_1^{2}$			153		

三、产能分析

1. 采油强度计算

根据梧桐沟组油藏试油试采资料，计算出吉 7 断块不同层位采油强度为 0.55~0.73t/（d·m）（表 5-15），吉 8 断块不同层位采油强度为 0.47~0.57t/（d·m）（表 5-16）。

表 5-15　吉 7 断块梧桐沟组油藏采油强度计算表

层位	井号	射孔井段 （m）	转速 （r/min）	射开厚度 （m）	射开有效厚度 （m）	日产油量 （t）	采油强度 [t/（d·m）]
$P_3wt_2^{2-2}$、$P_3wt_2^{2-3}$	吉 7	1702.5~1670.0	70	19.0	11.5	6.3	0.55
$P_3wt_1^1$	吉 002	1678.0~1671.0	70	7.0	7.0	5.1	0.73

表 5-16　吉 8 断块梧桐沟组油藏采油强度计算表

层位	井号	射孔井段 （m）	转速 （r/min）	射开厚度 （m）	射开有效厚度 （m）	日产油量 （t）	采油强度 [t/（d·m）]
$P_3wt_2^{2-2}$	吉 005	1505.5~1488.0	90	15.0	8.5	5.7	0.67
	吉 008	1570.0~1562.0	40	5.5	5.5	2.5	0.45
	平均						0.56
$P_3wt_2^{2-3}$	吉 008	1593.0~1575.5	90	14.5	8.5	7.5	0.88
	J1003	1659.5~1652.5	80	6.0	4.0	4.5	1.13
	J1022	1463.0~1452.0	60	10.0	5.5	2.7	0.49
	J1025	1550.0~1534.0	70	10.0	6.5	5.3	0.82
	J1362	1638.0~1618.0	90	17.5	11.0	3.5	0.32
	J1364	1598.5~1584.0	90	9.5	6.0	2.3	0.39
	J1383	1612.5~1592.0	70	16.5	10.0	9.4	0.94
	J1401	1631.0~1613.0	70	12.5	7.0	3.6	0.51
	J1402	1612.0~1595.0	90	13.5	9.0	5.0	0.55
	J1404	1573.0~1556.0	90	12.0	8.0	8.3	1.04
	J1405	1555.0~1538.5	50	11.5	7.5	1.9	0.25
	J1423	1585.0~1570.5	60	9.5	5.5	2.0	0.36
	J1424	1572.5~1552.5	70	18.0	13.0	3.5	0.27
	J1442	1606.0~1591.0	70	13.0	9.0	2.2	0.25
	J1444	1558.0~1541.0	40	15.0	11.0	3.9	0.35
	平均						0.57
$P_3wt_1^1$	吉 007	1450.0~1446.5	90	3.5	3.5	1.7	0.49
$P_3wt_1^2$	吉 007	1514.5~1510.0		4.5	4.5	4.4	0.98
	吉 009	1562.0~1542.5	90	7.0	7.0	1.2	0.17
	吉 012	1482.0~1462.0		11.5	11.5	4.3	0.37
	J1009	1600.0~1581.0	90	11.0	11.0	4.1	0.37
	平均						0.47

2. 稳产系数及储层动用程度确定

1）稳产系数

根据吉 7 井区梧桐沟组油藏试采资料，计算出稳产系数为 0.71（表 5-17）。

表 5-17　吉 7 井区梧桐沟组油藏稳产系数计算表

井号	射孔井段（m）	初期日产油量（t）	一年期日产油量（t）	稳产系数
吉 008	1593.0~1575.5	7.5	6.3	0.84
J1362	1638.0~1618.0	3.5	2.6	0.74
J1364	1598.5~1584.0	2.3	1.6	0.7
J1383	1612.5~1592.0	9.4	5.8	0.62
J1401	1631.0~1613.0	3.6	2.4	0.67
J1402	1612.0~1595.0	5.0	3.5	0.7
J1404	1573.0~1556.0	8.3	6.0	0.72
J1405	1555.0~1538.5	1.9	1.5	0.79
J1423	1585.0~1570.5	2.7	2.0	0.74
J1424	1572.5~1552.5	3.5	2.5	0.71
J1442	1606.0~1591.0	2.2	1.5	0.68
J1444	1558.0~1541.0	3.9	2.5	0.64
平均				0.71

2）储层动用程度

根据吉 7 井区梧桐沟组油藏产液剖面资料，计算出动用程度为 0.78（表 5-18）。

表 5-18　吉 7 井区梧桐沟组油藏动用程度计算表

井号	射孔井段（m）	测试日期（t）	射开厚度（m）	产出厚度（m）	动用程度
J1383	1612.5~1606.0 1605.0~1597.0 1594.0~1592.0	2012.03.16	16.5	14.5	0.88
J1404	1573.0~1569.5 1567.0~1565.5 1564.0~1559.0 1558.0~1556.0	2011.11.16	12.0	10.0	0.83
		2012.03.16	12.0	10.0	
		2013.03.28	12.0	10.0	
J1444	1558.0~1552.0 1551.5~1546.0 1544.5~1541.0	2012.08.08	15.0	9.5	0.63
		2013.03.27	15.0	9.5	
平均					0.78

3. 产能确定

结合上述确定的产能计算参数，根据产能计算公式，确定不同断块、不同层位单井产能为 4.0~5.0t/d（表 5-19）。

表 5-19 吉 7 井区梧桐沟组油藏单井产能计算参数与结果表

断块	层位	有效厚度（m）	稳产系数	动用程度	采油强度[t/（d·m）]	单井产能（t/d）	综合取值（t/d）
吉 7	$P_3wt_2^{2-2}$、$P_3wt_2^{2-3}$	15.8	0.71	0.78	0.55	4.81	4.5
	$P_3wt_1^1$	11.6	0.71	0.78	0.73	4.69	4.5
吉 8	$P_3wt_2^{2-2}$	13.0	0.71	0.78	0.56	4.03	4.0
	$P_3wt_2^{2-3}$	13.4	0.71	0.78	0.57	4.23	4.0
	$P_3wt_1^1$	20.0	0.71	0.78	0.49	5.43	5.0
	$P_3wt_1^2$	16.8	0.71	0.78	0.47	4.37	4.0

四、油藏注采压力系统研究

1. 吸水能力研究

根据吉 008 试验区 7 口注水井 J1363 井、J1382 井、J1385 井、J1403 井、J1422 井、J1425 井、J1443 井系统试井及吸水剖面资料计算米吸水指数 1.04m³/（d·MPa·m）（表 5-20）。

表 5-20 吉 7 井区梧桐沟组油藏吸水指数计算表（2012 年）

井号	注水日期	射孔厚度（m）	吸水厚度（m）	平均吸水指数[m³/（d·MPa）]	米吸水指数[m³/（d·MPa·m）]
J1363	2011.09.09	17.0	12.5	11.94	0.96
J1382	2011.09.09	14.0	12.0	10.57	0.88
J1385	2011.09.09	10.5	7.5	8.46	1.13
J1403	2011.09.09	16.5	8.9	7.59	0.85
J1422	2011.09.09	13.0	8.5	8.63	1.02
J1425	2011.09.09	9.5	9.5	14.90	1.57
J1443	2011.09.09	9.0	9.0	8.13	0.90
平均	2011.09.09	12.8	9.7	10.03	1.04

2. 注水井最大注入压力

1）最大井底注入流压

注水井最大井底注入流压主要受地层破裂压力的限制，即注水井最高井底流动压力不能超过地层的破裂压力。

若注水井允许的井底最大注入压力为油藏地层破裂压力的 85%~100%，可分别计算出注水井允许的井底最大注入压力为 22.57~33.02MPa。

油田开发实际中，注水井对应的最大井口注入压力计算公式如下：

$$p_{t\,max} = p_{wf\,max} + \Delta p_f - \frac{H_m \rho_w}{100}$$

式中　$p_{t\,max}$——注水井最大井口注入压力，MPa；

　　　$p_{wf\,max}$——注水井最大井底注入流压，MPa；

　　　Δp_f——摩阻引起压力损失，MPa；

　　　H_m——注水井井口至井底深度，m；

　　　ρ_w——注入水密度，kg/m³。

根据式（5-1），考虑油管摩阻取 2.0MPa，可计算出吉 7 井区梧桐沟组注水井井口最大注入压力为 9.02~20.05MPa（表 5-21），注水井井口注入压力不能超过表中计算的井口最大注入压力。

表 5-21　吉 7 井区梧桐沟组油藏最大注入参数表

断块	层位	地层压力（MPa）	破裂压力（MPa）	保险系数 α	井底最大注入压力（MPa）	油管摩阻（MPa）	井底最大注水压差（MPa）	有效厚度（m）	动用程度	米吸水指数[m³/（d·MPa·m）]	单井最大注水量（m³/d）	井口最大注入压力（MPa）
吉7	$P_3wt_2^{2-2}$、$P_3wt_2^{2-3}$	18.45	33.13	0.85	28.16	2.0	9.71	15.8	0.78	1.04	124.46	13.46
		18.45	33.13	0.90	29.82	2.0	11.37	15.8	0.78	1.04	145.69	15.12
		18.45	33.13	1.00	33.13	2.0	14.68	15.8	0.78	1.04	188.15	18.43
	$P_3wt_1^1$	18.38	31.00	0.85	26.35	2.0	7.97	11.6	0.78	1.04	75.00	11.75
		18.38	31.00	0.90	27.90	2.0	9.52	11.6	0.78	1.04	89.58	13.30
		18.38	31.00	1.00	31.00	2.0	12.62	11.6	0.78	1.04	118.75	16.40
吉8	$P_3wt_2^{2-2}$	16.19	26.55	0.85	22.57	2.0	6.38	13.0	0.78	1.04	67.25	9.22
		16.19	26.55	0.90	23.90	2.0	7.71	13.0	0.78	1.04	81.25	10.55
		16.19	26.55	1.00	26.55	2.0	10.36	13.0	0.78	1.04	109.25	13.20
	$P_3wt_2^{2-3}$	16.37	26.55	0.85	22.57	2.0	6.20	13.4	0.78	1.04	67.37	9.02
		16.37	26.55	0.90	23.90	2.0	7.53	13.4	0.78	1.04	81.80	10.35
		16.37	26.55	1.00	26.55	2.0	10.18	13.4	0.78	1.04	110.66	13.00
	$P_3wt_1^1$	16.05	33.02	0.85	28.07	2.0	12.02	20.0	0.78	1.04	194.96	14.85
		16.05	33.02	0.90	29.72	2.0	13.67	20.0	0.78	1.04	221.75	16.50
		16.05	33.02	1.00	33.02	2.0	16.97	20.0	0.78	1.04	275.32	19.80
	$P_3wt_1^2$	15.82	33.02	0.85	28.07	2.0	12.25	16.8	0.78	1.04	166.90	15.10
		15.82	33.02	0.90	29.72	2.0	13.90	16.8	0.78	1.04	189.40	16.75
		15.82	33.02	1.00	33.02	2.0	17.20	16.8	0.78	1.04	234.40	20.05

2）单井最大注入量

平均单井最大注入量可以根据注水压差和吸水指数确定，其计算公式如下：

$$q_{w\,max} = J_w(p_{t\,max} - p_c) \quad \text{或} \quad q_{w\,max} = J_w \Delta p$$

式中　$q_{w\,max}$——最大注入量，m³/d；

　　　J_w——吸水指数，m³/（d·MPa）；

　　　p_c——启动压力，MPa；

　　　Δp——注水压差，MPa。

根据式（5-2）计算吉 7 井区注水开发区域单井最大注入量为 67.25~234.4m³/d，见表 5-22。

3. 单井注水量设计

根据吉 7 断块、吉 8 断块梧桐沟组油藏设计产能，分别计算出不同注采比下单井注水量都远小于单井最大注水量，可以满足配注要求（表 5-22、表 5-23）。

表 5-22　吉 7 断块梧桐沟组油藏不同注采比下注水量设计表

层位	含水（%）	产液量（t/d）	原油密度（g/cm³）	地层油体积系数	不同注采比下注水量（m³/d）					断块注水量（m³/d）
					0.8	0.9	1.0	1.1	1.2	
$P_3wt_2^{2-2}$、$P_3wt_2^{2-3}$	20	4.5	0.930	1.050	8.51	9.57	10.64	11.70	12.77	74.47
	40				8.31	9.35	10.39	11.43	12.47	72.73
	60				8.11	9.13	10.14	11.15	12.17	70.98
	80				7.91	8.90	9.89	10.88	11.87	69.24
	95				7.76	8.73	9.71	10.68	11.65	67.94
$P_3wt_1^{1}$	20	4.5	0.928	1.050	11.94	13.43	14.92	16.41	17.90	14.92
	40				11.65	13.11	14.56	16.02	17.48	14.56
	60				11.37	12.79	14.21	15.63	17.05	14.21
	80				11.08	12.47	13.85	15.24	16.63	13.85
	95				10.87	12.23	13.59	14.95	16.31	13.59

表 5-23　吉 8 断块梧桐沟组油藏不同注采比下注水量设计表

层位	含水（%）	产液量（t/d）	原油密度（g/cm³）	地层油体积系数	不同注采比下注水量（m³/d）					断块注水量（m³/d）
					0.8	0.9	1.0	1.1	1.2	
$P_3wt_2^{2-2}$	20	4.0	0.942	1.073	7.86	8.84	9.83	10.81	11.79	373.38
	40				7.66	8.62	9.58	10.54	11.50	364.04
	60				7.47	8.40	9.33	10.27	11.20	354.69
	80				7.27	8.18	9.09	10.00	10.91	345.35
	95				7.12	8.01	8.90	9.79	10.68	338.34
$P_3wt_2^{2-3}$	20	4.0	0.942	1.074	6.95	7.82	8.69	9.56	10.43	556.05
	40				6.78	7.62	8.47	9.32	10.16	542.04
	60				6.60	7.43	8.25	9.08	9.90	528.03
	80				6.43	7.23	8.03	8.83	9.64	514.01
	95				6.29	7.08	7.87	8.65	9.44	503.50
$P_3wt_1^{1}$	20	5.0	0.943	1.045	9.03	10.15	11.28	12.41	13.54	586.73
	40				8.85	9.95	11.06	12.16	13.27	575.05
	60				8.67	9.75	10.83	11.92	13.00	563.36
	80				8.49	9.55	10.61	11.67	12.73	551.68
	95				8.35	9.40	10.44	11.48	12.53	542.92
$P_3wt_1^{2}$	20	4.0	0.943	1.044	7.33	8.25	9.17	10.08	11.00	330.05
	40				7.19	8.09	8.99	9.89	10.78	323.54
	60				7.04	7.93	8.81	9.69	10.57	317.02
	80				6.90	7.76	8.63	9.49	10.35	310.51
	95				6.79	7.64	8.49	9.34	10.19	305.63

从吉008试验区的注水情况分析，实际注入压力及注水量均可以满足配注要求（表5-24）。

表5-24　吉008试验区注水井投注情况表

井号	干线压力（MPa）	油压（MPa）	套压（MPa）	日配注量（m³）	表皮系数	日注水量（m³）	累计注水量（m³）	累计注水天数（d）
J1363	19.8	10.5	10.5	14	-1.046	11	8818	688.2
J1382	19.8	8.5	8.5	13	8.627	11	8231	679.6
J1385	19.8	11	11	26	-5.023	6	8168	679.3
J1403	19.8	8.4	8.4	40	-0.599	20	12794	688.4
J1422	19.8	10.5	10.5	10	-2.679	9	7216	697.3
J1425	19.8	8.2	8.2	10	-2.364	5	7690	689.3
J1443	19.8	10	10	10	-1.619	10	7539	700.2

五、注采比优选

1）数值模拟研究

对吉7井区梧桐沟组油藏分别设计了注采比为0.8、0.9、1.0、1.1、1.2五个方案进行数模。结果表明，随着注采比的增加，含水升高明显，采收率降低，建议注采比维持在0.9~1.0，确保油藏压力基本稳定，持续发挥水驱的作用（表5-25）。

表5-25　不同注采比开发指标表

注采比	井组注水量（t/d）	井组产液量（t/d）	生产天数（d）	采收率（%）	地层压力（MPa）
0.8	16	20	7680	15.6	14.0
0.9	18	20	6045	16.4	16.5
1.0	20	20	4891	17.6	18.6
1.1	22	20	4043	16.9	21.2
1.2	24	20	3486	16.5	23.8

2）现场试验

从吉008试验区和吉006断块含水上升率与注采比关系曲线可以看出，当注采比在0.90~1.10之间时含水上升率较低。

综合以上分析认为吉7井区梧桐沟组油藏合理注采比为0.9~1.0。

六、水平井开发可行性分析

吉7断块、吉8断块部署区纵向上油层分散，夹层个数多，水平井储量动用程度低（表5-26），不利于水平井开发。

表 5-26　吉 7 井区梧桐沟组油藏预部署区水平井动用储量统计表

断块	开发层系	夹层		动用储量百分比（%）	
		厚度（m）	个数（个）	范围	平均
吉 7	$P_3wt_2^{2-2}$、$P_3wt_2^{2-3}$	8.5	3.3	25~90	45
	$P_3wt_1^{1}$	4.5	2.0	45~78	60
吉 8	$P_3wt_2^{2-2}$	5.6	2.4	20~100	54.5
	$P_3wt_2^{2-3}$	1.4	1.8	20~70	50
	$P_3wt_1^{1}$	5.0	3.8	15~50	42
	$P_3wt_1^{2}$	4.6	2.9	28~85	45

第六章　吉7井区中深层稠油油藏注采技术研究

针对吉7井区油稠、小井距、易出砂的特征，分别对注水和采油关键技术环节进行技术创新，实现了水井酸化防膨保注水能力，尾追树脂砂、低前置液二次加砂压裂技术。针对吉7井区95%以上位于基本农田、草原区域，为建设绿色环保的采油方式，形成了"玻璃钢敷缆管＋无杆泵智能采油平台"的开发模式。

第一节　储层保护技术

吉7井区水敏性强易造成黏土矿物膨胀，伤害储层。为了保证注水生产过程中，储层不会遇水膨胀而导致储层伤害，需要因地制宜研制有效的防膨剂。明确伤害机理、范围、类型及程度对于酸化作业有着重要的作用，可以有助于有针对性地优选酸液体系、施工工艺，是酸化增产措施研究的科学基础。

一、吉7井区储层矿物分析及潜在伤害机理研究

1. 矿物特征分析

1）储层矿物组成

根据井资料及岩样矿物组成分析，矿物组成特征：吉7井区储层黏土矿物含量占14.5%，以伊/蒙混层为主，平均含量为47.1%，其次高岭石，平均含量为31.4%，含少量的绿泥石和伊利石，见表6-1。

表6-1　吉7井区梧桐沟组 P_3wt 储层黏土矿物含量统计表

层位		黏土矿物含量（%）				样品个数
		伊/蒙混层	伊利石	高岭石	绿泥石	
P_3wt_1	范围	12~65	1~28	8~66	6~47	18
	平均值	43.4	7.2	32.7	16.6	
P_3wt_2	范围	21~76	2~7	13~64	5~37	56
	平均值	48.2	5.7	31.0	15.2	
合计	范围	12~76	1~28	8~66	5~47	74
	平均值	47.1	6.0	31.4	15.5	

试油资料显示有严重出砂现象，表明主力油层非常疏松。油层分布的巨大差异，导致钻固完井过程与油层工作液接触面极其不均匀，伤害程度差异较大。若油层较厚，则伤害概率较高、易伤害、伤害面积大。

2）矿物敏感性分析

分别对 P_3wt_1、P_3wt_2 进行水敏性试验，如图 6-1 所示，试验显示 P_3wt_1 渗透率损失率在 40.9%~94% 之间，平均为 73.5%，强水敏；P_3wt_2 渗透率损失率在 40.9%~77% 之间，平均为 60%，中等偏强水敏。综合评价该储层为强水敏。

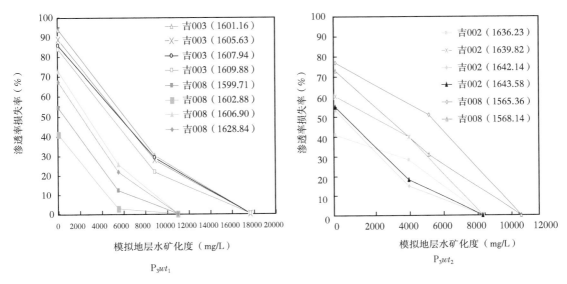

图 6-1　吉 7 井区不同储层水敏曲线图

如图 6-2 所示，P_3wt_1 渗透率损失率在 72.6%~92.5% 之间，平均为 85.6%，P_3wt_2 渗透率损失率在 59.6%~83.8% 之间，平均为 73.9%，综合评价：强盐敏。

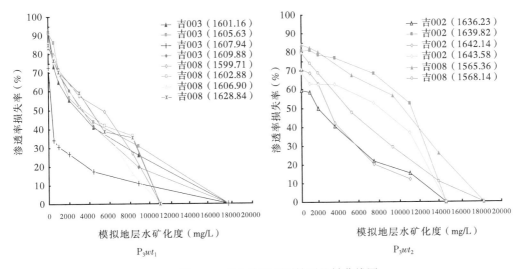

图 6-2　吉 7 井区不同储层盐敏曲线图

2.酸化机理研究

（1）酸液与黏土矿物反应，钝化黏土矿物水敏性。

对于非均质性差异大的储层，要充分发挥这类油层的生产能力，采用一般大段笼统的酸化工艺技术，显然对低渗层和中渗层的解堵远远不够，达不到改善这类油层的目的。因此，要获得理想的酸化效果，必须同时应用先进的酸液体系和采用先进酸化工艺，两者缺一不可。

本次选取酸体系配方分别对照了不同溶液浓度下的黏土膨胀高度，见表6-2，评价结果显示，采用12%HCl溶液处理后的样品，再用清水冲洗，黏土的膨胀最低。

表6-2　不同溶液膨润土膨胀高度一览表

溶液	膨胀高度（mL）/膨胀倍数										
	0	100mL	200mL	300mL	400mL	500mL	600mL	700mL	800mL	900mL	1000mL
煤油	8	8	8	8	7.5	7.5	7.5	7.5	7.5	7.5	7.5
清水	34	34	34	33	32	32	32	31	31	31	31
	4.25	4.25	4.25	4.125	4	4	4	3.875	3.875	3.875	3.875
4%KCl	14	14	14	13.5	14	14	14	14	13	13	13
	1.75	1.75	1.75	1.6875	1.75	1.75	1.75	1.75	1.625	1.625	1.625
4%KCl清水冲洗	14.5	16	20	29	30	28	31	27	27	27	27
	1.8125	2	2.5	3.625	3.75	3.5	3.875	3.375	3.375	3.375	3.375
1%RWD-05	14	14	14	14	14	14	14	13	13	13	13
	1.75	1.75	1.75	1.75	1.75	1.75	1.75	1.625	1.625	1.625	1.625
1%RWD-05清水冲洗	14.5	20	19	18	18.75	18	18	18	18	18	18
	1.8125	2.5	2.375	2.25	2.34375	2.25	2.25	2.25	2.25	2.25	2.25
12%HCl	13	12	12	12	12	12	12	12	12	12	12
	1.625	1.5	1.5	1.5	1.5	1.5	1.5	1.5	1.5	1.5	1.5
12%HCl清水冲洗	13.5	14.5	14	12	14	14	14	14	15	15	15
	1.6875	1.8125	1.75	1.75	1.75	1.75	1.75	1.75	1.875	1.875	1.875

（2）酸液与储层碳酸盐胶结物及孔喉堵塞物等反应，改善储层渗透性。

对酸化前后的岩心采用电子显微镜放大百倍后评价表明，微观孔隙结构发生明显的扩大现象（图6-3）。渗透率损伤试验如图6-4所示，选取的酸体系配方对储层渗透率改善有帮助。

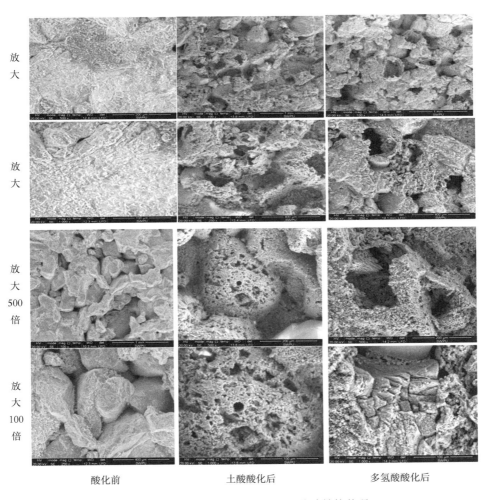

放大

放大

放大
500
倍

放大
100
倍

酸化前　　　　　　　土酸酸化后　　　　　　多氢酸酸化后

图 6-3　不同酸体系酸化前后微观孔隙结构状况

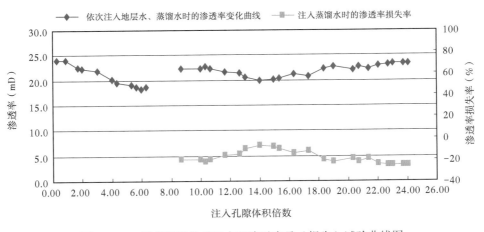

图 6-4　2F 号岩样酸化前后水驱渗透率及（损失）试验曲线图

二、吉 7 井区注水井酸化防膨体系

对多口注水井进行防膨体系的注入。如图 6-5 所示，以 J1403 井组、J1382 井组为例，注入主体酸之后，在流量不变的情况下，注入压力有逐渐变小趋势，说明渗透性得到逐步改善。

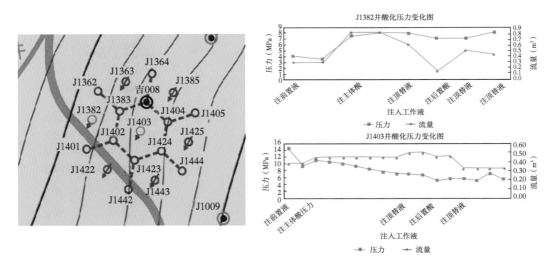

图 6-5 注入井组酸化压力变化趋势

统计酸化和未酸化注入井的投注压力情况，显示未酸化井投注压力在 7~11MPa 之间，平均为 8.6MPa，酸化井投注压力为 4~6MPa，平均为 5MPa，低于平均压力 3.6MPa，酸化井初期吸水能力强，结合试井测试结果，和相渗透率基本相近的井进行对比，经过酸化的注水井的相渗透率和吸水指数都较未酸化注水井高。酸化 7 个月后，酸化井压力上升幅度较未酸化井小。

第二节　压裂措施改造技术

通过注采政策调控后，吉 7 井区整体处于合理开发，但有部分因为储层物性差导致注水见效差产生的低液井，只通过注采调控不能满足政策要求，因此对这部分井需要寻求措施改造来提高产量。吉 7 井区主要采用压裂措施。针对吉 7 储层特征，需完善压裂体系提高产量。面对储层压裂液用量大，易造成黏土矿物膨胀，伤害储层，储层胶结疏松，易出砂，井距小，压后易水窜等问题。吉 7 井区压裂优化工艺在防膨配方、防砂支撑剂优选、合理缝长及导流能力研究等方面开展了多项研究。

一、吉 7 井区压裂改造参数优化研究

1. 压裂防膨液研究

无机防膨剂对黏土矿物的离子置换（防膨效果好）；有机防膨剂对黏土矿物的包裹作用（耐冲刷，有效期长），使黏土矿物不膨胀或减缓膨胀。

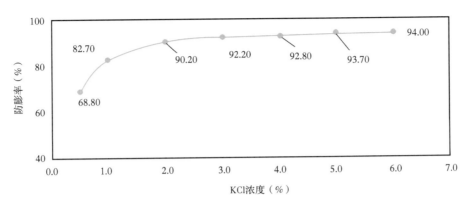

图 6-6　膨润土在 KCl 溶液中防膨率测定曲线

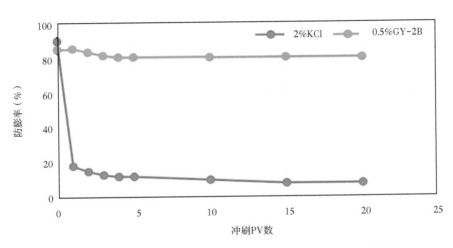

图 6-7　膨润土加 KCl 或 GY-2B 后在不同 PV 数下冲刷防膨率曲线

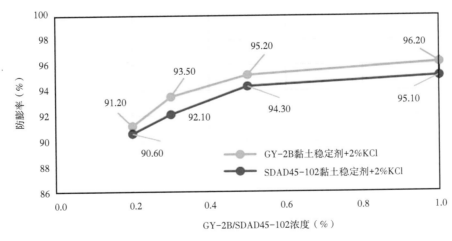

图 6-8　膨润土在有机＋无机溶液中防膨率测定曲线

通过静态防膨试验测定结果（图 6-6 至图 6-8），筛选评价出压裂液防膨配方，防膨组合选用：0.5%GY-2B 液 +2.0%KCl（编号 Z-2）、复合防膨压裂液体系，其防膨率可达到 95% 以上。

动态防膨试验采用吉 19 井、吉 23 井岩心样品来实验，实验方法：模拟地层温度为 60℃，得到先测气体渗透率，然后用标准盐水正驱，测得注入水渗透率，然后用压裂反驱，再用标准盐水正驱，测得第二次注入水渗透率，通过两次注入水渗透率对比得到渗透率损失率（表 6-3、表 6-4）。

表 6-3　压裂液对岩心伤害实验表

压裂液种类	样品来源	样品编号	样品深度（m）	孔隙度（%）	气体渗透率（mD）	注入水渗透率（mD）	伤害后水测渗透率（mD）	渗透率降低（%）	实验温度（℃）
C-1（不加 KCl）	吉 19	R2010-0161-C	2128.6	15.3	75.5	20.2	4.74	76.53	60
C-1	吉 23	R2010-0332-2A	2205.3	17.59	16.3	1.16	0.93	19.83	60
S-1	吉 19	R2010-0160-A	2128.2	14	34	6.52	5.2	20.25	60
S-2	吉 171	R2010-0174-C	3024.85	10	7.32	0.415	0.235	43.37	60
Z-1（不加 KCl）	吉 19	R2010-0160-B	2128.2	11.9	10.5	4.63	1.02	77.97	60
Z-1	吉 19	R2010-0164-C	2144.8	15.5	4.68	0.554	0.998	33.47	60
Z-2	吉 23	R2010-0331-1A	2201.9	16.85	8.75	1.5	0.45	18.77	60

表 6-4　压裂液对人造岩心伤害实验表

压裂液种类	样品来源	样品编号	孔隙度（%）	气体渗透率（mD）	注入水渗透率（mD）	伤害后水测渗透率（mD）	渗透率降低（%）	实验温度（℃）
C-1	人造岩心	88	11.1	195	33.3	26.2	21.32	60
S-1	人造岩心	5	8.9	209	41.1	32.6	20.68	60
Z-1（不加 KCl）	人造岩心	29	11.4	188	56.6	20.5	63.78	60
Z-1	人造岩心	25	10.09	13.5	3.33	2.25	32.43	60
Z-2	人造岩心	34	12.43	14.4	3.16	2.52	20.25	60

从防膨压裂液的岩心伤害实验可以看出，Z-2 复合防膨压裂液体系渗透率仅降低 20% 左右，岩心伤害小，说明该体系适合于吉 7 井区。

2. 覆膜砂防砂

吉 7 井储层胶结疏松，易出砂。成熟的防砂技术有机械管柱防砂、砾石充填防砂、化学剂防砂、覆膜砂防砂等。覆膜砂防砂工艺简单、施工安全风险低；覆膜砂能起到屏障挡砂作用，一定温度后会胶结，维持裂缝处于张开状态，提高导流能力。

覆膜砂提高导流能力的机理：（1）外层的树脂薄膜可以防止破碎砂粒的运动，即使砂粒破碎，仍将被包在树脂薄膜内，不造成油气通道堵塞。（2）达到一定温度会胶结，使裂缝内的支撑剂固结，进一步防止碎屑运移，提高抗压强度，减少砂粒破碎率，并维持裂缝处于张开状态。形成覆膜砂固化所需时间通过胶结率测试如图6-9所示，筛选出满足固结性能指标的方案。图6-10是50℃，经过压裂液的破胶液浸泡2小时的覆膜砂胶结情况。

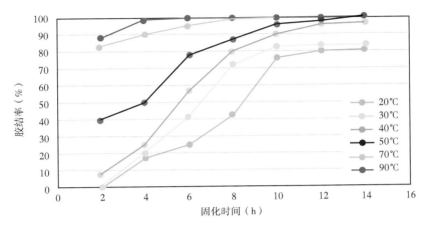

图6-9　覆膜砂固化时间与胶结率关系曲线

图6-10　覆膜砂胶结图

　　在水力压裂中支撑剂的作用在于充填压裂产生的水力裂缝，使之不再重新闭合，且形成一个具有高导流能力的流动通道，压裂井的增产效果取决于裂缝的导流能力，因此选用高质量的支撑剂是提高裂缝导流能力，确保压裂效果的关键因素之一。根据梧桐沟组吉7井区油井闭合压力、埋藏深度、岩石力学参数等资料，进行了支撑剂的选择。覆膜砂占的比例越大，导流能力相对越大，而且下降的速度越慢，越能获得较高的导流能力，可以在经济范围内适当增加覆膜砂的比例。石英砂尾随覆膜砂只适合于不太高闭合压力地层（不超过30MPa），如果闭合压力过大，导流能力迅速下降，将影响压裂后油井增产，导致压裂效果不明显。由于覆膜砂较贵，压裂完全使用覆膜砂不经济，因此必须选择石英砂与覆膜砂组合比例，又经济又有相对较高的导流能力。

进行了组合比例优化方案试验如图 6-11、图 6-12 所示，选取石英砂尾追覆膜砂组合（80:20），可以获得经济且相对较高的导流能力。

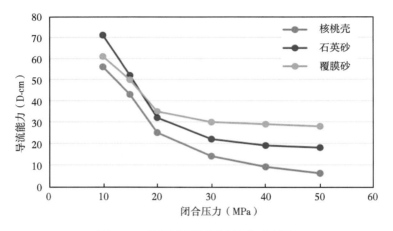

图 6-11　不同支撑剂导流能力对比图

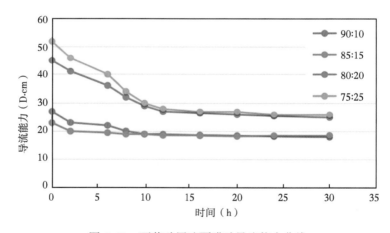

图 6-12　石英砂尾追覆膜砂导流能力曲线

3. 数值模拟优选压裂参数

针对 150m 井距，进行压裂规模研究，利用 Eclipse 软件建立吉 008 井组数值模型，其中网格步长 15m，模型总网格数 13536 个。根据全区及单井实际产油、注水和产水资料，按先全区后单井的途径，主要通过调整井局部网格渗透率、孔隙体积和井指数来实现，以确保油藏总的产液量和注入量与实际相符。模型中设定以实际产液量和注水量生产，全油藏拟合程度较高，误差小，模型可靠。

基于该模型主要确定了合理缝半长和导流能力（图 6-13）。设置裂缝参数（5 个参数 2 个变量），通过油藏数值模拟建立区块模型后，通过定缝宽和缝高。将压裂缝长假设为油藏中一条普通裂缝进行未来产能预测。不同缝长进行产能对比。

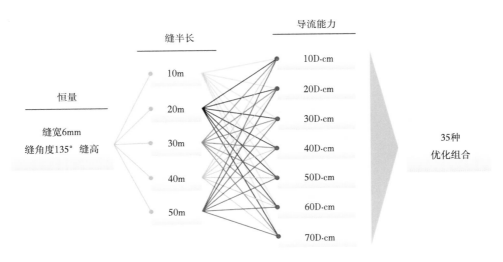

图 6-13　数值模拟确定压裂参数优化方案组合

以吉 008 试验井组整体压裂，研究不同缝半长在不同导流能力下的采出程度（3 年）（图 6-14）。在确定流压 14MPa、缝角度 135° 前提下，以设置不同导流能力不同缝长进行整体压裂模拟。从整体压裂油井裂缝参数与压后 1 年累计产量和 3 年后采出程度的关系曲线看出，在同一裂缝半长下，油井压后 1 年累计产量和采出程度随油井裂缝导流能力增加而增加，当油井裂缝导流能力超过 40D · cm 时，产量和采出程度的增加幅度有所降低。在同一裂缝导流能力下，油井压后 1 年累计产量和采出程度随油井裂缝半长增加而增加，当裂缝半长为 30m 和 40m 时，压后产量和采出程度为最高，缝半长为 50m 时，压后产量和采出程度呈现下降趋势。

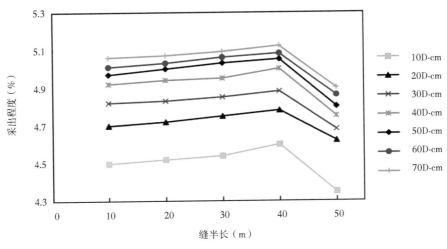

图 6-14　模拟压裂井组不同导流能力与缝半长采出程度变化图

从优化结果可看出，随着缝半长的增加压后 3 年的采出程度逐渐提高，在缝半长 40m 时采出程度出现拐点，达到峰值。因此选择最优缝半长为 40m。

研究不同缝半长在不同导流能力下的累计产油量（3 年）（图 6-15）。随着导流能力变大，累计产油逐渐增大，当导流能力超过 40D•cm 时，累计产油的增加幅度变缓。因此确定合理的导流能力为 40D•cm 以上。

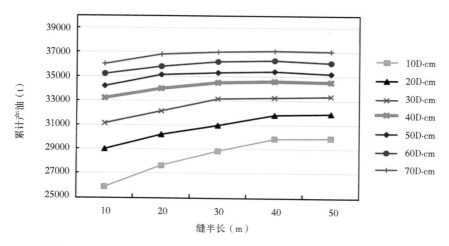

图 6-15　模拟压裂井组不同缝半长不同导流能力下累计产油（3 年）

二、吉 7 井区压裂工艺研究

传统加砂压裂方式，通常会利用地面上的高压泵组，用高黏度压裂液，将其以大于地层可吸收能力的排量迅速泵入井中，以在井底累计高压，直到其超过井壁附近的地应力和地层岩石的抗张强度，在井底形成裂缝。持续泵注携带支撑剂的压裂液可使裂缝扩展、延伸。并由于支撑剂的支撑作用，在停泵后形成具有一定长度和导流能力的填砂裂缝，从而提高产量。

多次加砂压裂的关键在于，在优化总砂量的前提下，通过合理泵注程序，将压裂液分为多个阶段注入含油层或含气层。在第一次注入的压裂液和支撑剂已经完全进入地层后，停泵以使其沉降，在裂缝稍做闭合后再进行下一次压裂，分阶段铺设于地层内的支撑剂可以充分改造油气层。

由于前次加砂时已形成的稳定裂缝，支撑剂在停泵沉降后会呈现下多上少的分布，并导致上下端部的应力集中，已形成的滤饼和砂堤也会降低后续滤失，从而提升压裂效果。

另一方面，由于沉降作用，下部沉淀的支撑剂会一定程度上为水力裂缝垂向方向的延伸带来阻力，使裂缝在长宽方向延伸，从而令裂缝具有较大宽度，增加其导流能力，大大提高了支撑剂铺垫效率。

1. 低前置液用量优选

吉 7 井区梧桐沟组油藏吉 8 断块采用 150m 井距反七点注采井网开发，最大主应力方向为北偏东 40° 左右，注水井和采油井方向未能全部避开最大主应力方向，为了避免压裂裂缝沟通注水井，采用低前置液压裂，减少前置液用量，控制裂缝长度。

常规压裂前置液比例为 35%~50%，单位液体里的压裂砂少。本次优化前置液加砂方案，采用低前置液加砂前置液比例为 10%~20%，造缝短，铺砂浓度高（图 6-16）。

吉 7 储层性质介于中硬砂岩—软砂岩之间。如图 6-17 所示，吉 7 储层岩心的弹性模量较低，平均为 14.5GPa，并且表现出一定的塑形特征，储层容易开启裂缝。

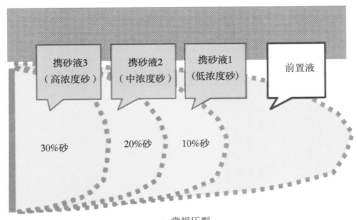

a. 常规压裂

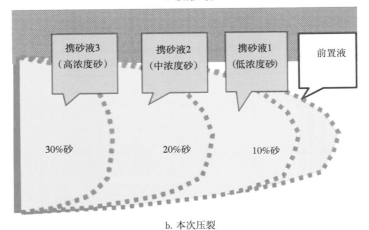

b. 本次压裂

图 6-16　不同压裂方式的前置液加砂程序示意图

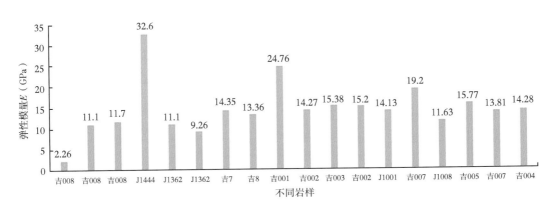

图 6-17　吉 7 储层岩心的弹性模量测试结果

图 6-18 显示吉 7 井区 JD9310 井单井破裂压力为 27MPa，施工压力为 15MPa。净压力偏低且稳定不升，说明地层容易造缝，少量的压裂液与合理的排量，能获得较大的初始缝宽。理论、实验和现场实践均表明吉 7 井区储层裂缝容易张开，可以采用低前置液。

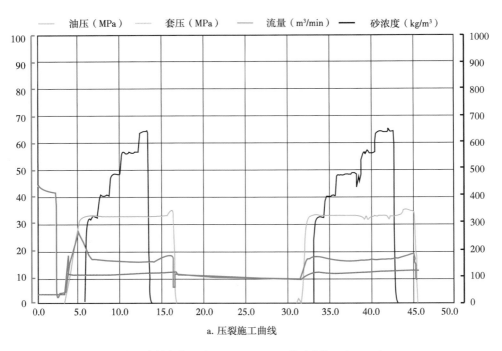

a. 压裂施工曲线

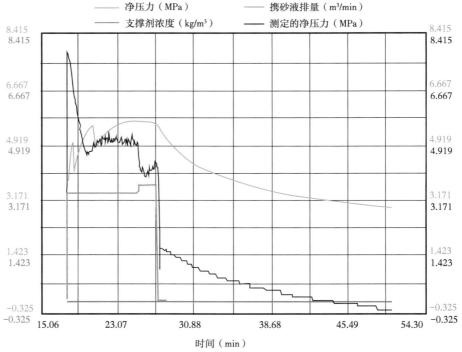

b. 净压力拟合曲线

图 6-18　JD9310 井测试曲线

　　低前置液加砂压裂参数优化。首先是前置液用量的优化。这些都是由储层滤失系数决定的。如图 6-19 所示，损耗掉的液体越少，前置液的需求量也就越低。

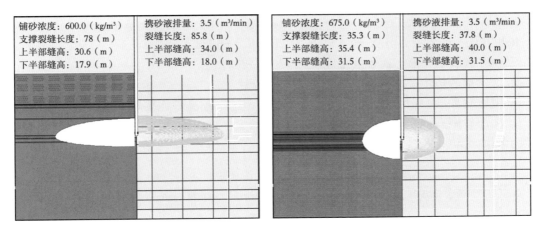

图 6-19 压裂模拟前置液用量与缝半长关系示意图

前置液用量与压裂液效率有关，压裂液效率越高，前置液需求越低，前置液比例通常为 35%~50%，压裂缝半长为 70~80m。若要缝半长在 40m 左右，模拟其前置液比例约 15% 左右。

通过现场 JD8624 井压裂测试，对吉 7 井区滤失性能进行评价。通过研究关井时间压降变化和裂缝闭合时间，估算储层滤失性能压裂液效率。图 6-20 是在主压裂前通过清水测试和压裂液测试估算前置液量，为后面的主压裂提供依据。

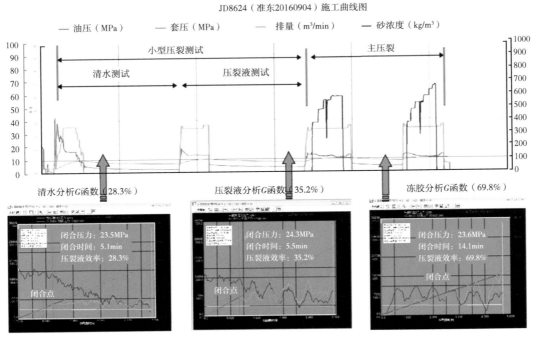

图 6-20 JD8624 井压裂测试及预测图

小压测试数据分析计算：采用冻胶，压裂液效率为 70% 左右。

采用压裂液冻胶，利用以下公式计算（取压裂液效率 F.E. 为 70%）：

Nolte 方法：前置液百分比 =（1−F.E.）2+0.05＝14%
Kane 方法：前置液百分比 =（1−F.E.）2＝9%
hell 方法：前置液百分比 =（1−F.E.）/（1+F.E.）＝17%
三种方法取平均值，前置液量确定为 13% 左右。

2.二次加砂技术

常规压裂加砂一般砂比不高，为 20%~25%，达不到高砂比要求，造的缝导流能力不高。二次加砂则裂缝相对较短，裂缝宽度相对增大，缝内铺砂量增多，获得高导流裂缝，有利于稠油流动。

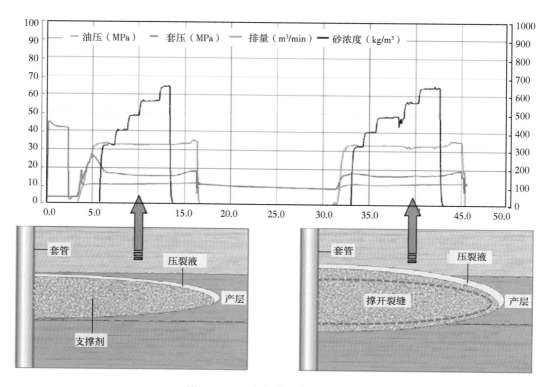

图 6-21　二次加砂工艺施工曲线

二次加砂技术即将总砂量分为两次加入，中期停泵一段时间。如图 6-21 所示，采用二次加砂技术，缝长几乎不变，缝宽增加。选取相同液量、砂量考虑不同压裂方式，进行压裂模拟如表 6-5、图 6-22 所示，二次压裂压裂缝半长比常规压裂短 10m，缝口宽度增加了 67%，导流能力提高 48%。

表 6-5　不同压裂方式对应压裂参数水平（相同液量、砂量）

对比项目	长度（m）	缝口宽度（mm）	高度（m）	导流能力（D·cm）
二次压裂	55.4	8.9	24.5	186.5
常规压裂	65.1	5.3	23.2	125.4
增加幅度	短 10m	增加 67%	相差不大	增加 48%

200

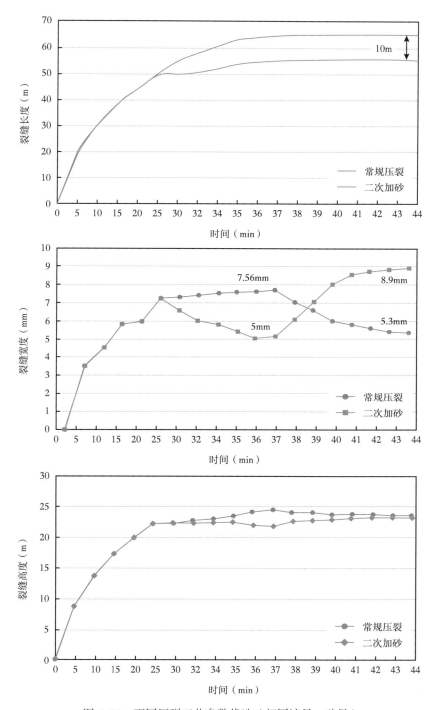

图 6-22　不同压裂工艺参数优选（相同液量、砂量）

二级加砂工艺中，两次加砂比例如图 6-23 所示，随着比例的增大，支撑缝长在比例为 60% 时缝长最短，支撑缝宽在 60% 之后几乎不再增加，支撑缝高在 60% 时达到最低值。优选 60∶40 是最佳二次加砂比例。

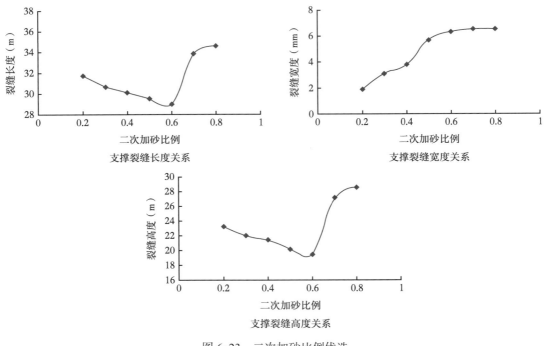

图 6-23　二次加砂比例优选

三、吉 7 井区压裂效果评价

1. 单井压裂达到设计产能

在 2013—2017 年间，吉 7 井区小井距二次加砂压裂 282 井次，压后大多能自喷生产，平均单井日产油 4.7t，达到平均设计产能 4.5t/d（表 6-6）。二次加砂和低前置液工艺结合，使得油层导流能力显著提高，同时节省压裂液量。新井压裂改造投产后，日产液、产油能力能提高 5~6 倍，说明渗透率没有受影响，防膨效果较好。

表 6-6　吉 7 井区历年压裂参数及效果

年份	井次	射孔厚度（m）	加砂强度（m³/m）	加砂（m³）	用液量（m³）	前置液量（m³）	前置液百分比（%）	平均日产液（t）	平均日产油（t）	压后含水（%）
2013	43	11.1	1.7	18.0	148.1	29.2	19.7	5.3	4.1	22.6
2014	21	9.7	1.7	16.2	125.6	24.6	19.6	5.2	3.4	34.6
2015	74	12.9	1.5	18.5	117.7	13.9	11.8	6.2	5.2	16.1
2016	41	16.0	1.4	21.1	122.1	10.7	8.7	6.0	4.8	20.0
2017	103	21.9	1.1	22.6	139.9	17.0	12.2	5.6	4.4	21.4
合计/平均	282	14.3	1.3	19.3	130.6	16.9	13.0	5.9	4.7	20.3

2. 尾追覆膜砂有效解决了出砂问题

从统计的 232 口井来看，覆膜砂防砂压裂将出砂井影响正常生产的比例从 28.1% 降低到 2%，防砂效果显著。

但是在出砂严重的区域，二次加砂压裂不能满足防砂要求，采用纤维防砂压裂技术。纤维防砂压裂技术是在支撑剂中加入纤维形成一个整体，稳定性和抗压强度均大大高于树脂砂，对防砂效果更好。

3. 压后没有引起水窜

较普通压裂相比，低前置液压裂平均前置液用量从 30m³ 降低至 7m³，裂缝半长控制在 70m 以内（表 6-7）。

表 6-7　吉 7 井区梧桐沟组油藏裂缝监测统计表

井号	断块	层位	测试日期	裂缝方向	裂缝半长（m）	方位角（°）
J5133	吉 006	$P_3wt_1^2$	2013.4.6	NE	45	45
J5190	吉 006	$P_3wt_1^1$	2013.5.20	NE	54	43
J6129	吉 006	$P_3wt_2^{2-3}$	2013.4.5	NE	58	43
J6414	吉 006	$P_3wt_2^{2-1}$	2013.5.4	NE	63	41
J1005	吉 7	$P_3wt_2^{2-3}$	2011.8.26	NE	65	40
J1010	吉 8	$P_3wt_2^{2-3}$	2011.5.8	NE	65	38
J1020	吉 8	$P_3wt_2^{2-3}$	2012.7.17	NE	68	40
J9628	吉 8	$P_3wt_2^{2-2}$	2015.3.20	NE	70	17
J9669	吉 8	$P_3wt_2^{2-2}$	2015.3.21	NE	40	6
平均				NE	59	35

将 2015 年、2016 年未压裂的 93 口采油井与压裂投产的 108 口采油井含水比拉齐进行对比，压裂井与未压裂井含水比变化趋势相近，说明低前置液压裂达到了控制裂缝半长、防止沟通注水井的目的。

如图 6-24 所示，2015 年 4 月 J9889 井压裂时，对最大主应力方向的注水井 J9888 井进行干扰试井，油压从 4.14MPa 上升至 4.31MPa，上升 0.17MPa，随着压裂结束，油压下降到压裂前水平，说明由于井距小，采油井压裂时，压力波可以到达相邻注水井，但压裂液没有窜流到注水井。截至目前，J9889 井累计生产近 1000 天，含水比一直保持在 20% 左右。

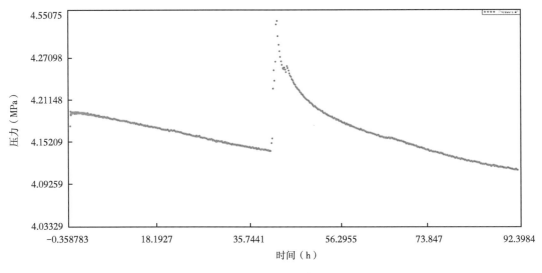

图 6-24　J9888 井干扰测试曲线图

第三节　无杆泵智能采油技术

吉 7 井区属于中深层稠油油藏，常规有杆泵入泵困难，无法有效举升；特种抽稠泵泵效低、提产效果较差；电加热、掺稀辅助举升提产效果好，技术可行，但采油成本高，经济不可行。采用螺杆泵举升，可以成功举升稠油，而且成本低，与电加热举升相比，螺杆泵单井投资节约 33.7 万元，单井年运行费用节约 43.9 万元。

但是常规螺杆泵生产井不能进行越泵的生产参数测试，资料录取不能实现，不利于油田的发展。为能实现动态资料的录取，保证油田的稳定发展，准东采油厂自主研制优化了四种配套工具：可倾斜放喷短接、螺杆泵偏心井口、新型油管旋转器和扶正引鞋。

吉 7 井区在 2015 年之前采用的是直井开发，2016 年共部署 172 口井，其中有 116 口井位于基本农田、草原区域，如按直井部署，需大量占用耕地，新疆油田公司围绕新疆维吾尔自治区坚持绿色发展、建设美丽新疆的要求，下决心打造节约占地、绿色环保和定向井采油平台。通过攻关，攻克了玻璃钢敷缆管＋无杆泵举升技术，配套了玻璃钢敷缆管修井技术及装备，首创了大平台集中智能多级控制技术，创新了地面工艺集成优化技术，在世界范围内建成了首个"玻璃钢敷缆管＋无杆泵智能采油平台"，创新了一种深层稠油开发的模式，创造了一种无杆泵技术范例。

一、玻璃钢敷缆连续油管

吉 7 井区在 2016 年部署定向井 172 口，都采用了"多井丛—大平台—井站一体式采油平台"的设计理念。为解决有杆泵举升过程中油井偏磨问题，同时实现井站智能化管理、井下数据实时监测、井站无人值守及巡井等目的，采用的玻璃钢敷缆连续油管的管材，内部集成有电缆且整根管材中间没有接头，很好地解决了传统钢制油管无杆泵采油的弊端。但是目前国内没有专门的作业设备用于玻璃钢敷缆连续油管的升下井作业，制约了这种采油技术的推广和发展。为配合这种全新的举升模式，开展了一系列的升下井作业设备的研制和应用。

1. 升下井作业主体设备的研制路线及研制流程

1）设备研制技术路线及流程

通过对设备整机的结构优化设计，将模型仿真分析方法和结构优化方法相结合，以轻量化、动特性为主要目标对起升门架、主体大架、牵引机主体框架等大型结构件进行结构修正和优化设计。根据优化分析结果，改进设备结构，对改进后的设备结构进行动力学分析，研究了设备非均匀载荷工况。分析部件之间连接形式、结构特点、结合面等特性，通过力学试验，获得一些重要部件（如牵引机履带夹紧支座连接销的弯曲变形）特征参数，并且把这些参数应用于后面的部件和整机力学分析。

依据设备研制的技术路线，对相关设备进行了设计和制造。制造出的主体设备包括门架起升液压绞车和连续油管收放盘作业车。

2）设备主要部件功能

（1）门架起升液压绞车。

玻璃钢连续敷缆管升下井专用作业车区别于传统连续管油管作业车是将牵引机构由立式改为卧式，降低了工人操作高度避免了高空作业。设有门架起升装置，起升角度达到90°，牵引机可上下升降和左右横移，通过与起升门架的配合实现管材接头处的入井作业。

（2）收放盘作业车传动系统功能。

收放盘作业车传动系统安装有差速装置，动力输入端安装有带有机械制动的液压马达，半轴两端分别连接制动轮和动力输出传动齿轮，通过差速原理解决大盘转动过程中偏心的难题。

下井作业时液压马达不工作处于制动状态，收放盘装置处于随动状态，通过调节制动轮的制动力，使大盘在偏心力最大的位置能够保持不转动。通过升下井作业车牵引管材带动大盘转动，从而实现管材牵引速度和大盘放管速度的匹配。

升井作业时液压马达处于工作状态，并调整大盘转动速度大于管材牵引速度，调整制动轮的制动力，使液压马达可以带动大盘转动，通过制动轮的转动来实现转速的补偿，实现管材牵引速度和盘卷速度的匹配。

2. 升下井作业配套设备的研制及性能指标

根据配套设备工具的用途不同将其分为井控设备、安全环保配套设备、管柱配套设备。井控设备包含专用防喷器、油管防顶装置、管端泄压与密封装置。

管柱配套设备包括免旋转连接接头、井口电缆穿越及密封装置。

1）井控设备

防喷器采用闸板防喷器且具有防顶功能，防喷防顶功能一体化，降低设备的高度方便操作。

防顶装置卡瓦总成由卡瓦和支撑滑块组成，其中卡瓦内孔带有环形凹槽用于增加与管材之间的摩擦力，卡瓦与支撑滑块之间嵌有弹性橡胶使卡瓦可以径向浮动从而保证每个卡瓦都能与管材外表面紧密贴实。

2）管端泄压与密封装置

管端泄压与密封装置主要用于突发状况时封堵管材端部接头与防顶防喷器配套使用满足"两封一顶"的井控要求，也可以用于向管内灌液（下井作业中若管内无法进液，下井作业前要向管内灌液）。

管端泄压与密封装置由高压软管、支撑转轴、高压旋转接头、高压阀门等组成。其中高压软管一端与管材端部接头连接，另一端与支撑转轴连接。支撑转轴末端连接有高压旋转接头。其中支撑转轴内部中空，高压旋转接头与管材内部实现连通，高压旋转接头可以在旋转的过程中实现承压和密封的功能。通过高压软管将高压旋转接头的另一端与高压阀门相连，从而实现了大盘旋转在过程中阀门的开启与关闭。

3）管材清洗装置

管材清洗装置用于提井作业时清洗管材表面的油污，清洗装置安装在井口防喷器上方，通过高压水雾将管材表面的油污冲刷掉，防止油污滴落到地面或作业设备上。

清洗装置由喷淋罩、扶正器、高压碰嘴、刮污板构成。其中高压喷嘴分为上下两层，圆周均匀分布在喷淋罩内，各个碰嘴之间相互连通。喷淋罩底部安装有扶正器保证管材位于喷淋罩中央，在高压碰嘴的上方和下方安装有刮污板，升井作业时通过下方的刮污板将大部分油污去除掉，通过高压喷嘴射出的扇形水雾将剩余的油污冲刷清洗掉，最后通过上方的挂污板将残留的油污水渍去除干净。

4）管柱配套设备

免旋转连接接头安装于潜油电泵与连续油管之间，用于管材与潜油电泵之间的对接。最后管柱对接时上端连续油管与下端的潜油电泵均无法转动，因此对接时不能采用螺纹连接。免旋转连接接头分为上下两部分，接头之间采用法兰连接使用胶垫进行密封，安装时将免旋转连接接头与潜油电泵上端连接，免旋转连接接头与连续油管井下端接头连接，最后通过法兰将上下两端管柱对接到一起。

5）井口电缆穿越及密封装置

连续油管的各类电缆通过井口悬挂法兰将电缆从井内穿越到井外，并通过专用密封接头进行密封。

井口电缆穿越及密封装置由专用井口悬挂法兰、电缆密封接头、防爆接线盒、防爆穿线挠性管组成。井口悬挂法兰的端面上设有三个电缆穿线孔，非金属玻璃钢敷缆连续油管的三组电缆分别从三个穿线孔穿越到井口，穿线孔上端带有螺纹，安装有电缆密封接头。电缆密封接头采用锥套对每根电缆单独密封，地面电缆与敷缆管的引接电缆在防爆接线盒处用接线端子进行连接，井口至地面的电缆有防爆挠性管保护。

3. 优点

（1）敷缆连续油管在防腐性能、弯曲疲劳寿命、内置导线等方面具有独特优势，消除了机采井杆、管偏磨问题。（2）油管壁敷设动力线，解决了传统外置电缆所带来的磕碰、摩擦、卡缆、拖拽等问题。（3）地面作业设备满足井控、管柱配套以及相关的安全环保要求，起下管柱平稳速度快，省去了常规作业捆扎电缆卡子的工作量。（4）绝热性好，导热系数为 0.21W/（m·K），使管柱上升井液温度减小，井口温度高，降低了井口回压。（5）内衬层选用防结垢防结蜡材料，管内壁表面光滑，绝对粗糙度为 0.37μm，具有自润滑性和不黏附性，使得连续油管不结垢、不结蜡、流动阻力小。（6）管柱内如有蜡块堵塞，加热缆具有加热功能，一定时间内使蜡块与油管壁黏附力降低，顺利排出井口。

二、地面驱动螺杆泵技术

地面驱动螺杆泵采油主要由地面和井下两大部分。地面部分包括驱动头和控制柜；井下部分包括泵、抽油杆、油管、配套工具（如锚定工具、扶正器）等。螺杆泵地面驱动装置一般指套管井口法兰面以上与套管井口、地面输油管线相连接的那部分设备的总称。狭义地讲，它主要由原动机、减速系统、防反转机构、密封系统、支撑系统和安全防护系统等部分组成，广义地讲，还包括螺杆泵专用井口、地面电控箱。它是螺杆泵采油系统中的动力输出部分。根据不同的分类原则，螺杆泵地面驱动装置有不同的种类。

常规螺杆泵的洗井工艺：热洗液是从环空注入，经筛管进入泵的吸入口，再经螺杆泵进入油管进行洗井清蜡。吉 7 井区由于采用了小排量螺杆泵，这种方式难以达到排蜡要求的排量，初期的做法是用吊车将转子提出定子进行热洗，费用较高，热洗工艺复杂，劳动强度大。从管理角度来讲：（1）由于泵的排量小，热洗时间长，影响抽油的时间；（2）洗井热水循环慢，到达泵的热洗液温度变低，清蜡效果差；（3）热洗时井底憋压高，容易损伤地层，油井恢复时间长，同时易引起抽油杆脱扣。同时，地面驱动螺杆泵井口、井下均无测试通道，正常生产情况下无法进行井下环空数据测试，测试困难是螺杆泵井存在已久的问题，对于油井生产有很大的影响。

研发的螺杆泵利用偏心螺杆泵井口安装可倾斜放喷短节，可以获取井下压力、温度及剖面资料，吉 7 井区累计完成压力温度测试 227 井次，剖面测试 584 井次。结合螺杆泵举升管柱，配套了能够封隔任意层的隔水抽油管柱系列。井口安装由扭矩传感器、数据采集控制器组成的工况诊断系统，采集扭矩、轴向力、电流、转速等工况数据，以此对油井生产状况进行判断。表 6-8 给出了吉 7 井区螺杆泵工况测试与诊断情况表，据此合理地诊断了油井产状，见表 6-9。

表 6-8　吉 7 井区螺杆泵经验法诊断模板表

工况类型	工况的定义	产量	电流	动液面	扭矩	轴向力	套压
泵工作正常	各个参数工作在正常范围内	正常	正常	正常	正常	正常	正常
杆断脱	轴向力为杆柱自重，扭矩、产量、电流下降，油套压不相关	趋于零	空载（电流接近于零）	上升	非常低（正常扭矩 20% 内）	偏低	不连通
管结蜡出沙	随时间延长，产量降低，扭矩电流，沉没度逐渐增加，油套压不相关	偏低	上升（电流逐渐上升正常电流 2 倍）	微升	偏高（扭矩升高 50%）	上升	正常
定子溶胀、脱胶	产量正常或偏高，扭矩、电流周期性波动	正常	上升（电流周期性波动超过 20%）	正常	偏高（扭矩升高周期性波动）	正常	正常
泵漏失	产量降低，沉没度增加，扭矩电流下降	偏低	偏低	上升	偏低	较低	一定程度连通
工作参数偏高	沉没度偏低，易造成烧泵	偏低	偏高	偏高	偏高	正常	正常
工作参数偏低	沉没度偏高，扭矩电流偏小	正常	偏低	偏高	偏低	正常	正常
管断脱（锚定无效）	轴向力为杆柱自重，扭矩、产量大幅流下降，油套压相关	较低	偏低	上升	偏低	偏低	连通
管漏失（锚定有效管断脱）	轴向力偏低，扭矩、产量偏低，油套压弱相关	偏低	偏低	上升	偏低	偏低	连通

表 6-9　吉 7 井区油井诊断结果表

序号	井号	日期	诊断仿真值										诊断结果	实际工况
			Y1	Y2	Y3	Y4	Y5	Y6	Y7	Y8	Y9	Y10		
1	J1003	2012-8-14	0.86	0.18	0.07	0.06	0.02	0.05	0.22	0.11	0.11	0.14	正常	正常
2	J1008	2012-4-18	0.69	0.18	0.07	0.07	0.00	0.05	0.44	0.11	0.11	0.12	正常或供液不足	供液不足
3	J1009	2012-8-14	0.76	0.14	0.09	0.08	0.01	0.06	0.32	0.10	0.10	0.11	正常	正常
4	J1011	2012-8-15	0.89	0.12	0.09	0.09	0.14	0.16	0.07	0.10	0.10	0.10	正常	正常
5	J1012	2012-8-15	0.93	0.13	0.08	0.08	0.17	0.12	0.06	0.11	0.10	0.11	正常	正常
6	J1013	2012-8-14	0.14	0.58	0.11	0.02	0.69	0.11	0.02	0.08	0.07	0.12	泵漏失或油管漏失	正常
7	J1014	2012-8-14	0.94	0.11	0.10	0.10	0.11	0.07	0.08	0.10	0.10	0.11	正常	正常
8	J1015	2012-8-20	0.58	0.74	0.14	0.01	0.89	0.32	0.01	0.08	0.09	0.08	泵漏失或油管漏失	泵漏失
9	J1018	2012-5-18	0.13	0.14	0.07	0.08	0.00	0.07	0.88	0.10	0.11	0.13	供液不足	供液不足
10	J1362	2012-8-14	0.95	0.10	0.10	0.12	0.10	0.08	0.10	0.10	0.11	0.11	正常	正常
11	J1364	2012-8-14	0.95	0.10	0.10	0.10	0.10	0.07	0.10	0.10	0.10	0.11	正常	正常
12	J1402	2012-8-13	0.49	0.26	0.06	0.05	0.35	0.72	0.04	0.13	0.10	0.14	正常或定子溶胀	正常
13	J1405	2012-8-16	0.70	0.08	0.11	0.12	0.01	0.12	0.28	0.09	0.10	0.09	正常	正常
								……						
42	吉 101	2012-6-19	0.07	0.08	0.11	0.12	0.00	0.16	0.87	0.09	0.11	0.09	供液不足	供液不足
43	吉 7	2012-8-14	0.01	0.41	0.80	0.03	0.54	0.70	0.17	0.17	0.10	0.17	油管结蜡或定子溶胀	蜡卡
44	吉 8	2012-8-15	0.94	0.10	0.10	0.10	0.11	0.05	0.10	0.11	0.10	0.12	正常	正常

说明：正常（Y1）、油管漏失（Y2）、油管结蜡（Y3）、抽油断脱（Y4）、泵漏失（Y5）、定子溶胀（Y6）、供液不足（Y7）、砂卡（Y8）、油管脱落（Y9）、定子脱胶（Y10）。

截至目前，吉 7 井区应用地面驱动螺杆泵 395 套，平均单井日产液 4.8t，产油 2.9t。吉 7 井区螺杆泵平均泵效 55%，年平均检泵井次 50 口，区块平均检泵周期 780 天，其中吉 8 井检泵周期已超过 2900 天。

三、敷缆管 + 无杆泵举升技术

吉 7 井区产能建设区域，征地费用高，油田开发受外界干扰严重，生产管理约束多。为了最大限度减少对保护区的破坏，2016 年按照"多井丛—大平台—定向井"的建设与管理思路，部署丛式井平台 14 个、定向井 157 口（油井 104 口、注水井 53 口），定向井完钻井中最大井斜角 33.4°，最大造斜率 9.7°/30m。吉 7 井区稠油定向井平均油层中部深度 1500m，单井产能设计为 4~5t/d，结合油田实际需求，对比表 6-10 各种无杆泵举升工艺的优缺点，筛选出电潜柱塞泵、电潜螺杆泵排量范围适合吉 7 井区需求，同时存在参数易调节、效率高、地面布置简单的优点。

表 6-10　国内外无杆采油系统对比分析

名称	日排量（m³）	扬程（m）	优点	缺点
电潜离心泵	13~1270	≤ 5000	扬程高，适合高含水、低气液比井，地面占用面积小	效率低，抗高温、腐蚀、磨蚀能力差，对气体敏感（气液比 ≤ 0.3）
水力活塞泵	30~600 国外 1245	≤ 4000 国外 5400	排量范围大、扬程高，适合高气油比、出砂、稠油、含蜡、深井	地面设备复杂（泵站、设备多）、投资大
水力射流泵	20~1590	≤ 3500	排量范围大、扬程高，机组无运动件，适合高温深井、高液量、高气油比、含砂、稠油井	地面设备复杂（泵站、设备多）、效率低
气举采油装置	30~7000	3600 以上	排量范围大、扬程高，适用于高气油比井、腐蚀、出砂井	地面设备复杂（泵站、设备多）、投资大，需充足稳定气源、高压，安全性差
电动潜油柱塞泵	1~12	≤ 3000	工况适应性好、易调参、效率高，地面布置简单	对液面要求较为苛刻
电动潜油螺杆泵	2~20	≤ 2500	转速可控、效率高，地面布置简单	螺杆泵橡胶需要个性化设计；对液面要求高
电动潜油膜泵	2~12	≤ 1600	转速可控、效率高，地面布置简单；机组长度短	应用较少，检泵周期短

开展无杆泵智能控制系统研究保障平稳运行。这种闭环控制系统如图 6-25 所示，信号缆 + 传感器可实时监测泵出口压力、温度，翔实准确地掌握了井下工况，为故障诊断、机组优化等科研工作及生产参数调整奠定了良好基础。

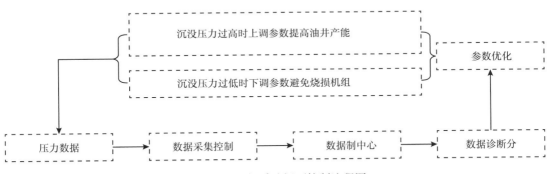

图 6-25　无杆采油闭环控制流程图

直线电机存在瞬时硬启动、换向冲击严重等问题，影响机组、电缆和井下工具寿命，为此开展了潜油直线电机柔性控制技术研究，通过专有控制技术控制变频器的输出，实现电机的启动、换向、停止，实现柔性控制，改善泵的震动。通过更改启动相序、启动的频率和斩波的占空比来实现启动的减震，通过改变换向的频率及斩波占空比来实现换向的减震，通过改变下行的频率及斩波占空比来实现换向的减震。

室内试验，相同工况条件下，采用柔性控制后避免了瞬时硬启动电流过高的问题，最大电流和平均电流分别降低了 46.8% 和 21.7%，采用柔性控制后振动频域强度降低 50.26%

（如图 6-26、图 6-27）。试验初步表明：应用柔性控制可有效降低启动和运行载荷，降低了系统冲击，避免了过载停机，节能效果明显。

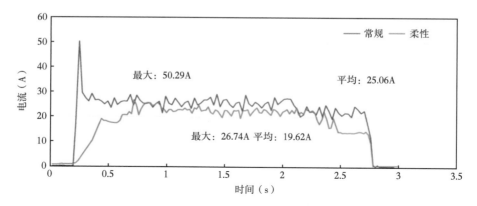

图 6-26 常规与闭环控制室内试验上冲程电流曲线对比

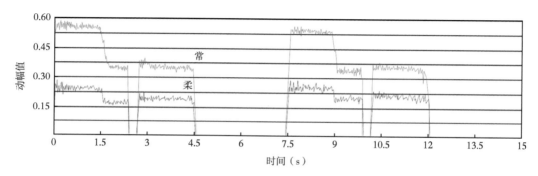

图 6-27 常规与柔性控制室内试验电机振动频域强度对比曲线

吉 7 井区采用井站一体式无杆泵智能采油平台，属于国内领先，"多井丛大平台、井站一体化无杆泵采油平台"开发模式在整个中国石油石化行业尚属首次，长庆油田、中国石油勘探开发研究院在建设期间先后组织进行参观。创新一种深层稠油开发模式，创造一种无杆电泵技术范例。运行模式采用了信息采集、井况预警、远程控制、桌面巡检、故障报警、视频监控等信息化系统，实现了管理智能化，达到了无人值守，故障巡井的目的，实现了效益最大化。

智能控制系统通过无线网将信息采集传输至控制中心，通过控制中心制定合理的生产参数，对单井信息实时监测，同时对异常生产井，系统发出预警信息，并通知专业化的班组及时维护处理，提高工作效率。

四、投捞电缆式潜油螺杆泵系统

常规电潜无杆泵电缆绑在油管外侧，电缆易损伤。与常规无杆泵利用动力电缆将地面电源传输给井下潜油电机，电机通过减速后带动与其连接的螺杆泵转动，实现原油举升。区别在于改变电缆的下入方式，由固定在油管外侧改为从油管中对接，该技术的核心是电缆对接技术。为此，为了解决动力电缆抗拉强度问题，研发了特殊钢丝铠装电缆；为了确保其具有良好的密封性和稳定性，来实现电缆的井下对接，采用笔尖导向设计了电缆插接头组件；为了避免井液、泥沙侵入造成电缆无法绝缘问题，开展了深井对接绝缘密封的研究；研发了井口电缆悬挂密封装置，投捞电缆既是动力电缆也是承重缆（1500m 电缆重约 2t），相对于常规无杆泵的电缆穿越密封，投捞电缆井口还要起到悬挂承重的作用；同时配套研制了投捞电缆的提下装备，简化了井下作业流程，起下作业只需 1 人在控制柜操作即可。

准东油田自 2015 年开始，开展投捞电缆式潜油螺杆泵举升技术的研究与试验，对潜油电缆、井下电缆插接头、密封腔、联轴器等多处进行研发、改进。2017—2018 年电缆对接头共对接 31 井次（其中转抽 13 井次、检泵 18 井次），对接成功 29 井次，成功率为 94%。对接次数最多的 BD4366 井已对接 4 次，均对接成功。对接出现问题的 2 井次，一是因油井出砂对接头上部有砂对接未成，后对结构进行了改进；另一个是带测试缆的 4 芯对接未成，目前已经提高加工精度。截至 2019 年底，共计开展了 22 口井的现场应用，最大下深 2500m，目前电缆投捞成功率 100%，平均泵效 76%。投捞电缆式潜油螺杆泵的成功研发，突破了常规无杆泵举升技术应用瓶颈，促进了无杆泵举升技术规模应用，具有广阔的应用前景。

第四节　精细分注技术

随着油田开发的深入，油田开发含水现象越发显著。油田开发进入精细开发阶段，油田开发难度的增加使得现有分注管柱不能完全适应多种油藏类型油田注水开发的需要。为了提高油田开发的技术水平和注水工艺技术的实用性，真正实现"注好水，够水，效注水，细注水"。

吉 7 井区储层非均质性中等且内部发育夹层，井距小、油稠，注水易沿高渗层突破，为保证分注效果，封隔器卡封的位置至少需要 2m，因此在射孔前对射孔井段进行了优化，保证了 2m 封隔器的位置。同时针对单层配注量为 3~5m³ 的注水井采用小水量桥式同心分注工艺，能够实现微调且启动排量低，通过带配水芯测剖面验证，检配偏差率在 ±6% 以内，确保了小水量分层注水合格率。

作业区首先在分层注水工艺理论方面进行进步，对分层注水管柱进行研究，为分层注水管柱的设计和分层注水测试调配提供理论依据。其次在分层注水工艺方面形成适应不同工况的分层注水管柱配套模式，设计出了新型分注管柱以提高分层注水管柱的整体适应性和可靠性，提高油田分注合格率及提高水驱采收率发挥巨大作用，从而对确保水驱油田高效开发以及推动分层注水工艺的发展具有重要意义。

一、国内外分层注水工艺研究现状

1. 国外分层注水工艺研究现状

国外部分油田水质处理技术较高，注入水与地层配伍性较好，注入水对地层造成的污染较小，井有效期较长，不动管柱洗井的要求较低，因此国外的注水井封隔器一般情况下不设计洗井通道。国外分注技术比较简单，主要是分注井完井技术，分层配注量主要通过井口流量控制器和井下流量控制器完成各储层配注，基本不涉及测试调配工艺，分层注水管柱检管周期可达 3 年以上。

分层注水管柱根据下入注水井井内的管柱个数，分为多管分注技术管柱和单管分注技术管柱。

（1）单管分注技术管柱。

单管分层注水技术管柱一般为支撑式结构，分层注水管柱主要为流量控制器、锚定式封隔器和伸缩管构成。卡瓦式封隔器主要作用为封隔不同注水储层和固定分注管柱。伸缩管安装在封隔器上部，主要作用为弥补因温度、压力变化引起的管柱轴向变化，防止封隔器因管柱轴向作用力而引起的封隔器失效，可以有效地延长分注管柱的检管周期。

（2）多管分注技术管柱。

多管分层注水技术管柱，又可分为同心管分层注水技术管柱、平行管分层注水技术管柱和组合分层注水技术管柱。具有测调简单的优点，各注入层的注水量及注水压力可以通过井口流量控制器控制，达到分水质分压力进行注水。但是多管分层注水技术管柱结构比较复杂，具有较大工程施工难度，而且完井费用比较高，因此应用较少。

2. 国内分层注水工艺研究现状

目前国内的分层注水管柱主要有单管分层注水管柱、双管分层注水管柱和油套分层注水管柱等几种工艺管柱。同心双管分层注水管柱和油套分层注水管柱只适用于两层分层注水井，分层注水层数较少，基本被淘汰了；单管分层注水工艺技术是应用最广泛的，分注管柱主要由不同型号的封隔器、分层注水配水工作筒、伸缩管及辅助配套工具构成。根据分注配水工作筒的结构不同，主要有空心分层注水管柱和偏心分层注水管柱，常分注两层到三层。空心分层注水管柱在理论上最多可分注五层，理论上偏心分层注水管柱可实现八层分注。经过开发技术人员的不懈努力，分注工艺日趋进步，在油田的高效开发、注水稳产、上产过程中发挥了极其重要的作用。近年来随着各油田及科研院所对管柱蠕动所造成的危害了解的深入，各油田为油藏地质对注水开发的需求，提高油藏水驱效率，延长检管周期和提高注水开发收益率，国内各油田公司均开展了分层注水工艺方面的研究。研制出了适应不同类型油藏分层注水需要的管柱结构。

1）分层注水工艺管柱现状

目前国内常用的分注管柱一般都应用了井口悬挂结构。管柱主要由封隔器、分层配水工作筒、伸缩管及辅助工具构成。依据注水配水工作筒工作原理的差异可分为空心活动式、偏心式及固定式 3 种分层注水管柱。

（1）固定式分层注水管柱。

这种管柱的组成有油管、固定式配水器、封隔器及球座等。这种管柱结构是国内早期的分注管柱结构，虽然可以达到投球测试及流量计测试的要求，但是在调节配注量时需进行井下作业起出注水管柱，管柱使用周期较短，调配工作严重影响检管周期。目前此类注水管柱应用较少。

（2）偏心式分层注水管柱。

这种管柱主要由油管、Y341 封隔器、撞击筒、偏心配水器、筛管及球座组成。此管柱结构可通过钢丝作业进行流量测试，拥有测试调配工艺简单，理论上可实现任意层数分注以及可以实现任意分注层位调配的特点，目前在国内应用较为广泛。但是随着油田应用数量增多，这种管柱的缺点也在逐渐凸显，其测调工作量较大，测调成功率较低，目前各科研单位正在针对其缺点研发替代技术。

2）注水井井下分注工具

（1）分层工具。

目前国内的分层注水井井下分层注水层间封隔工具主要有扩张式封隔器和压缩式封隔器两种类型。油田早期分层注水应用的封隔器主要是扩张式封隔器，它拥有原理简单、现场应用便捷等优点，在早期注水应用比较广泛。但由于受限于早期的工艺技术，扩张式封隔器的耐温比较低（90℃）、承受压差的能力也不强（15 MPa）、使用有效期短等缺点而逐渐被压缩式封隔器替代。压缩式封隔器工作原理为在油套压差作用下压缩封隔器坐封橡胶环，使其轴向压缩横向膨胀密封油套环空完成坐封，常规的压缩式封隔器都具有锁紧机构，以保证封隔器完成坐封后长期处于坐封状态，使其不受启注、停注及酸化洗井等影响而长期处于密封工况的良好工作状态。而且压缩式封隔器为了实现分层注水井酸化、反洗井等工序，压缩式封隔器本体上所设计的桥式通道，可以顺利实现在不动管柱的情况下进行反洗井。其解封方式可以通过上提或旋转管柱实现解封。近年来为了完善分层注水工艺，各油田公司及相关科研机构，都加大了科研投入，使封隔器的工作性能有了大幅度的提高，已出现耐温高于150℃、耐压为70MPa的封隔器，结构改进方面已出现了自验封封隔器等新型结构的封隔器。使注水封隔器应用的广度和深度有了很大的改观。

（2）井下水量分配工具。

目前国内的分层注水井井下水量分配工具主要有偏心和空心两种类型。这两种类型是根据孔板（水嘴）节流的原理，通过控制水嘴孔径调节注水层的注水量，测调工作需要一层一层的开展，在现场施工过程中配套需要液压方式坐封的封隔器时，施工过程中需要投捞死嘴子以堵死油套通道，完成封隔器打压坐封，其工序较为烦琐。

3）分层测调技术

（1）测试技术。

近年来各油田常用的分层注水井井下流量测试技术主要有以下 2 种：井下流量计测试技术及投球测试技术。

投球测试技术主要应用在空心分层注水管柱和固定式分层注水管柱上。投球测试技术进行井下逐层投球，分层计量井口流量的测试技术，当注水井的工作制度发生改变时，会因地面设备故障、井下设备精度及人员因素导致较大的测试误差，测量的注水量不能准确地反映地质注水层的实际情况，对水嘴调配的计算影响较大，不能精确地调配水嘴。目前随着流量计测试技术的飞速发展，投球测试法的使用越来越少。

（2）投捞调配技术。

投捞调配技术是确保分层注水井测试与调配成功的关键，目前油田常用的投捞工艺主要有液力投捞和钢丝投捞 2 种技术。

在对国内外分注技术调研的基础上，了解国内外分注技术现状，对目前的分注技术现状以及目前存在的分注技术问题，根据现有分注技术特点、存在优缺点和结合实际油田不同类型油藏高含水期的注水开发特点，应用的分注技术的适应性，确定研究思路。

二、小水量桥式同心分注工艺

1. 同心分注工艺原理

该种工艺管柱主要有中心油管、注水短节、油管封隔器、封隔器、油管密封件等井下工具，可组配成两级 H 段分注管柱。油管与套管之间用两套封隔器将三个油层分隔开，随油管下入油管密封件和注水短节，油管封隔器实现油管与中心油管之间的密封。注水工作时，从配水站过来的水经井口分注管线，分三路分别进入油管与套管环空、中心油管与油管环空、中心油管内孔，从而实现上、中、下三个油层的同时注水。三个油层的用水量由装在井口管线上的配水器进行调节。

其技术特点：（1）管柱及工具性能比原有管柱承压、承温能力提高近一倍，满足油田现有条件下分注需求。（2）结构简单可靠，在井口进行各层注入量调节，计量准确，操作简便，不用投捞测配，减少钢丝作业风险，便于管理。（3）对不具备油管分注条件及水质轻微结垢的注水井，该工艺满足两级三段（两级两段套保）分注要求，既实现分层注水，又可达到有效注水的目的。（4）两级封隔器封隔地层，使三层注水通路相互独立而互相不干扰，无论是分层注水还是单层作业都可灵活进行。

2. 小水量桥式同心分注工艺改进

常规桥式同心配水分注技术主要由井下测调工作筒、电缆测调仪器、地面控制器等组成。其中井下测调工作筒代替偏心分注配水器，分注管柱一起下入，内部装有可调水嘴，利用专用调节仪可调节水嘴大小，控制注入水量；电缆测调仪器由测试车带电缆通过油管下入分注管柱中，井下测调工作筒对接，根据需要调节工作筒水量并进行流量、压力、温度测试，可以选择性调节任意一级工作筒；地面控制器是地面显示、控制装置，可根据需要任意设定流量，与测调仪进行双向通信信号发送，可以直观显示井下测调仪所测得的各项参数，控制测调仪器调节井下可调水嘴。

吉 7 井区层内物性存在差异，如 $P_3wt_2^{2-3}$ 层为一个厚 17m 左右的砂层，层内发育 2~3 个单砂体，相邻砂体渗透率级差平均为 3.7，吸水剖面不均。根据吸水剖面动用程度与层内非均质参数关系，结合乳化驱油实验结果以及纵向上小层吸水强度和隔夹层分布情况，确定该油藏 "5328" 的分注标准，即隔夹层厚度大于 0.5m，砂体渗透率级差大于 3，砂体渗透率突进系数大于 2，吸水厚度动用程度小于 80%。因此在原有分注工艺上进行如下改良，改良的装置示意图（图 6-28）。

（1）将原有配水器的 4 个孔眼改为菱形孔，增大注水过流面积，减小扭矩，确保微调。

（2）调试时采用启动排量低（5m³）、精度高的电磁流量计。

细分层注水后，5m³ 以下的层数占比 76.2%，为确保小层注水的精准性，采用改进小水量桥式同心分注工艺。该工艺注水偏差率控制在 10% 以内。

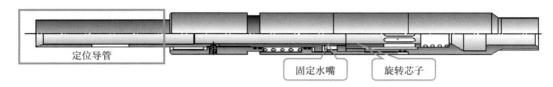

定位导管　　　　　　　　　　　　　　固定水嘴　　旋转芯子

图 6-28　改进型小水量桥式同心管柱图

统计测调剖面图 6-29 所示，进行细分层注水后，5m³ 以下的层数占比 76.2%，为确保小层注水的精准性，采用改进小水量桥式同心分注工艺进行注水，以注水井 J6188 井为例，测试调试前后，显示该工艺注水偏差率控制在 10% 以内（表 6-11）。

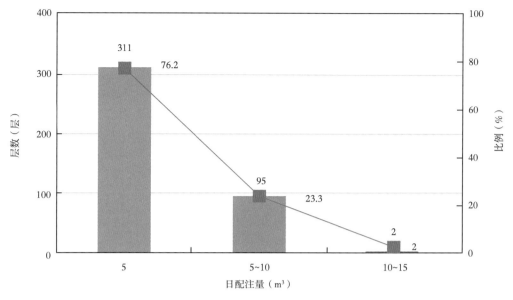

图 6-29　吉 7 井区配注量分级图

表 6-11　注水井 J6188 井桥式同心分注井调试结果表

井号	分注日期	分注级别	配注量（m³）		调试次数	调前注水量（m³）	检配注水量（m³）	偏差率（%）
J6188	2013-9-28	桥式偏心两级两层	P1	7	5 次调试2 次剖面	6.16	5.0	23.2
			P2	8		5.28	6.0	12.0
J6188	2016-5-31	桥式同心三级三层	P1	5	4 次调试	5.43	5.0	8.6
			P2	5		5.07	5.0	1.4
			P3	5		4.50	5.0	-10.0

采用改良的分注工艺后，需要确定合理的分注井测调周期。以注水井 J9186 井为例，如图 6-31 所示，当测调后 61 天的吸水剖面与测调后 105 天后的测试剖面已经有一些差别，统计不同测调间隔时间各层的检配合格率，绘制检配合格率与测调周期关系（图 6-31），显示随测调间隔时间增加检配合格率下降，在间隔天数大于 90 天后，检配合格率大幅度下降，小于 90 天，检配合格率大于 72.4%，同时测调后不同时间吸水剖面也显示测调大于 90 天后剖面动用程度降低，最终确定吉 7 井区小水量分注井合理测调周期为 90 天。

由于分注工艺卡封封隔器需要井筒内射孔井段间距大于 2m，因此注水井射孔时优化井段，间隔需留够 2m 以上，保证封隔器在井筒内封隔上下井段，进一步确保单砂体注水。

215

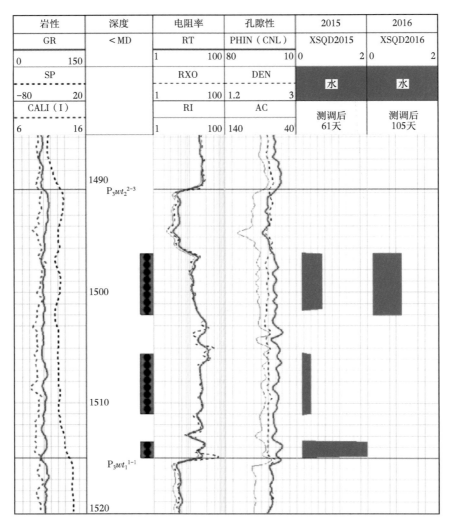

岩性	深度	电阻率	孔隙性	2015	2016
GR	<MD	RT	PHIN（CNL）	XSQD2015	XSQD2016
0　　　　150		1　　　　100	80　　　　10	0　　　　2	0　　　　2
SP		RXO	DEN	水	水
-80　　　　20		1　　　　100	1.2　　　　3		
CALI（I）		RI	AC	测调后	测调后
6　　　　16		1　　　　100	140　　　　40	61天	105天

图 6-30　J9186 井吸水剖面图

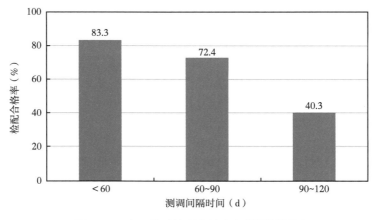

图 6-31　吉 7 井区检配合格率与测调周期图

216

第七章　吉 7 井区稠油油藏常温注水开发效果及整体部署

自 2011 年开始，吉 7 井区陆续采用 150~210m 井距反七点法共部署五套井网进行常温注水开发。前期先导试验暴露出的问题，经过多方技术攻关，通过精细油描细分小层研究储层非均质性、刻画隔夹层展布，通过室内实验研究原油乳化对储层非均质性的调控能力，通过结合剖面动用情况确定细分层注水标准并优化配套工艺技术，保障小水量分层注水。截至 2019 年 10 月总共分注井数 247 口，地质分注率达 99.2%，单砂体分注率 65.8%。在细分层注水的基础上，精细分层分区注采调控，吸水、产液剖面动用程度分别提高 17.4% 和 15.5%，油藏递减控制在 5% 以内，预测采收率较方案提高 5%，新增可采储量 360.29×10^4t。

吉 7 井区油气资源较丰富，是采油厂稳产上产的有利目标区，近 10 年的技术创新有效地指导稠油油田动态生产，提高稠油油田水驱开发效果，达到高效开发的目的，同时亦对该区黏度更高区域精细注水开发具有重要指导意义。

第一节　吉 7 井区中深层稠油油藏关键技术研究

一、依据渗流模型进行精细分层

利用 EPS 试井解释软件，并结合油藏的生产动态特点、增产措施情况及油藏地质特征建立了油井的基本储层流动模型主要有三种：均质模型、裂缝模型、复合模型（表 7-1）。水井流动模型都表现为复合模型，裂缝模型表现在有过压裂措施的油井中，未经过增产措施的油井都表现为均质模型。

井的边界模型分为内边界和外边界两种。内边界主要反映井筒储集效应和井的完善程度，在试井中表现为井储和表皮系数。外边界出现在试井后期，为井周围油气水边界距离和断层、储层物性变化的反映。

内边界模型以"标准井储、表皮系数"为主，其次在油井测试中由于原油脱气关井后井筒中相态变化的影响，在测试中表现为"驼峰"现象的变井储特征；还有水井当井底压力低于静水柱压力时，出现第二次较强井储特征"时间步长井储"。

外边界模型以定压边界和不渗透边界为主，定压边界是注水或南部边水的反映，不渗透边界为油藏边缘油层尖灭或变薄的反映。

表 7–1　吉 7 井区试井模型统计表

区块	井别	井储模型	储层模型	外边界
吉 7	油井	标准井储、变井储	均质、裂缝、复合	不渗透、定压
	水井	标准井储、时间步长井储	复合	无限大

结合试井模型对渗流介质进行划分，把渗流通道分为高渗通道，中、低、特低渗通道，统计全区渗流通道类型，以中渗和低渗为主，其中吉 006 断块以中渗为主、吉 8 断块以低渗为主（表 7-2）。

表 7–2　吉 7 井区主要断块渗流通道类型统计表

断块类型	层位	渗流通道
吉 006	$P_3wt_2^{2-1}$	中渗
	$P_3wt_2^{2-3}$	中渗
	$P_3wt_1^{1}$	中渗
	$P_3wt_1^{2}$	低渗
吉 8	$P_3wt_2^{2-2}$	低渗
	$P_3wt_2^{2-3}$	低渗
	$P_3wt_1^{1}$	中渗
	$P_3wt_1^{2}$	中渗

二、乳化实验明确非均质调控能力

1. 明确了原油乳化调控储层非均质的机理

根据乳液含水—黏度关系，高渗层含水饱和度高，形成的乳液黏度高，产生的流动阻力大，低渗层含水饱和度低，形成的乳液黏度较低，流动阻力较小。乳液具有自适应流度调控能力，可以形成稳定的排驱前缘，对非均质地层具有调控剖面，进而提高采收率的作用（图 7-1）。

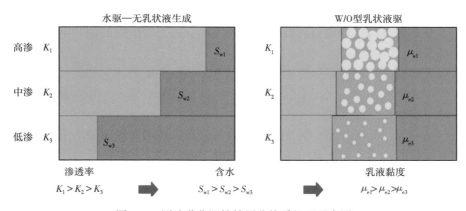

图 7-1　原油乳化调控储层非均质机理示意图

2. 明确了乳液对不同非均质地层的调控能力

向不同渗透率级差的并联岩心中注入配制好的乳液以模拟就地乳液驱油，将不同渗透率的岩心按要求进行级差组合，乳液依赖油水乳化可提高驱替相黏度，进而提高宏观波及效率。不同渗透率级差下高渗层、低渗层产液百分数对比表明，随着渗透率级差增大，乳液（含水 35%）的流度控制作用减弱，低渗层产液百分数逐渐降低；渗透率级差大于 4.5后，高渗层、低渗层产液都大幅度下降，当渗透率级差大于 8.10 后，含水 35% 乳液不再能启动低渗层，这时需要更高黏度（即更高含水）的乳液来启动。

不同渗透率级差下压力、含水率和采收率随注入 PV 的变化见表 7-3。随着渗透率级差增大，高渗层和低渗层采收率均逐渐降低，该实验用乳液体系的非均质调控能力有限，级差过大时不能起到提高宏观波及体积的作用，总的采收率呈逐渐下降趋势。

表 7-3　乳液对不同渗透率极差并联岩心驱油实验采收率统计

渗透率级差	采收率（%）		
	高渗层	低渗层	总计
2.05	88.02	48.18	68.97
4.53	89.84	26.54	62.15
6.58	61.73	21.73	47.28
8.10	63.51	0.00	44.65
13.13	34.29	0.00	25.45

三、结合剖面动用情况，确定细分层注水标准

1. 层间非均质性对动用状况的影响

统计 65 口井笼统注水时的吸水剖面动用程度，与层内非均质参数（渗透率级差、渗透率变异系数、渗透率突进系数）分别绘制散点图，进行相关性分析。发现与渗透率级差和渗透率突进系数相关性较好。渗透率级差增大时剖面动用程度降低，当渗透率级差小于 3 时，厚度动用程度大于 80%，层数动用程度大于 65%；渗透率突进系数增大时剖面动用程度降低，当渗透率突进系数小于 2 时，厚度动用程度大于 80%，与渗透率变异系数相关性较差（图 7-2、图 7-3）。

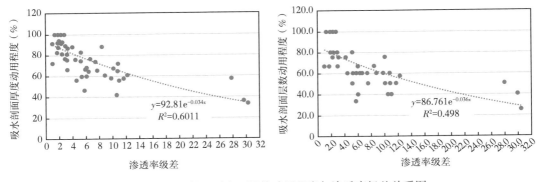

图 7-2　吸水剖面厚度、层数动用程度与渗透率级差关系图

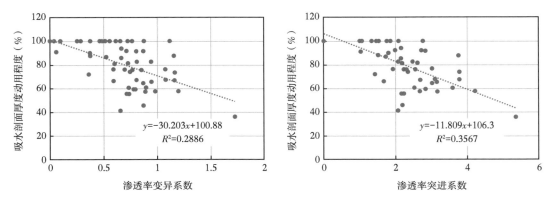

图 7-3　吸水剖面厚度动用程度与渗透率变异系数、渗透率突进系数关系图

2. 动静结合确定细分层注水标准

根据吸水剖面动用程度与层内非均质参数关系，结合乳化驱油实验结果以及纵向上小层吸水强度和隔夹层分布情况，确定该油藏"5328"的分注标准（隔夹层厚度≥0.5m，砂体渗透率级差≥3，砂体渗透率突进系数≥2，吸水厚度动用程度≤80%），实现了单砂体注水。

第二节　吉7井区常温注水精细开发效果评价

一、分层注水剖面动用程度评价

注水井投注后，2个月内测得吸水剖面，动态结合分注标准进行封隔器位置优选，对247口注水井平均5个月内实现早期分注，地质需求分注率为99.2%，单砂体注水率为65.8%，其中$P_3wt_2^{2-1}$层、$P_3wt_2^{2-2}$层、$P_3wt_2^{2-3}$层单砂体分注率高达80%以上，基本实现了中深层稠油单砂体精细分注。同井点分注前后吸水剖面动用程度由75.7%上升至93.1%。以吉8断块$P_3wt_2^{2-3}$层J1363井为例，层内渗透率级差为3.7、渗透率突进系数为2.5、隔夹层发育，实施分注后剖面动用程度从67.1%上升至100%（表7-4、图7-4）。

表 7-4　注水井 J6188 井桥式同心分注井调试结果表

层位	井数（口）	注水到分注月数（个）	地质需求分注井数（口）	实际分注井数（口）	分注率（%）	砂体个数单（层）	单砂体注水层数（层）	单砂体注水率（%）
$P_3wt_2^{2-1}$	9	5	9	9	100	21	17	80.9
$P_3wt_2^{2-2}$	14	5	12	12	100	30	24	80.0
$P_3wt_2^{2-3}$	103	5	95	94	98.9	238	194	81.5
$P_3wt_1^{1}$	94	6	93	92	98.9	433	251	58.0
$P_3wt_1^{2}$	40	5	40	40	100	152	89	58.6

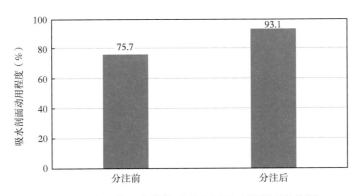

图 7-4　吉 7 井区分注前后吸水剖面动用程度变化图

二、分层分区产能评价

在细分层注水的基础上，根据不同区块不同层位储层非均质性和生产特征进行分层分区精细注采调控。

分层注采调控以吉 8 断块为例，根据各小层储层物性和目前生产动态，制定合理注采比和调控思路：对层内非均质性较弱的 $P_3wt_2^{2-2}$ 层和 $P_3wt_2^{2-3}$ 层上调注采比，针对见效差区域上调水同时压裂引效；对层内非均质性较强的 $P_3wt_1^1$ 层和 $P_3wt_1^2$ 层含水上升快区域层间轮注或小层下调水。在分层调控的基础上对 $P_3wt_2^{2-3}$ 层开展分区注采调控，该层平面储层物性分布差异明显，油井在初期产能、目前产能以及累计日产油量上同样存在差异，由前述初期产能影响因素分析可知，影响吉 8 断块油井产能的主要因素为储层物性和油层厚度，吉 8 断块 $P_3wt_2^{2-3}$ 小层中部区域油层厚度大、储层物性最好，油井初期产能、目前产能以及单井累计日产油量均相对较高，北部储层物性次之，油井初期产能略低于中部，目前产能受水井配钻停注影响相对较低，南部区域受储层物性差影响，油井初期产能相对较低，历年产量保持相对稳定，目前产能较低（图 7-5 至图 7-8）。

以平面储层物性差异为基础，结合单井生产特征，并考虑注采井网的完整性，将吉 8 断块 $P_3wt_2^{2-3}$ 小层划分为三个区，分别为中部区域油井生产为主的中区，北部区域油井生产为主的北区，南部区域油井生产为主的南区。

中区：主要由断块中部的实验井组组成，发育油层厚度为 14.2m，平均孔隙度为 21.0%，渗透率为 140.7mD，该区特征主要表现为油层厚度厚、储层物性好，油井初期产能高，注水多方向见效，油井注水见效程度高，历年日产液、日产油量相对较高且保持相对稳定。

北区：油井平面上主要分布在断块北部区域，发育油层厚度为 13.6m，平均孔隙度为 20.1%，渗透率为 93.5mD，该区特征主要表现为油层厚度厚、储层物性略差于一区，油井初期日产液、日产油量相对较高，后期受阶段注采比偏低以及水井配钻停注等综合影响油井产量下降，目前产能和单井累计日产油均相对较低。

南区：油井平面上主要分布在断块南部区域，发育油层厚度为 13.8m，平均孔隙度为 19.2%，渗透率为 52.1mD，该区特征主要表现为储层物性差，油井初期产能低，注水见效慢，含水上升缓慢，受储层物性差影响油井注水见效后产能保持相对稳定，目前产能和单井累计日产油量均相对较低。

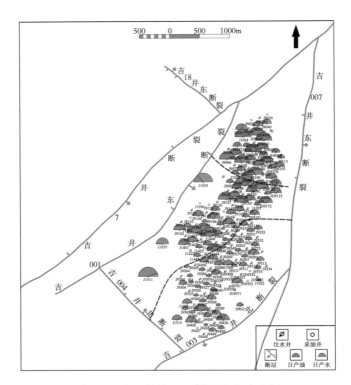

图 7-5　吉 8 断块 $P_3wt_2^{2-3}$ 层初期产能图

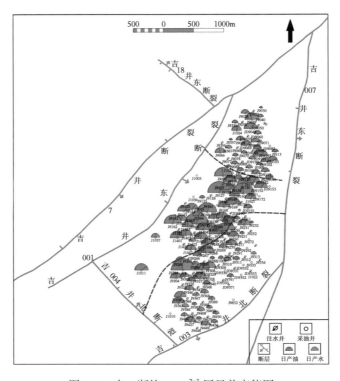

图 7-6　吉 8 断块 $P_3wt_2^{2-3}$ 层目前产能图

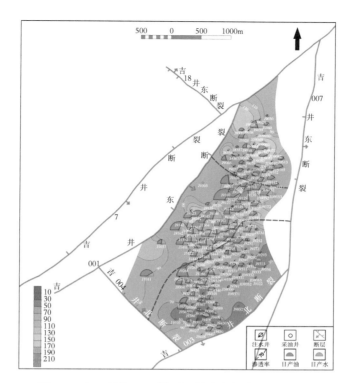

图 7-7　吉 8 断块 $P_3wt_2^{2-3}$ 层目前产能与渗透率叠合图

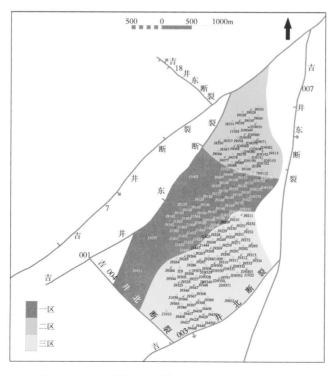

图 7-8　吉 8 断块 $P_3wt_2^{2-3}$ 层分区平面位置分布图

通过研究确定了吉 8 断块 $P_3wt_2^{2-3}$ 层分区合理的地层压力、流压、注采比和合理的采液速度，与目前的参数对比，中区地层压力合理，注采比合理，采液速度偏低，需提高采液速度；北区地层压力合理，注采比偏低，需提高注采比，保持地层压力；南区地层压力合理，注采比偏低，采液速度偏低，需上调注采比，继续提高压力保持程度，提高采液速度（表 7-5）。

表 7-5　吉 8 断块 $P_3wt_2^{2-3}$ 层分区合理技术政策与现状对比表

技术指标	合理政策界限			调控前		
	中区	北区	南区	中区	北区	南区
最小合理流压（MPa）	3.7~5.1	3.0~4.2	2.4~3.5	3.4	2.8	2.2
合理地层压力（MPa）	16.9~17.9	16.6~17.5	16.9~17.6	17.5	17.1	16.9
合理的压力保持程度（%）	90~95	90~95	95~99	93.2	92.9	95
合理采液速度（%）	3.4~3.8	3.0~3.5	2.5~3.0	3.2	2.4	1.7
合理注采比	0.95~1.08	0.95~1.10	1.10~1.30	1.0	0.8	1.0

在开采技术政策指导下，北区上调水量 41m³，注采比由 0.8 提高至 1.0，中区稳定不调水，南区上调水 58m³，注采比由 1.0 提高至 1.2。在注水调整的同时，平面产液结构进行调整：主要通过压裂、转抽、调参上调采液强度 22 口井，控制生产压差下调采液强度 3 口井。

经平面分区合理注采政策调控后，地层压力保持程度中区稳定，北区和南区分别提高 1.6 个百分点和 2.1 个百分点。采液速度各区均有所上升（表 7-6）。

表 7-6　吉 8 断块 $P_3wt_2^{2-3}$ 层调整前后指标变化表

分区	调整前			调整后		
	采液强度 [t/（d·m）]	注采比	压力保持程度（%）	采液强度 [t/（d·m）]	注采比	压力保持程度（%）
中区	0.4	1.0	93.2	0.5	1.0	93.1
北区	0.3	0.8	92.9	0.4	1.0	94.5
南区	0.2	1.0	95.0	0.3	1.2	97.1
全区	0.3	1.0	93.4	0.4	1.1	94.8

调整后油井见效井比例增加，新增见效井 49 口，新增见效方向 33 个，双向、三向见效比例从 50.8% 提高至 64.5%。通过合理注采调控，共有 31 口油井见效，单井日产油从 41.1t 上升至 96.1t，其中低产井 17 口，单井日产油从 9.6t 上升至 39.9t。

三、精细调剖后的含水率评价

虽然进行细分层注水，但吉 8 断块层内非均质性、平面非均质性都较强，且单砂体分注率较低的 $P_3wt_1^1$ 层和 $P_3wt_1^2$ 层，近期含水上升快。基于对非均质性和隔夹层的研究，计划在精细注水的基础上对物性较好、非均质性强的吉 8 断块 $P_3wt_1^1$ 层和 $P_3wt_1^2$ 层开展调剖试验，对含水上升区域、井口注入压力较低的 14 口注水井实施调剖，2020 年底已优先实施 5 口，进一步缓解平剖面矛盾，扩大注水波及体积（图 7-9、图 7-10）。

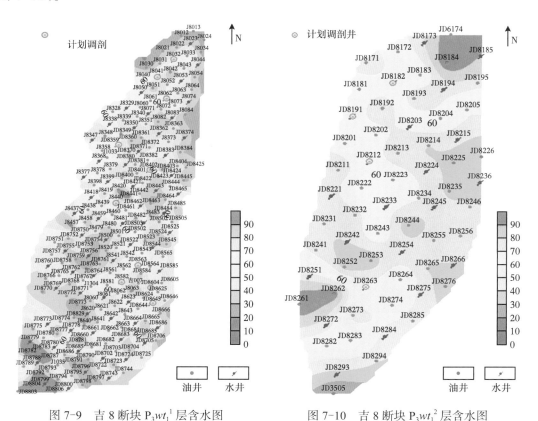

图 7-9　吉 8 断块 $P_3wt_1^1$ 层含水图　　　　图 7-10　吉 8 断块 $P_3wt_1^2$ 层含水图

四、精细注水生产指标评价

通过细分层单砂体注水和分层分区精细注采调控，吉 7 井区目前地层压力为 18.1MPa，压力保持程度为 98.9%，吸水和剖面动用程度分别得到了不同程度的增加，吸水剖面提高了 17.4%，产液剖面提高了 15.5%，油藏年绝对油量自然递减率由 21.7% 下降到 8.9%，下降了 12.8 个百分点。含水与采出程度图显示吉 7 井区预测采收率在 20% 以上，吉 008 试验井区目前采出程度为 18.3%，均高于方案标定采收率 15%。（图 7-11 至图 7-14）。

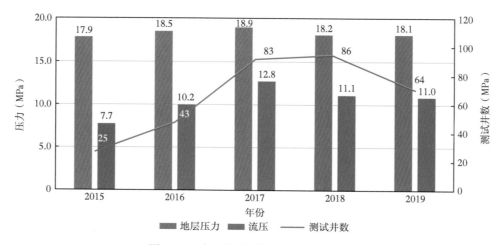

图 7-11　吉 7 井区历年地层压力对比图

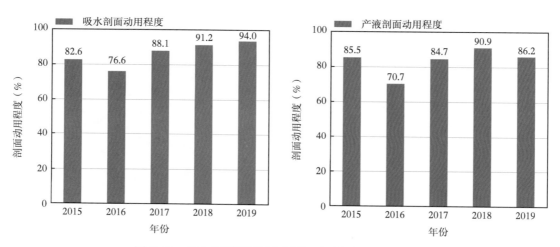

图 7-12　吉 7 井区历年吸水剖面、产液剖面动用程度图

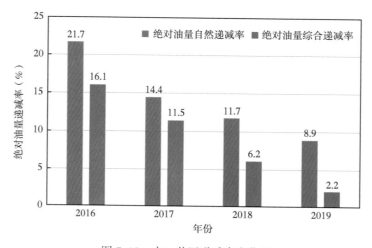

图 7-13　吉 7 井区递减率变化图

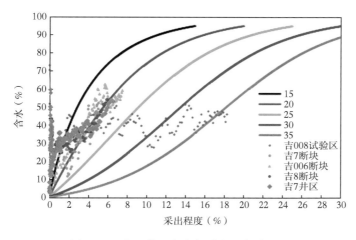

图 7-14　吉 7 井区含水与采出程度关系图

第三节　整体部署方案及预测

一、布井原则

根据对油藏的认识及落实程度，吉 7 井区梧桐沟组油藏常规水驱开发应遵循以下原则：

（1）优选油层厚度大于 8m、油层渗透率大于 55mD 的区域进行，整体考虑、滚动实施。

（2）吉 101 断块 2017 年已上报水平井试验部署方案，本次部署不考虑。

二、开发单元说明

吉 7 井区梧桐沟组油藏未动用区按吉 8 断块、吉 003 断块、吉 004 断块、吉 103 断块四个开发单元进行部署，开发单元基本情况见表 7-7。

表 7-7　吉 7 井区梧桐沟组油藏未动用区开发单元简表

开发单元名称	层位	油品性质	油田名称	所属采油单位	对应储量单元	层位	探明时间
吉 8 断块	$P_3wt_2^2$	稠油	昌吉油田	准东采油厂	吉 8 断块梧桐沟组	$P_3wt_2^2$	2012
	P_3wt_1					P_3wt_1	
吉 003 断块	$P_3wt_2^2$	稠油	昌吉油田	准东采油厂	吉 003 断块梧桐沟组	$P_3wt_2^2$	2012
	P_3wt_1					P_3wt_1	
吉 004 断块	$P_3wt_2^2$	稠油	昌吉油田	准东采油厂	吉 004 断块梧桐沟组	$P_3wt_2^2$	2012
吉 103 断块	P_3wt_1	稠油	昌吉油田	准东采油厂	吉 103 断块梧桐沟组	P_3wt_1	2012

三、方案部署设计

1. 井网井距

吉 7 井区梧桐沟组油藏已动用区采用 150m 井距反七点注采井网开发效果好，预测采收率可达 20%~30%。本次部署沿用该井网井距进行部署。

2. 采用丛式井部署

由于部署区大部分位于农田内，征地费用高，为减少征地面积，开发井采用丛式井平台部署。

3. 部署结果

吉 7 井区梧桐沟组油藏未动用区整体均采用 150m 反七点法井网全定向井部署。采油井、注水井均为定向井。全区共部署开发井 423 口（钻新井 412 口、老井利用 11 口），其中采油井 291 口（老井利用 7 口）、注水井 132 口（利用老井 4 口），单井设计产能 4.0t/d，新建产能 34.92×10^4 t/a，钻井总进尺 67.37×10^4 m（表 7-8）。

表 7-8　吉 7 井区梧桐沟组油藏储量未动用区开发部署表

断块	层位	井距（m）	总井数（口）	采油井（口）			注水井（口）		单井产能（t/d）	区日产油（t）	年产能力（10^4t）	设计井深（m）		钻井进尺（10^4m）	产能进尺比（t/m）
				新井		老井	新井	老井				直井	定向井		
				直井	定向井										
吉 8	$P_3wt_2^2$	150	62	39	2	20	1		4.0	164	4.92	1610	1640	9.68	0.51
	$P_3wt_2^{2-3}$		27	18	1	8			4.0	76	2.28	1630	1660	4.32	0.53
	$P_3wt_1^1$		82	56	1	24	1		4.0	228	6.84	1650	1680	13.44	0.51
吉 004	$P_3wt_2^{2-3}$	150	8	5	1	2			4.0	24	0.72	1660	1690	1.18	0.61
吉 003	$P_3wt_2^{2-3}$	150	50	35		15			4.0	140	4.20	1620	1650	8.25	0.51
	$P_3wt_1^1$		42	28		14			4.0	116	3.48	1640	1670	6.85	0.51
	$P_3wt_1^2$		47	33		14			4.0	132	3.96	1660	1690	7.94	0.50
吉 103	$P_3wt_1^2$	150	105	70	1	32	2		4.0	284	8.52	1510	1540	15.71	0.54
合计			423	284	7	128	4		4.0	1164	34.92			67.37	0.52

依据新疆油田钻井井控设计要求、结合现场农田分布、电力线、集输管线、地面高差以及吉 7 井区八道湾组油藏的水平井平台，共部署丛式井平台（组）10 个（表 7-9），其中优化组合平台组 4 个（表 7-10）。

表 7-9　吉 7 井区梧桐沟组油藏储量未动用区丛式井平台部署统计表

平台或平台组编号	13	14	15	16	17	18	19	20	21	22
井数（口）	4	8	8	68	11	14	194	26	72	7

表 7-10　吉 7 井区梧桐沟组油藏储量未动用区丛式井平台组统计表

平台组	16							19										20				21			
平台号	16A	16B	16C	16D	16E	16F	16G	19A	19B	19C	19D	19E	19F	19G	19H	19I	19J	20A	20B	20C	20D	21A	21B	21C	21D
井数（口）	8	11	11	7	12	13	6	7	16	17	7	13	111	6	6	6	5	5	5	9	7	25	18	20	9
平台组井数（口）	68							194										26				72			

四、开发指标预测及经济评价

按照上述部署，以三维精细地质模型为基础，结合流体资料建立初始化数值模拟模型。通过历史拟合，建立不同区块不同层位的数值模拟模型。根据此模型对油藏的开发趋势进行了预测，预测部署方案生产 20 年后采收率 20.7%（表 7-11、表 7-12）。

表 7-11　吉 7 井区梧桐沟组油藏储量未动用区部署井数模预测 20 年采收率对比表

层位	$P_3wt_2^2$	$P_3wt_2^{2-3}$		$P_3wt_1^1$		$P_3wt_1^2$		部署合计
井区	吉 8	吉 8	吉 003	吉 8	吉 003	吉 003	吉 103	
采收率（%）	19.2	21.4	20.1	21.3	20.1	21.8	20.2	20.7

表 7-12　吉 7 井区梧桐沟组油藏储量未动用区开发指标预测表

年份	采油井（口）	年产油量（10^4t）	年产水量（10^4m³）	年产液量（10^4t）	年注水量（10^4m³）	累计产油量（10^4t）	累计产水量（10^4m³）	含水率（%）
2019	125	15.00	0.79	15.79	16.62	15.00	0.79	5.0
2020	228	25.86	2.87	28.73	30.10	40.86	3.66	10.0
2021	291	33.42	11.14	44.56	46.28	74.28	14.80	25.0
2022	291	30.08	11.70	41.78	43.15	104.36	26.50	28.0
2023	291	27.07	12.74	39.81	40.97	131.43	39.24	32.0
2024	291	24.36	13.70	38.07	38.95	155.79	52.94	36.0
2025	291	21.93	14.62	36.54	37.22	177.72	67.56	40.0
2026	291	19.73	14.29	34.02	34.57	197.45	81.85	42.0
2027	291	17.76	14.53	32.29	32.77	215.21	96.38	45.0
2028	291	15.98	14.18	30.16	30.56	231.20	110.56	47.0
2029	291	14.39	14.39	28.77	29.13	245.58	124.94	50.0
2030	291	12.95	15.82	28.77	29.09	258.53	140.77	55.0

年份	采油井（口）	年产油量（10⁴t）	年产水量（10⁴m³）	年产液量（10⁴t）	年注水量（10⁴m³）	累计产油量（10⁴t）	累计产水量（10⁴m³）	含水率（%）
2031	291	11.65	16.09	27.74	28.02	270.18	156.86	58.0
2032	291	10.49	17.11	27.60	27.85	280.67	173.97	62.0
2033	291	9.44	18.32	27.76	28.00	290.11	192.29	66.0
2034	291	8.49	19.82	28.32	28.54	298.61	212.12	70.0
2035	291	7.65	21.76	29.41	29.62	306.25	233.88	74.0
2036	291	6.88	23.04	29.92	30.11	313.13	256.91	77.0
2037	291	6.19	26.40	32.59	32.80	319.32	283.31	81.0
2038	291	5.57	31.58	37.16	37.39	324.90	314.90	85.0

吉 7 井区梧桐沟组油藏未动用区共部署采油井 291 口、注水井 132 口。原油销售价格按照基准原油价格（布伦特）55 美元 /bbl 评价，评价年限 20 年。

从表 7-13 可知，在评价期内，该方案税后内部收益率为 12.05%，财务净现值为 258 万元，投资回收期为 6.81 年（包括 3 年建设期），经济评价结果表明，该方案在经济上是可行的，效益较好。

表 7-13 吉 7 井区未动用区开发部署方案经济评价指标表（55 美元 /bbl）

序号	项目名称	指标	备注
1	项目总投资（万元）	261804	
1.1	固定资产投资（万元）	248003	
	钻开发井投资（万元）	176603	
	地面建设投资（万元）	71400	
1.2	流动资金（万元）	10453	分项详细估算法
1.3	建设期利息（万元）	3348	
2	总成本费用（万元）	599553	
3	操作成本（万元）	244950	
4	平均单位操作费（元 /t）	761	
5	利润总额（万元）	94127	
6	息税前利润（万元）	134449	
7	净利润（万元）	58100	
8	项目总投资收益率（%）	2.57	

序号	项目名称		指标	备注
9	项目资本金净利润率（%）		2.05	
10	内部收益率	所得税前（%）	13.84	全部投资
		所得税后（%）	12.05	全部投资
11	财务净现值	所得税前（万元）	9690	全部投资
		所得税后（万元）	258	全部投资
12	投资回收期	所得税前（a）	6.37	全部投资
		所得税后（a）	6.81	全部投资

五、方案实施安排

1. 方案实施原则

（1）考虑该区地面（50℃）原油黏度由北向南逐渐增高，按照地面（50℃）原油黏度小于 3000mPa·s、3000~7000mPa·s、大于 7000mPa·s 分三批实施；

（2）为降低开发风险，在黏度为 7000mPa·s 以上吉 103 断块开展常温注水试验，为整体方案实施提供依据；

（3）考虑丛式井平台部署、多套层系同时或分批动用时钻井施工条件。

2. 分批实施部署

整体方案分三批实施：

第一批动用黏度低于 3000mPa·s 的吉 8 断块 $P_3wt_2^{2-3}$、$P_3wt_1^1$ 及 $P_3wt_2^2$ 合层，并在黏度高于 7000mPa·s 的吉 103 井区 $P_3wt_1^2$ 层框架部署井网上优选实施 3 注 7 采注水试验井组，以落实高黏度区域水驱效果；

第二批在吉 003 断块 $P_3wt_1^1$ 层 2017 年已实施注水试验井组取得开发效果的基础上，整体动用吉 003 断块 $P_3wt_2^{2-3}$、$P_3wt_1^1$、$P_3wt_2^2$ 及吉 004 断块 $P_3wt_2^{2-3}$ 层；

第三批根据吉 103 井区 $P_3wt_1^2$ 层注水试验井组效果，整体动用该断块 $P_3wt_1^2$ 层。分批建产计划见表 7-14。

表 7-14　吉 7 井区梧桐沟组油藏储量未动用区分批开发部署表

年度	断块	层位	总井数（口）	采油井（口）		注水井（口）		单井产能（t/d）	区日产油（t）	年产能力（10⁴t）	单井设计井深（m）	钻井进尺（10⁴m）	产能进尺比（t/m）
				新井	老井	新井	老井						
第一批	吉 8	$P_3wt_2^2$	62	39	2	20	1	4.0	164	4.92	1640	9.68	0.51
		$P_3wt_2^{2-3}$	27	18	1	8		4.0	76	2.28	1660	4.32	0.53
		$P_3wt_1^1$	82	56	1	24	1	4.0	228	6.84	1680	13.44	0.51
	吉 103	$P_3wt_1^2$	10	6	1	3		4.0	28	0.84	1540	1.39	0.61
	小计		181	119	5	55	2	4.0	496	14.88		28.82	0.52

年度	断块	层位	总井数（口）	采油井（口）		注水井（口）		单井产能（t/d）	区日产油（t）	年产能力（10^4t）	单井设计井深（m）	钻井进尺（10^4m）	产能进尺比（t/m）
				新井	老井	新井	老井						
第二批	吉004	$P_3wt_2^{2-3}$	8	5	1	2		4.0	24	0.72	1690	1.18	0.61
	吉003	$P_3wt_2^{2-3}$	50	35		15		4.0	140	4.2	1650	8.25	0.51
		$P_3wt_1^1$	42	28	1	13		4.0	116	3.48	1670	7.01	0.50
		$P_3wt_1^2$	47	33		14		4.0	132	3.96	1690	7.77	0.51
	小计		147	101	2	43		4.0	412	12.36		24.22	0.51
第三批	吉103	$P_3wt_1^2$	96	64		30	2	4.0	256	7.68	1540	14.32	0.54
合计			423	284	7	128	4	4.0	1164	34.92		67.37	0.52

六、风险分析

吉 103 断块 $P_3wt_1^2$ 油藏地面 50℃时原油黏度大于 7000mPa·s 的中深层稠油注水开发领域尚无成功经验可以借鉴，该断块注水开发能否达到建产稳产目的存疑。

第四节　整体注水开发部署实施要求

一、钻井要求

（1）完钻井深：吉 8 断块 $P_3wt_2^{2-1}$、$P_3wt_2^{2-2}$、$P_3wt_2^{2-3}$ 合采及 $P_3wt_2^{2-3}$ 部署井要求钻穿 P_3wt_2 砂层底界留 30m 口袋完钻，$P_3wt_1^1$ 部署井要求钻穿 $P_3wt_1^1$ 砂层底界留 30m 口袋完钻；吉 003 断块 $P_3wt_2^{2-3}$、$P_3wt_1^1$、$P_3wt_1^2$ 部署井要求分别钻穿 $P_3wt_2^{2-3}$、$P_3wt_1^1$、$P_3wt_1^2$ 砂层底界留 30m 口袋完钻，吉 004 断块 $P_3wt_2^{2-3}$ 部署井要求钻穿 $P_3wt_2^{2-3}$ 砂层底界留 30m 口袋完钻；吉 103 断块 $P_3wt_1^2$ 部署井要求钻穿 $P_3wt_1^2$ 砂层底界留 30m 口袋完钻。

（2）钻井液性能要求：目的层未动用区压力系数为 1.05~1.11，已动用区按测压值折算，储层水敏性强，为保护油层，需选择相适应的配套钻井液体系，尽可能缩短钻井液浸泡时间，减少油层伤害。

（3）井斜要求：按相关标准执行；要求定向井靶窗半径小于 10m，油井投产后井身结构满足正常生产和测试条件。

（4）井身结构：在保证安全、保护油层的原则下，尽量简化井身结构，固井水泥返高至侏罗系三工河组顶界以上 50m，要求固井质量合格。

二、测井要求

完井电测采用 HH-2530 测井仪器测稀油常规测井系列，综合测量井段从井底测量至侏罗系八道湾组顶界以上 100m 处，成图比例 1∶200；双侧向测井、自然伽马测井、自然电位测井从井底测至表套鞋，成图比例 1∶500。

三、完井投产要求

（1）钻井、完井应立足于保护油层。

（2）采油井投产后不能自喷，采用压裂改造，立足于螺杆泵开采。

（3）投产工艺及要求按相关标准设计执行。

四、HSE 提示

（1）地层流体：吉 7 井区钻井及试油过程中未发现浅层气，在八道湾组钻遇油层。

（2）开发方式：吉 7 井区八道湾组油藏已完钻开发水平井 2 口，计划采用体积压裂方式投产；吉 7 井区梧桐沟组油藏采用反七点 150m 井距注采井网注水开发。

（3）地层压力：吉 7 井区八道湾组油藏未开发，原始地层压力为 12.8~14.2MPa。梧桐沟组油藏 $P_3wt_2^2$ 层原始地层压力为 19.4MPa，已开发区目前平均地层压力为 17.8MPa；P_3wt_1 层原始地层压力为 18.9MPa，已开发区目前平均地层压力为 17.0MPa。吉 7 井区地层破裂、坍塌压力和孔隙压力剖面见表 7-15。

表 7-15　吉 002 井破裂压力、坍塌压力及孔隙压力数据表

层组名称	顶界深度（m）	底界深度（m）	最小破裂压力		最大坍塌压力		地层孔隙压力	
			深度（m）	梯度（g/cm³）	深度（m）	梯度（g/cm³）	深度（m）	压力系数
N	250	808	604	2.03	574	0.97	418	1.02
E	808	965	854	2.07	880	0.96	—	—
J_3q	965	1041	1025	2.03	1007	0.98	—	—
J_2t	1041	1113	1072	2.08	1053	0.98	—	—
J_2x	1113	1222	1131	2.1	1171	0.96	—	—
J_1s	1222	1316	1257	1.95	1301	0.97	—	—
J_1b	1316	1548	1531	2.05	1438	1.02	1456.5	1.00
P_3wt	1548	1730	1672	2.14	1606	1	1591.7	1.16
							1600	1.15
							1633.5	1.15
							1641	1.15
							1646.5	1.15
							1651	1.15
							1708	1.17
							1712	1.17
P_2p	1730	1768	1732	2.1	1737	0.97	—	—

（4）硫化氢等有毒有害气体：吉 7 井区钻井及试油过程中经监测未发现 H_2S 等有毒气体，生产过程中有部分井有少量次生 H_2S（表 7-16）。

表 7-16　生产过程中 H_2S 监测数据表

井号	检测值（mg/L）	检测时间	井号	检测值（mg/L）	检测时间
J5052	1	2016.11.6	J1025	1	2016.11.6
J6339	2	2016.11.6	J9188	2	2016.11.6
J6355	1	2016.11.6	J9628	12	2016.11.6
J9066	9	2016.11.6	JD8523	3	2016.11.6
J8042	2	2016.11.6	J1038	10	2016.11.6
J9030	2	2016.11.6	J9326	23	2016.11.6
J8072	4	2016.11.6	J9726	12	2016.11.6
J8073	2	2016.11.6	J9785	7	2016.11.6
J8358	1	2016.11.6	J9786	5	2016.11.6
J8367	5	2016.11.6	J9788	6	2016.11.6
J1033	4	2016.11.6	吉 8	15	2016.11.6
J1024	1	2016.11.6	J9365	4	2016.11.6
J9807	12	2016.11.6	J9449	4	2016.11.6
吉 003	6	2016.11.6			

（5）环境情况：部署区及周围地面为草原及耕地，注意环境保护。

（6）公共场所及地面状况：部署区及周围无居民住宅、学校、厂矿、医院、人口密集区等敏感性场所，但有吉祥作业区办公区和已开发区生产区；无高速公路、铁路、地面等建筑物。

五、油藏动态监测系统

根据中国石油天然气股份有限公司下发的《油藏动态监测管理条例》，第一批实施井动态监测系统按表 7-17、表 7-18 执行。

表 7-17　吉 8 断块梧桐沟组油藏储量未动用区动态监测系统一览表

实施批次	井别	监测项目	监测时间	井数（口）			井号		
				$P_3wt_2^2$	$P_3wt_2^{2-3}$	$P_3wt_1^1$	$P_3wt_2^2$	$P_3wt_2^{2-3}$	$P_3wt_1^1$
第一批	采油井	复压	半年	2	1	2	J9540、J1011	J1010	J8806、J8784
		流压	半年	2	1	2	J9540、J1011	J1010	J8806、J8784
		流体全分析	半年	2	1	2	J9540、J1011	J1010	J8806、J8784
		系统试井	半年	2	1	2	J9540、J1011	J1010	J8806、J8784
		产液剖面	半年	2	1	2	J9540、J1011	J1010	J8806、J8784
		PVT	1 年	2	1	2	J9540、J1011	J1010	J8806、J8784
	注水井	系统试井	半年	2		1	J9527、J1037		J8812
		静压	半年	2		1	J9527、J1037		J8812
		吸水剖面	半年	2		1	J9527、J1037		J8812

234

表 7-18　吉 103 断块梧桐沟组油藏三注七采试验井组动态监测系统一览表

井别	监测项目	监测时间	井数（口）	井号
采油井	复压	半年	1	吉 103
	流压	半年	1	吉 103
	流体全分析	半年	1	吉 103
	系统试井	半年	1	吉 103
	产液剖面	半年	1	吉 103
	PVT	1 年	1	吉 103
注水井	系统试井	半年	1	J3863
	静压	半年	1	J3863
	吸水剖面	半年	1	J3863

参 考 文 献

陈思智，刘卫东，王桂君．2017.乳状液体系在石油工业中研究现状综述.应用化工，46（7）：1366-1373.

贾承造．2020.中国石油工业上游发展面临的挑战与未来科技攻关方向.石油学报，41（12）：1145-1164.

焦焕．2019.稠油渗流研究现状及发展趋势.石油化工，48（12）：1283-1288.

刘喜林．2005.难动用储量开发稠油开采技术.北京：石油工业出版社．

卢川，王亚青，王帅，等．2020.多孔介质内水包油型乳状液非等温流动表征及敏感因素.油气地质与采
        收率，27（6）：81-90.

卢培华．2017.超深双台阶水平井集成式同心分注工艺研究与试验.青岛：中国石油大学（华东）.

彭永灿，史燕玲，崔志松，等．2014.中深层稠油油藏有效开发方式探讨——昌吉油田吉7井区梧桐沟组
        油藏为例.石油天然气学报，36（12）：183-186.

王凤琴．2005.乳状液在多孔介质中渗流规律研究——微观渗流机理研究.西安：西北大学．

谢建勇，石彦，梁成钢，等．2015.昌吉油田吉7井区稠油油藏注水开发原油黏度界限.新疆石油地质，
        36（6）：724-728.

熊钰，冷傲燃，孙业恒，等．2021.稠油冷采降黏剂分散机理与驱替实验评价.新疆石油地质，2021，42
        （1）：68-75.

岳湘安，王尤富，王克亮．2007.提高原油采收率基础.北京：石油工业出版社．

张强．2015.水包油乳状液驱替普通稠油研究.青岛：中国石油大学（华东）．

Adams D M. 1982. Experiences with Waterflooding Lloydminster Heavy-Oil Reservoirs, Journal of Petroleum
        Technology.

Alvarez J M，Sawatzky R P. 2013. Waterflooding：Same Old，Same Old?. paper number 165406，presented at
        the Heavy Oil Conference Canada.

Alvarez J M，Sawatzky R P. 2014. Heavy-Oil Waterflooding：Back to the Future. SPE 171090，presentation at
        the SPE Heavy and Extra Heavy Oil Conference-Latin America held in Medellin，Colombia.

Beliveau D. 2009. Waterflooding Viscous Oil Reservoirs. SPE Reservoir Evaluation & Engineering.

Guerrero F，Bryan J L，Kantzas A. 2018. Heavy oil recovery mechanisms by surfactant，polymer and SP in a
        non-linear system. SPE 189722，presentation at the SPE Canada Heavy Oil Technical Conference held in
        Calgary，Alberta，Canada.

Manrique E，Thomas C，Ravikiran R，et al. 2010. EOR：Current Status and Opportunities. paper number SPE
        13011，SPE IOR symposium. Tulsa，Oklahoma，April 24–28.

Miller K A. 2006. Improving the State of the Art of Western Canadian Heavy Oil Waterflood Technology. Journal
        of Canadian Petroleum Technology.

Renouf G. 2007. Do heavy and medium oil waterfloods Differ?. paper number 2007–055，presented at Canadian
        international petroleum conference，Calgary，Alberta，June 12–14.

Singhal A K. 2009. Role of Operating Practices on Performance of Waterfloods in Heavy Oil Reservoirs. Journal
        of Canadian Petroleum Technology.

Singhal A K.2009. Improving Water Flood Performance by Varying Injection-Production Rates. paper number
        2009–126，presented at the Canadian International Petroleum Conference，Calgary，Alberta.